全国高职高专计算机立体化系列规划教材

浙江省“十一五”高校重点教材

计算机系统安全与维护

主　编　吕新荣　陆世伟

副主编　侯小丽　陈致远

朱　珍

内 容 简 介

本书紧密结合当前国际和国内计算机信息安全的发展趋势，用通俗易懂的语言概括介绍了计算机信息安全理论基础知识，包括信息安全的概念和基本原理、相关道德和法律知识、各种网络攻击和威胁、防火墙、入侵检测系统、Windows 系统管理、Windows 域管理、数据加密、网络安全通信等。本书按照项目课程设计理念，将来源于企业的实际案例设计成教学项目，以业界知名的网络安全产品为载体，使读者在完成项目的过程中掌握计算机信息安全基础知识和基本技能。本书每章后均附有思考练习，能够帮助读者拓展提高，对计算机信息安全技术和产品有更深入和广泛的理解。

本书适合作为高职高专计算机类和信息安全类专业及相近专业的教材，也可作为中小企业信息系统管理员、网络管理员、信息安全员的培训教材或工作参考书。

图书在版编目(CIP)数据

计算机系统安全与维护/吕新荣，陆世伟主编. —北京：北京大学出版社，2013.1

(全国高职高专计算机立体化系列规划教材)

ISBN 978-7-301-21754-2

Ⅰ. ①计… Ⅱ. ①吕…②陆… Ⅲ. ①计算机系统—安全技术—高等职业教育—教材②计算机系统—维修—高等职业教育—教材 Ⅳ. ①TP30

中国版本图书馆 CIP 数据核字(2012)第 294581 号

书　　　名：计算机系统安全与维护

著作责任者：吕新荣　陆世伟　主编

策 划 编 辑：李彦红　刘国明

责 任 编 辑：刘国明

标 准 书 号：ISBN 978-7-301-21754-2/TP・1263

出 版 发 行：北京大学出版社

地　　　址：北京市海淀区成府路 205 号　100871

网　　　址：http://www.pup.cn　　新浪官方微博：@北京大学出版社

电 子 信 箱：pup_6@163.com

电　　　话：邮购部 62752015　发行部 62750672　编辑部 62750667　出版部 62754962

印　刷　者：北京世知印务有限公司

经　销　者：新华书店

787 毫米×1092 毫米　16 开本　15.75 印张　363 千字

2013 年 1 月第 1 版　　2013 年 1 月第 1 次印刷

定　　　价：30.00 元

前　　言

随着我国经济的高速发展和信息化建设的不断深入，越来越多的中小企业都已经完成了企业网络的建设，很多企业开始利用信息技术手段来改善企业流程，提高市场竞争力，越来越多的企业也意识到信息是企业的重要财富和竞争法宝。信息背后潜在的巨额利润也勾起了某些人的欲望，“泄密”、“盗号”等事件屡见报端，各种“门事件”的发生也表明信息安全事件随时有可能发生在普通人的身上。普及信息安全教育和培养掌握信息安全知识和技能的人才已经成为信息时代非常迫切的一项任务。

从调查统计结果来看，我国绝大多数中小企业没有专门的信息安全管理人员，企业的信息安全管理一般由网络管理人员承担。不同于专业网络安全公司的技术研发人才，中小企业的网络管理人员需要能利用成熟的网络安全设备、技术和手段保障企业的网络安全运行。这种岗位特点给相关课程教学带来了较大挑战，网络安全设备大都比较昂贵，如果依据设备进行教学则投入成本较大，但如果以讲解信息安全理论知识为主则比较抽象枯燥，学生不愿意学。本书根据编者多年的教学讲义重新编写，在编写过程中着重体现以下特色。

(1) 采用“项目—任务”方式编写，每个项目都由典型的工作任务构成，在完成任务的过程中掌握信息安全相关知识和技能；

(2) 利用软件代替硬件设备，比如防火墙和 VPN 采用 ISA Server 2006、入侵检测系统采用 Snort 等，既可以让学生掌握各种技术的原理，又避免了大量的硬件投入；

(3) 本书的所有实践操作都可以在虚拟机搭建的网络上完成。“云计算”是 IT 产业的未来趋势，而虚拟化技术是“云计算”的基石，利用虚拟机构建网络既可以培养学生网络构建的技能，又可以为学生从事将来的“云计算”相关工作打下基础；

(4) 注重培养信息安全素养和学习能力。信息安全不仅需要从业者具有良好的技能，更需要具有良好的职业素养和道德法律意识。同时信息安全是一个快速发展的领域，需要从业者具有良好的学习能力。

本书分为 8 个项目：项目 1 计算机网络安全认识、项目 2 网络病毒防范、项目 3 网络攻击防范、项目 4 网络安全加固、项目 5 Windows 安全管理、项目 6 数据安全管理、项目 7 Windows 域安全管理、项目 8 数据安全交换。8 个项目的编排按照“总体认知→外部威胁→边界防护→系统管理→数据管理→内网管理→安全接入”的顺序，与企业网络安全体系构建的思路相符，逐步引导学生构建一个完整的计算机网络安全防护图景。

本书项目 1、4、8 由浙江工商职业技术学院吕新荣老师编写，项目 3、6 由浙江工商职业技术学院陆世伟老师编写，项目 5 由太原城市职业技术学院侯小丽老师编写，项目 2 由河南建筑职业技术学院陈致远老师编写，项目 7 由广东工程职业技术学院朱珍老师编写。全书由吕新荣老师统稿。

由于编者的学识水平有限，书中难免会有不当之处，恳请读者不吝赐教，使本书得以不断完善。

编　者
2012 年 7 月

目　录

项目1 计算机网络安全认识

教学目标

最终目标	对网络安全能有一个总体的认识
促成目标	(1) 理解网络安全的含义 (2) 了解网络面临的各种威胁 (3) 了解网络安全体系 (4) 了解网络安全防护技术 (5) 熟悉网络安全涉及的道德伦理和法律、法规 (6) 注重培养学生的良好网络安全意识和道德习惯

引言

人们经常可以从各种媒体上看到有关网络安全事件的报道，这些网络安全事件包括病毒传播、黑客入侵、银行账户被盗等。作为一名相关专业的学生，在学习具体的网络安全技术之前，需要对计算机网络安全有一个整体的认识。

模块 1　网络安全典型案例分析

任务 1　典型案例 1

1.1　任务引入

分析下面两个安全事件。

事件 1：CSDN、天涯等大型网站用户密码泄漏

2011 年 12 月 21 日，国内最大的开发者社区 CSDN.NET 承认安全系统遭到黑客攻击，CSDN 数据库中的部分用户的登录名及密码遭到泄露。相同时间天涯论坛也承认网站密码泄露，被泄露的用户密码全部以明文方式保存。

CSDN 网站关于此事的官方声明中表示，泄露出来的 CSDN 明文账号数据是 2010 年 9 月之前的数据，并提醒之前注册并没有修改过密码的用户修改密码。业内人士爆料说，在网上公开的 CSDN 用户资料，相比目前互联网上被盗的众多用户数据来说只是很少的一部分，更多的数据已经被黑客转手卖钱。

事件 2：中国银行用户遭遇网银升级骗局

2011 年 1 月，许多人都收到了一条称中行网银 E 令已过期的短信，要求立即登录某网站(假冒的中国银行网站)进行升级。而实际上这是不法分子冒充中国银行网站，以中行网银 E 令(网上银行动态口令牌)升级为由实施网络诈骗。此类诈骗手法将传统的短信诈骗与钓鱼网站相结合，欺骗性更强。据《钱江晚报》报道，绍兴市民章某在接到假冒的中行网银 E 令卡升级的短信后，登录假中行网站，48 秒中内 100 万元被偷走。无独有偶，当地的魏先生、陆先生也分别被相同骗局骗走了 1700 元和 11 万元。

安全专家表示，这是一起典型的网络诈骗案，犯罪分子利用互联网和现代通信手段，冒充中国银行发送短信，以中国银行系统升级或事主办理的中行网银动态口令牌需要立即升级为由，让其登录假冒的中国银行网站并要求事主在假冒网站上输入银行卡号和密码，一旦事主按照提示进行操作，事主的网银用户名、密码及动态口令即被盗取，卡内现金也被悉数转走，同时该假冒网站立即消失。

1.2　相关知识

1. 网络安全定义

随着信息技术的飞速发展和广泛应用，计算机、网络、信息已经成为当今企业参与市场竞争的基本设施。计算机安全、网络安全、信息安全三者在内涵上已经无法区分，现在人们经常用它们之间的某一个概念来表达相关含义。

要对网络安全下一个精确的定义不是一件容易的事情，通常把网络安全理解为网络信息系统抵御意外事件或恶意行为的能力，这些意外事件或恶意行为将危及所存储、处理或传输的数据以及经由这些系统所提供的服务的机密性、完整性、可用性、不可否认性、真实性和可控性。这 6 种性质的具体含义如下。

(1) 机密性(Confidentiality)：是指保护数据不受非法截获和未经授权浏览。这一点对敏感数据的传输尤为重要，同时也是通信网络中处理用户的私人信息必须拥有的性质。

(2) 完整性(Integrity)：是指保障被传输、接收或存储的数据是完整的和未被篡改的。这一

点对保障一些重要数据的精确性尤为关键。

(3) 可用性(Availability)：是指尽管存在可能的突发事件如供电中断、自然灾害、事故或恐怖袭击等，但用户依然可以得到或使用数据，服务也处于正常运转状态。

(4) 不可否认性(Non-repudiation)：是指保证信息行为人不能事后否认曾经进行过的信息生成、签发、接收等行为。这一点在电子商务交易中非常重要，可以防止有人恶意购买后拒绝付款等行为。

(5) 真实性(Authenticity)：是指保证实体(如人、进程或系统)身份或信息、信息来源的真实性。

(6) 可控性(Controllability)：是指保证信息和信息系统的授权认证和监控管理。

2. 网络安全威胁

网络安全威胁是指可能对网络系统造成危害的不希望事故的潜在起因。

网络威胁可以通过威胁主体、资源、动机、途径等多种属性来描述。造成威胁的因素可分为人为因素和环境因素。根据威胁的动机，人为因素可分为恶意和非恶意两种。环境因素包括自然界不可抵抗的因素和其他物理因素。威胁作用形式可以是对信息系统直接或间接地攻击，在保密性、完整性和可用性等方面造成损害，也可能是偶发的或蓄意的事件。

根据《信息安全风险评估规范》(GB/T 20984—2007)，网络安全威胁基于表现形式可以分为软硬件故障、物理环境影响、无作为或操作失误、管理不到位、恶意代码、越权或滥用、网络攻击、物理攻击、泄密、篡改和抵赖等。

(1) 软硬件故障：对业务实施或系统运行产生影响的设备硬件故障、通信链路中断、系统本身或软件缺陷等问题。

(2) 物理环境影响：对信息系统正常运行造成影响的物理环境问题和自然灾害。

(3) 无作为或操作失误：应该执行而没有执行相应的操作，或无意执行了错误的操作。

(4) 管理不到位：安全管理无法落实或不到位，从而破坏信息系统正常有序地运行。

(5) 恶意代码：故意在计算机系统上执行恶意任务的程序代码。

(6) 越权或滥用：通过采用一些措施，超越自己的权限访问了本来无权访问的资源，或者滥用自己的权限，做出了破坏信息系统的行为。

(7) 网络攻击：利用工具和技术通过网络对信息系统进行攻击和入侵。

(8) 物理攻击：通过物理的接触造成对软件、硬件、数据的破坏。

(9) 泄密：将信息泄露给不应了解的他人。

(10) 篡改：非法修改信息，破坏信息的完整性，使系统的安全性降低或信息不可用。

(11) 抵赖：不承认收到的信息和所做的操作和交易。

1.3　任务实施

利用百度或谷歌检索近两年发生的重点网络安全事件，并对这些事件展开讨论。

任务2　典型案例2

2.1　任务引入

分析下面两个案例。

事件1：网络空间的精确制导武器——“震网”(Stuxnet)病毒

2010年伊朗境内的诸多工业、企业遭遇了一种极为特殊的计算机病毒袭击。知情人士称，这种代号为“震网”的“计算机蠕虫”侵入了工厂企业的控制系统，并有可能取得对一系列核心生产设备，尤其是发电企业的关键控制权。广受西方关注的布舍尔核电站也是“震网”蠕虫的重点“关照对象”。2011 年，一种被认为是 Stuxnet 病毒的变种 Duqu 病毒开始传播，可能成为 2012 年的主要恶意软件。

Stuxnet 病毒普遍被怀疑是美国和以色列等国针对伊朗核设施展开的一次网络攻击，大家普遍担心这将开启网络战争，并引发更严重的网络恐怖活动，从而引发巨大灾难。

事件 2：美国发布《网络空间国际战略》

2011 年 5 月 6 日，美国白宫国土安全及反恐事务顾问布伦南、国务卿希拉里•克林顿、司法部长霍尔德、商务部长骆家辉、国土安全部长纳波利塔诺等政要出席了美国《网络空间国际战略》(International Strategy for Cyberspace)的发布会。这份 25 页的文件阐述了美国的网络空间战略原则，其中关于如果日后美国有可能遭遇威胁国土安全的网络攻击，可以动用军事实力反击的内容受到了全球关注。

网络空间已经成为国家重要的信息基础设施，随着物理空间和网络空间的深度融合，网络空间安全已经上升到国家安全的战略层面。网络空间将成为继陆、海、空、天后第 5 维国家竞争领域，制定我国国家网络空间战略迫在眉睫。

2.2 相关知识

1. 网络安全技术

网络安全技术是保障网络安全的重要措施之一，现有的网络安全技术包括以下内容。

(1) 防火墙技术。

(2) 加密技术。

(3) 鉴别技术。

(4) 数字签名技术。

(5) 入侵检测技术。

(6) 审计监控技术。

(7) 病毒防治技术。

(8) 备份与恢复技术。

2. 网络安全体系

网络安全是网络所处的一种状态，当组织发生变化时，网络安全状态也会发生变化，因此保障网络安全也是一个动态的过程，那种认为网络安全只要把相关设备和措施实施完毕就可以高枕无忧的想法是非常有害的。

构建网络安全体系要遵循以下原则。

1) 木桶原则

网络安全涉及方方面面，无论哪个方面薄弱，都会对整体的安全带来隐患，特别是要改变重技术轻管理的意识。

2) 多重防护原则

网络安全防护是一个系统工程，在面对复杂的网络攻击时，需要将多种防护手段有机地结合，构成多层次的防护体系。

3) 注重安全层次和安全级别

网络安全是一项防患于未然的事业，投入也非常大，保护的重点应该放在高价值的资产上，识别重要信息资产是构建网络安全体系的第一步。

4) 动态化原则

没有永远安全的网络，网络安全系统是一个动态系统，网络安全技术人员必须定期评估和完善自身的安全体系。风险评估是维护网络安全体系正常运转的一项日常基础工作。

网络安全保障问题不仅仅是技术问题，更是管理问题。据有关机构统计表明，网络与信息安全事件大约有 70%以上的问题是由管理因素造成的。“三分技术、七分管理”经常被安全专家所强调。

2.3　任务实施

通过搜索引擎检索有关“震网”病毒和美国《网络空间国际战略》的信息，讨论这些事件对我国网络空间安全的影响和应对策略。

模块 2　道德与法律

任务 1　网络安全的道德

1.1　任务引入

在美国的拉斯维加斯每年都要召开一次黑帽子(Blackhat)大会。黑帽子大会一直被公认为是信息安全领域的顶级盛会，在预测与描述未来信息安全形势的能力方面，它的权威性更是独一无二的，它汇聚了来自世界各地的企业、政府、学术界及“地下”信息安全组织的思想领袖。在这个专业与技术水平极高的平台上，黑客们向人们展示操控世界的技术。

1.2　相关知识

1. 黑客与骇客

在普通人眼里，黑客(Hacker)是一群技术高超喜欢入侵计算机获取机密的神秘人物。但从历史发展来看，真正的黑客指的是那些对计算机、网络以及各种软件技术非常感兴趣并能解决各种难题的高手。黑客有自己的精神追求，自由软件基金会创始人 Richard Stallman 说过：“出于兴趣而解决某个难题，不管它有没有，这就是黑客。”

黑客不追求金钱和破坏，追求这些的人是骇客(Cracker)，这些人强行闯入别人的系统或以某种恶意的目的干扰或破坏别人的系统。

黑客极大地推动了计算机技术的发展和普及，谱写了激动人心的黑客历史，孕育了追求自由开放创新的黑客文化，形成了特有的黑客道德。

1984 年，美国《新闻周刊》记者 Steven Levy 出版的关于黑客著作《黑客：计算机革命的英雄》，对黑客的道德伦理观进行了总结，提出了 6 条基本原则，读者可以查询相关书籍了解这 6 条原则。

2. 社会工程学

爱因斯坦说过“只有两种事物是无穷尽的——宇宙和人类智慧，但对于前者我不敢确定”。

社会工程学就是利用人类的智慧，使其他人顺从你的意愿、满足你的欲望，操作他人执行预期的动作或泄漏机密信息的一门艺术和学问。网络安全涉及防护技术、安全措施和人，而其中人永远是最薄弱的环节，再强大的加密算法也无法保护没有密码保护意识的人所管理的重要信息。

史上最有名的社会工程师是著名黑客 Kevin Mitnick，他的著作《欺骗的艺术》是关于社会工程学的经典书籍，此人后来被 FBI 逮捕并入狱(曾 3 次入狱，第 3 次入狱堪称传奇)，释放后改邪归正成为一名网络安全技术专家。

1.3 任务实施

阅读有关黑客的书籍，如 Paul Graham 著的《黑客与画家》、Kevin Mitnick 著的《欺骗的艺术》，撰写一篇关于黑客的小论文。

任务 2 网络安全的法律

2.1 任务引入

2009 年 6 月 5 日，南京市鼓楼区人民法院以非法侵入计算机系统罪，分别判处王华、龙斌、周牧等 6 名被告人 1 年至 1 年两个月不等的有期徒刑，并处高额罚金，其非法所得及作案工具均被依法没收。案件宣判后，6 名被告人均未上诉，判决于 6 月 16 日生效。据悉，此案是《刑法修正案(七)》颁布实施以来，全国法院首次适用刑法新增条款判决的黑客犯罪案件。

2008 年 5 月，江苏省一家政府网站突然出现异常情况，原因是该网站被“挂马”了，即被黑客利用网站漏洞向网页植入了恶意代码，也就是人们常说的木马程序。这样，当普通用户访问这个网页时，就会在察觉不到的情况下，同时访问另一个网址的服务器，而在这个服务器上黑客已经预置了大量木马程序。普通计算机用户只要一链接上，这些木马程序就会在不知不觉中被下载到他们的计算机中去。

经调查，这起案件的受害者多为网络游戏用户。犯罪嫌疑人通过木马程序盗窃这些用户的网游账号和密码，以此牟利。据警方介绍，在本案中兴风作浪的是“大小姐”系列木马，它共有 40 余款变种，可对几十种主流网络游戏进行盗号，相关市场占有率达 60%以上。警方最终锁定了这个犯罪团伙组织者王华、全国总代理周牧以及“大小姐”系列木马的作者龙斌。在王华的计算机中警方发现被盗的玩家账号和密码竟有两亿多个。该团伙能够认定的非法所得高达 1200 多万元。

2.2 相关知识

根据我国公安部计算机管理监察司的定义，所谓计算机犯罪，就是在信息活动领域中，利用计算机信息系统或计算机信息知识作为手段，或者针对计算机信息系统，对国家、团体或个人造成危害，依据法律规定，应当予以刑法处罚的行为。

我国《刑法》关于计算机犯罪的有关条款如下。

第二百八十五条(非法侵入计算机信息系统罪)违反国家规定，侵入国家事务、国防建设、尖端科学技术领域的计算机信息系统的，处 3 年以下有期徒刑或者拘役。

第二百八十六条(破坏计算机信息系统罪)

(1) 第一款：违反国家规定，对计算机信息系统功能进行删除、修改、增加、干扰，造成计算机信息系统不能正常运行，后果严重的，处 5 年以下有期徒刑或者拘役；后果特别严重的，处 5 年以上有期徒刑。

(2) 第二款：违反国家规定，对计算机信息系统中存储、处理或者传输的数据和应用程序进行删除、修改、增加的操作，后果严重的，依照前款的规定处罚。

(3) 第三款：故意制作、传播计算机病毒等破坏性程序，影响计算机系统正常运行，后果严重的，依照第一款的规定处罚。

第二百八十七条(利用计算机实施的各类犯罪)利用计算机实施金融诈骗、盗窃、贪污、挪用公款、窃取国家秘密或者其他犯罪的，依照本法有关规定定罪处罚。

2009 年 2 月对第 285 条进行了修正，增加两款。

(1) 第二款：违反国家规定，侵入前款规定以外的计算机信息系统或者采用其他技术手段，获取该计算机信息系统中存储、处理或者传输的数据，或者对该计算机信息系统实施非法控制，情节严重的，处 3 年以下有期徒刑或者拘役，并处或者单处罚金；情节特别严重的，处 3 年以上 7 年以下有期徒刑，并处罚金。

(2) 第三款：提供专门用于侵入、非法控制计算机信息系统的程序、工具，或者明知他人实施侵入、非法控制计算机信息系统的违法犯罪行为而为其提供程序、工具，情节严重的，依照前款的规定处罚。

2.3　任务实施

阅读我国关于计算机犯罪的相关法律规定，讨论经常发生的与网络安全技术有关的行为，如同学之间传递木马或攻击工具是否属于违法行为。

项 目 小 结

本项目包括两个模块，第 1 个模块通过分析两个典型的网络安全案例来学习网络安全的基本概念，并通过分析讨论的方式探讨网络安全的危害性和紧迫性；第 2 个模块通过典型的网络安全犯罪案例来学习与计算机安全和犯罪有关的道德和法律，引导学生树立正确的网络安全道德和法律意识，避免走入误区。

思 考 练 习

一、选择题

1. 计算机网络安全的主要含义是指(　　)。
   A. 网络中设备环境的安全　　B. 网络使用者的安全
   C. 网络中信息的安全　　D. 网络的财产安全
2. 以下(　　)不是保证网络安全的要素。
   A. 信息的保密性　　B. 发送信息的不可否认性
   C. 数据交换的完整性　　D. 数据存储的唯一性

3．以下属于网络安全威胁的有(　　)。

A．断电　　B．管理不到位　　C．泄密

D．盗窃　　E．篡改

4．网络安全技术包括(　　)。

A．防火墙技术　　B．加密技术　　C．备份技术

D．病毒防治　　E．入侵检测技术

5．构建网络安全技术需要遵循的原则有(　　)。

A．木桶原则　　B．多重防护原则

C．注重安全层次和安全级别　　D．动态化原则

6．我国《刑法》定义的计算机犯罪有(　　)。

A．非法侵入计算机信息系统罪　　B．破坏计算机信息系统罪

C．利用计算机实施的各类犯罪　　D．非法闯入计算机罪

7．下面(　　)行为构成计算机犯罪。

A．侵入我国某地方政府的网站服务器　　B．将木马程序传给 QQ 好友

C．在实验室计算机上编写木马程序　　D．将网站信息复制到自己的计算机上

二、填空题

1．______________是指保证信息和信息系统的授权认证和监控管理。

2．______________是指可能对网络系统造成危害的不希望事故的潜在起因。

3．______________是维护网络安全体系正常运转的一项日常基础工作。

4．一个组织的网络安全最薄弱环节往往在于______________。

5．违反国家规定，侵入国家事务、国防建设、尖端科学技术领域的计算机信息系统的，处______________以下有期徒刑或者______________。

三、简答题

1．简述网络安全的定义。

2．根据作用形式，网络安全威胁可以分为哪些种类？

3．简述社会工程学的定义及其特点。

4．什么是计算机犯罪？

四、实践讨论题

1．观看一部与计算机犯罪有关的电影，与同学交流观后感。

2．从互联网上检索有关著名黑客的传奇故事，与同学探讨黑客对 IT 技术发展的影响。

3．从互联网上检索国内外与计算机犯罪有关的法律条例以及法律专家的解读，与同学探讨在学习网络安全技术的同时如何避免触发法律。

项目2 网络病毒防范

教学目标

最终目标	能防范和识别常见的网络病毒
促成目标	(1) 理解网络病毒的危害性 (2) 学会判断常见网络病毒引起的现象 (3) 理解蠕虫病毒的传播机制 (4) 掌握蠕虫病毒的防范策略 (5) 理解 USB 病毒传播机制 (6) 掌握 USB 病毒的防范策略 (7) 培养学生提高防范病毒的安全意识

引言

网络病毒是一种新型病毒，它的传播媒介不再是移动式载体，而是网络通道，这类病毒的传染能力更强，破坏力更大。同时有关调查显示，通过电子邮件和网络进行病毒传播的比例正逐步攀升，它们给人们的工作和生活带来了很多麻烦。本项目通过选取蠕虫病毒、USB 病毒等一些常见病毒进行分析并提出若干防范机制，以此提高防毒意识。

模块 1　蠕虫病毒防范

任务 1　蠕虫病毒分析

1.1　任务引入

随着网络的普及，网络给人们的生活和工作带来了很多的方便，但是由于人们的安全意识不够强，从而经常遭受各种病毒的攻击，导致很多悲剧发生。病毒攻击中蠕虫病毒攻击是比较常见的，产生的破坏力有时也很大，比如 1988 年一个由美国 Cornell 大学研究生莫里斯编写的蠕虫病毒蔓延造成了数千台计算机停机，蠕虫病毒开始现身网络，而后来的红色代码、尼姆达病毒疯狂的时候，造成几十亿美元的损失。这些蠕虫病毒通过分布式网络来扩散、传播特定的信息或错误，进而造成网络服务遭到拒绝并发生死锁。那么如何来识别和认识这种病毒呢？

1.2　相关知识

1. 蠕虫病毒基本特点

网络蠕虫是无需计算机使用者干预即可运行的独立程序，是一种通过网络传播的恶性病毒，它通过不停地获得网络中存在漏洞的计算机上的部分或全部控制权来进行传播。可以说蠕虫病毒是一种常见的计算机病毒，与一般病毒不同，蠕虫病毒不需要将其自身附着到宿主程序，是一种独立智能程序。它利用网络进行传播并能够自我复制，爆发时消耗大量的系统资源，使其他程序运行减慢甚至停止，最后导致系统和网络瘫痪。其传播方式为两类：一类是利用系统漏洞主动进行攻击；另一类是通过网络服务器传播。目前企事业单位中员工计算机水平参差不齐，几乎所有的计算机都接入到园区网络中，网络应用复杂，一旦有计算机感染蠕虫病毒就快速地在园区网络中传播，并利用系统漏洞完成自我复制，导致园区网中很多计算机感染蠕虫病毒。轻则影响园区内局域网网络安全与稳定地运行，重则导致园区网络瘫痪，用户无法访问校园网内外资源。

2. 蠕虫的程序结构及工作流程

蠕虫病毒的程序结构通常包括 3 个模块：①传播模块，负责蠕虫的传播，它可以分为扫描模块、攻击模块和复制模块 3 个子模块，其中，扫描模块负责探测存在漏洞的主机，攻击模块按漏洞攻击步骤自动攻击找到的对象，复制模块通过原主机和新主机交互将蠕虫程序复制到新主机上并启动；②隐藏模块，侵入主机后，负责隐藏蠕虫程序，防止被用户发现；③目的功能模块，实现对计算机的控制、监视或破坏等。

根据蠕虫病毒的程序，其工作流程可以分为漏洞扫描、攻击、传染、现场处理 4 个阶段，首先蠕虫程序随机(或在某种倾向性策略下)选取某一段 IP 地址，接着对这一地址段的主机进行扫描，当扫描到有漏洞的计算机系统后，将蠕虫主体迁移到目标主机。然后，蠕虫程序进入被感染的系统，对目标主机进行现场处理。同时，蠕虫程序生成多个副本，重复上述流程。各个步骤的繁简程度也不同，有的十分复杂，有的则非常简单。工作流程如图 2-1 所示。

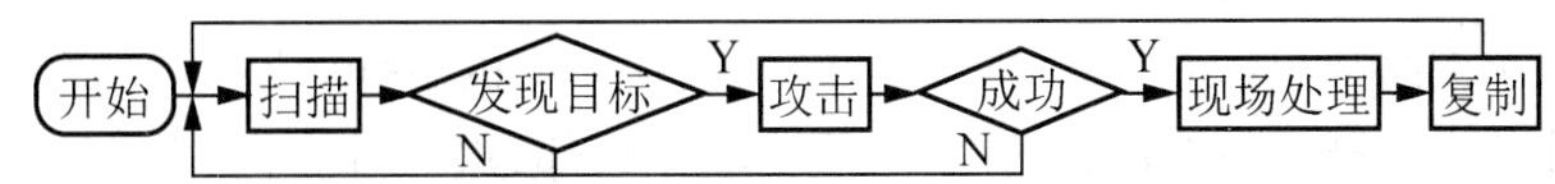

图 2-1　蠕虫病毒的工作流程

3. 蠕虫病毒的基本特征

蠕虫病毒具有如下基本特征。

(1) 蠕虫病毒具有自我复制的能力。

(2) 蠕虫病毒具有很强的传播性。病毒需要传播，电子邮件病毒的传播无疑是通过电子邮件传播的。对于 Outlook 来说，地址簿的功能相当不错，可是也给病毒的传播打开了方便之门。大多数通过 Outlook 传播的电子邮件病毒是向地址簿中存储的电子邮件地址发送内容相同的脚本附件完成的。

(3) 蠕虫病毒具有一定的潜伏性。对于“脚本”语言，要使病毒潜伏并不是很难的一件事，因为这种语言并不是面向对象的可视化编程，自然就不存在窗体，所以可以免去隐藏窗体的麻烦。

(4) 蠕虫病毒具有特定的触发性。

(5) 蠕虫病毒具有很大的破坏性。

蠕虫病毒的危害会造成全球经济的巨大损失，这些损失可能远远大于地震、台风甚至火山喷发等自然灾害所造成的损失。表 2-1 列举了比较典型的几种蠕虫病毒发作后带来的经济损失。

表 2-1　典型蠕虫病毒攻击举例

病毒名称	发作时间	造成的损失
莫里斯蠕虫	1988 年 11 月	6000 多台计算机停机，直接经济损失达 9600 万美元
美丽杀手	1999 年 4 月	政府部门和一些大公司紧急关闭了网络服务器，经济损失超过 12 亿美元
爱虫病毒	2000 年 5 月	众多用户计算机被感染，损失超过 100 亿美元
红色代码	2001 年 7 月	网络瘫痪，直接经济损失超过 26 亿美元
求职信	2001 年 12 月	大量病毒邮件堵塞服务器，损失达数百亿美元
SQL 蠕虫王	2003 年 1 月	网络大面积瘫痪，银行自动提款机运作中断，直接经济损失超过 26 亿美元
冲击波	2003 年 7 月	大量网络瘫痪，造成了数十亿美金的损失
MyDoom	2004 年 1 月	大量的垃圾邮件，攻击 Sco 和微软网站，给全球经济造成了 300 多亿美元的损失

4. 蠕虫的行为特征

蠕虫能自我繁殖，蠕虫在本质上已经演变为黑客入侵的自动化工具，当蠕虫被释放后，从搜索漏洞到利用搜索结果攻击系统，再到复制副本，整个流程全由蠕虫自身主动完成；任何计算机系统都存在漏洞，蠕虫利用系统的漏洞获得被攻击计算机系统的相应权限，使之进行复制和传播的过程成为可能。这些漏洞是各种各样的，有的是操作系统本身的问题，有的是应用服务的问题，有的是网络管理人员的配置问题。正是由于漏洞产生原因的复杂性，导致各种类型的蠕虫泛滥；造成网络拥塞，在扫描漏洞主机的过程中，判断其他计算机是否存在，判断特定应用服务是否存在，判断漏洞是否存在等，这不可避免地会产生附加的网络数据流量。同时蠕虫副本在不同计算机之间传递，或者向随机目标发出的攻击数据都不可避免地会产生大量的网络数据流量。即使是不包含破坏系统正常工作的恶意代码的蠕虫，也会因为它产生了巨量的网络流量，导致整个网络瘫痪，造成经济损失。蠕虫入侵计算机系统后，会在被感染的计算机上产生自己的多个副本，每个副本都会启动搜索程序寻找新的攻击目标。大量的进程会耗费系统的资源，导致系统的性能下降。这对网络服务器影响尤其明显。大部分蠕虫会搜集、扩散、暴露系统敏感信息，并在系统中留下后门。这些都会导致未来的安全隐患。

1.3 任务实施

1. 模拟引起“自动关机”现象的蠕虫病毒并感受其危害

(1) 新建一个记事本文档，在里面输入代码，如图 2-2 所示。

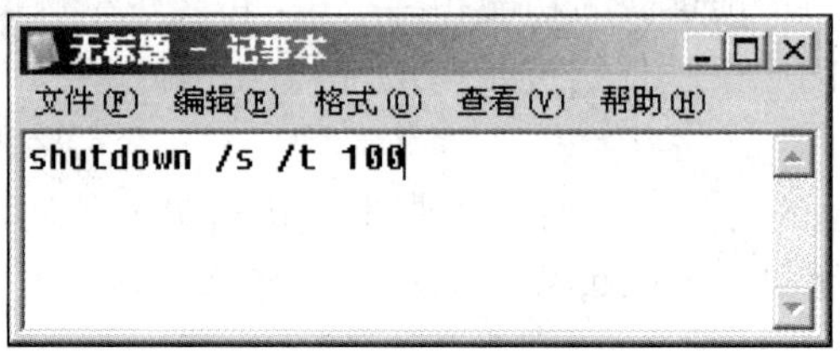

图 2-2 编写关机程序

(2) 然后另存为“close.bat”，再新建一个记事本文档，在里面输入代码，如图 2-3 所示。

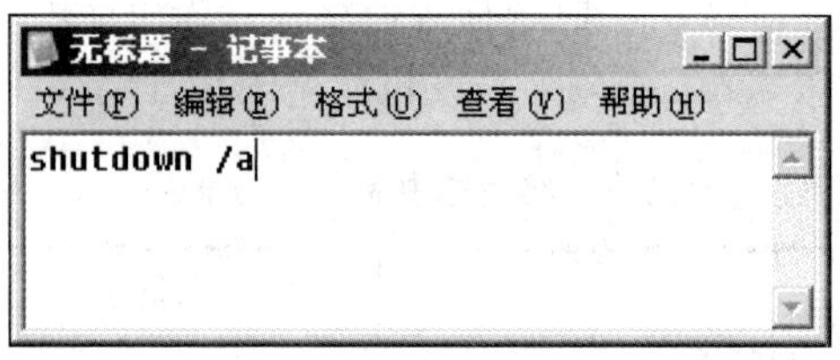

图 2-3 撤销关机

(3) 然后另存为“noclose.bat”，接着双击“close.bat”文件，系统就会弹出关机倒计时的警示，如图 2-4 所示。

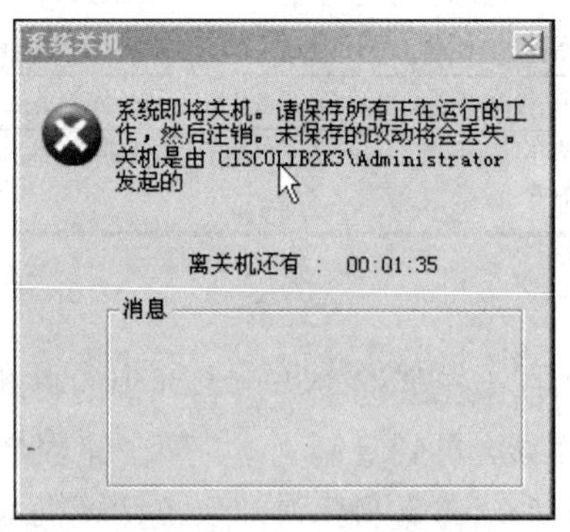

图 2-4 蠕虫病毒引起的“自动关机”现象

可以看到，系统处于倒计时关机状态了，倒计时结束，系统就自动关机了，这是比较常见的蠕虫病毒引起的现象，危害性还是挺大的。接着双击执行“noclose.bat”文件以防止系统自动关机。

2. 模拟引起“不断打开文件”现象的蠕虫病毒并感受其危害

(1) 新建一个记事本文档，里面写上“你好，我是病毒，我运行了，哈哈！”，然后另存到

C 盘根目录，取名为“temp.txt”，再新建一个记事本文档，在里面输入代码，如图 2-5 所示。

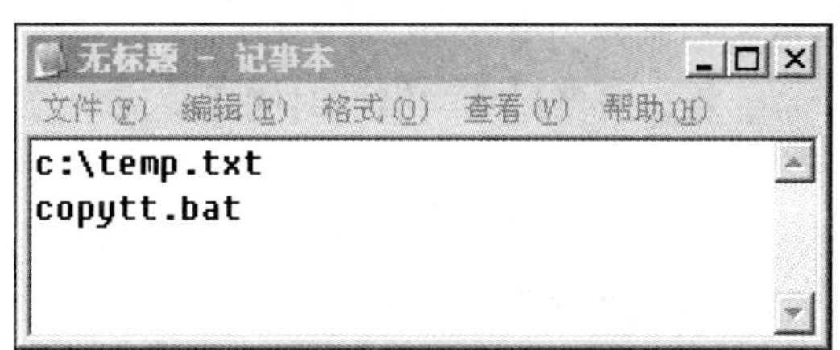

图 2-5　模拟“不断打开文件”的代码

(2) 然后另存到 C 盘根目录，取名为“copytt.bat”，接着双击“copytt.bat”文件，系统就会打开“temp.txt”记事本文档，如图 2-6 所示。

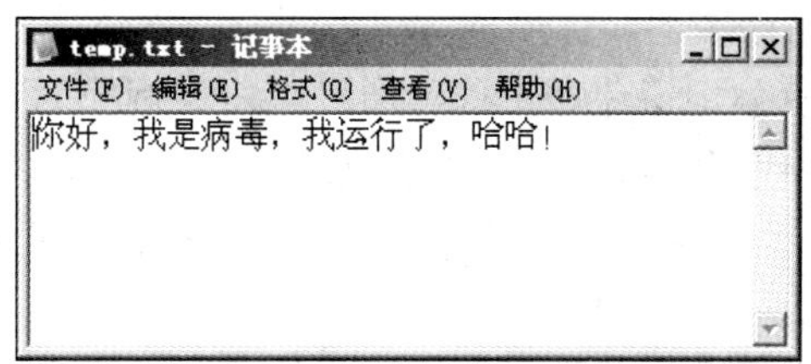

图 2-6　蠕虫病毒引起“不断打开文件”的现象

可以看到，系统自动打开“temp.txt”，如果你试图关闭该记事本文档，发现关闭后又会重新打开。这也是比较常见的蠕虫病毒引起的现象，危害性也是挺大的。接着关闭同时弹出来的 CMD 对话框，然后再关闭“temp.txt”文件。

任务 2　蠕虫病毒防范策略

2.1　任务引入

在网络时代，网络病毒的防范是一个系统工程，不仅需要人们提高防范网络病毒的意识，加强防范网络病毒的制度建设，强化网络安全的重要性，而且还需要技术上不断更新和完善，为什么有些人的计算机经常感染病毒，而有些人的计算机常常是“百毒不侵”？那是因为做了相关防范策略后使被病毒感染的概率变得微小。本次任务是从企业和个人的角度提出一些相关的蠕虫病毒防御策略。

2.2　相关知识

1. 企业角度的防范策略介绍

企业防范蠕虫病毒的时候需要考虑几个问题：①病毒的查杀能力；②病毒的监控能力；③对新病毒的反应能力。同时，企业在日常管理方面应该注重采用科学合理的制度，提高每位员工的安全意识，推荐的企业防范蠕虫病毒的策略如下。

(1) 加强网络管理员的安全管理水平，提高安全意识。由于蠕虫病毒利用的是系统漏洞进行攻击，所以需要在第一时间内保持系统和应用软件的安全性。对各种操作系统和应用软件要及时更新，由于各种漏洞的出现，使得安全不再是一劳永逸的事。作为企业用户，所经受攻击的概率也是越来越大，要求企业的管理水平和安全意识也越来越高。

(2) 建立病毒检测系统和应急响应系统，能够在第一时间内检测到网络异常和病毒攻击，将风险减少到最小。由于蠕虫病毒爆发的突然性，可能在病毒被发现的时候已经蔓延到了整个网络。所以在突发情况下，为了能在病毒爆发的第一时间提供应急方案，建立一个紧急响应系统是很有必要的。

(3) 建立灾难备份系统。对于数据库和数据系统，必须采用定期备份，多机备份措施，防止意外灾难下的数据丢失，以实现数据及时、有效的恢复。

(4) 实现企业内部网络的安全加固。

(5) 在因特网入口处安装防火墙及杀毒软件，将病毒隔离在局域网之外，并及时更新病毒数据库。只要及时在服务器端进行升级，客户端启动后就可自动从内部服务器升级，实现病毒库快速更新，网管员还可对所有安装客户端的计算机进行病毒监控，并进行远程杀毒，及时了解园区网络中的病毒疫情。网络版的防火墙软件可以对整个网络中蠕虫病毒的常用的端口实施拦截，统一设置端口规则，有效地避免蠕虫病毒通过端口大规模的传播。通过网络传输的病毒通常会利用端口来传输病毒代码，可以通过配置防火墙把这些被用于传输病毒代码的端口关闭，来阻断病毒代码的进一步传播。比如 UDP123、TCP135、TCP445 等端口经常会被蠕虫病毒用来入侵系统，如果不需要用可以把它关闭。

(6) 对邮件服务器进行监控，防止带毒邮件进行传播。设置邮件过滤措施，及时修补软件系统漏洞，避免遭受来自电子邮件的病毒的攻击。

(7) 建立局域网内部的升级系统，包括各种操作系统的补丁升级，各种常用的应用软件升级，各种杀毒软件病毒库的升级等。园区蠕虫病毒大都利用操作系统、软件的漏洞，通过网络进行传播。比如 2003 年 8 月份发作的冲击波病毒就是利用 Windows 2000、Windows XP、Windows 2003 操作系统的 RPC 漏洞进行传播的，还有一些病毒是利用 IE 6.0 的漏洞进行传播的。如果不对操作系统进行及时更新，弥补各种漏洞，计算机即使安装了防毒软件，病毒也会被反复感染。2007 年 10 月 ARP 病毒利用微软的 MS 06-14 和 MS 07-17 两个漏洞进行挂马，向网络发送伪造的 ARP 数据包，严重干扰网络的正常运行。因此，在园区网内部安装 WSUS 为全体员工提供操作系统的补丁程序，其次使用 360 安全卫士、卡卡上网助手等对操作系统中软件漏洞及时安装补丁程序，可有效地解决因操作系统、应用软件漏洞产生的各种蠕虫病毒，使其有效控制病毒在园区网内部的相互感染。

(8) 对于有条件的企业可以使用 VLAN 隔离技术与 ACL 技术。使用 VLAN 隔离技术和 ACL 访问控制列表技术，有效缩小蠕虫病毒的扩散范围。不同 VLAN 的局域网不能互相访问，便可限制蠕虫病毒的广泛传播。也就是说，当一个 VLAN 中有计算机感染中毒，只会影响同一个 VLAN 内的计算机，不会扩散到整个办公区域，可有效避免广播及病毒数据包迅速扩散到全网，大大降低感染区域。通过 ACL 访问控制列表，过滤蠕虫病毒常用的端口，比如 135 端口就是用于远程的打开对方的 telnet 服务，用于启动与远程计算机的 RPC 连接，很容易就可以侵入计算机。大名鼎鼎的“冲击波”就是利用 135 端口侵入的。135 的作用就是进行远程连接，可以在被远程连接的计算机中写入恶意代码，危险极大。

2. 个人用户端的防范策略介绍

网络蠕虫病毒对个人用户的攻击主要是通过社会工程学和利用系统漏洞来达到目的，防范此类病毒需要注意以下几点。

(1) 选择合适的杀毒软件。网络蠕虫病毒的发展已经使传统杀毒软件的“文件级实时监控系统”落伍，另外面对防不胜防的网页病毒，也使得用户对杀毒软件的要求越来越高。目前杀毒软件必须具有内存实时监控、邮件实时监控以及网页实时监控的功能。目前国产软件无论是在功能和反应速度以及病毒更新频率上都做得不错，有些软件在杀毒的同时整合了防火强功能，从而对蠕虫兼木马程序有很大的克制作用。相对国外的反病毒软件，它们对于像 QQ 之类国产病毒具有明显的优势，同时消耗系统资源也比较少，值得选购使用。

(2) 经常升级病毒库。杀毒软件对病毒的查杀是以病毒的特征码为依据的，而病毒每天都层出不穷，尤其是在网络时代，蠕虫病毒的传播速度快，变种多，没有最新病毒库的杀毒软件就好比没有瞄准器的狙击枪。因此必须随时更新病毒库，以便能够查杀最新的病毒。

(3) 提高防患意识。不要轻易接受任何陌生人的邮件附件或者 QQ 上发来的图片、软件等，必须经过对方的确认(因为有时一旦对方中毒后他的 QQ 会自动向好友发送病毒，自己根本不知道，这个时候只要问一问他本人就真相大白)。另外，对于收、发电子邮件，笔者建议大家通过 Web 方式(就是登录邮箱网页)打开邮箱收发邮件(这样比使用 Outlook 和 Foxmail 更安全，因为有些病毒就是通过 OE 或者 Foxmail 软件的漏洞传输的)。虽然杀毒软件可以实时监控，但是那样不仅耗费内存，当然也会影响网络速度。

(4) 必要的安全设置。运行 IE 时，单击【工具】|【Internet 选项】命令，在打开的【Internet 选项】对话框中，选择【安全】选项卡，把其中各项安全级别调高一级。在 IE 设置中将 ActiveX 插件和控件、Java 脚本等全部禁止，就可以大大减少被网页恶意代码感染的概率。具体操作是：在 IE 窗口中单击【工具】|【Internet 选项】命令，在弹出的对话框中选择【安全】选项卡，再单击【自定义级别】按钮，就会弹出【安全设置】对话框，把其中所有 ActiveX 插件和控件以及与 Java 相关的全部选项【禁用】即可。但是，这样做在以后的网页浏览过程中有可能会使一些正常应用 ActiveX 的网站无法浏览。

(5) 第一时间打上系统补丁。从蠕虫攻击系统的途径可以看出：最主要的方式就是利用系统漏洞，因此微软的安全部门已经加大了系统补丁的推出频率，大家一定要养成好习惯，经常去微软网站更新系统补丁，消除漏洞。

2.3 任务实施

1. 使用网络防病毒软件

趋势科技 OfficeScan 集成了趋势“云安全”、Web 信誉技术(WRT)和文件信誉技术(FRT)。对被访问 URL 的安全等级实时进行评估，阻止对高风险 URL 地址的访问；对用户访问的本地文件进行云端查询，阻止用户访问低安全等级的文件。OfficeScan 将多种安全特性集成在一个可管理的工具包中，能够组织或者控制由病毒爆发、网络蠕虫爆发、非法入侵等导致的网络威胁。

趋势科技 OfficeScan 软件分为服务器端软件和客户端软件，用户首先需要安装服务器端软件，单击软件安装包，按照提示即可顺利完成。

安装好服务器端软件后，就可以安装客户端软件了，安装客户端软件的方法为：在客户端计算机上打开浏览器，然后输入类似地址：https://ciscoliblsw:4343/officescan/console/html/ClientInstall/，就可以实现安装。这里的“ciscoliblsw”实际上就是网络版杀毒软件服务器端的服务器名，可以用对应的 IP 地址代替。安装结束后，计算机的右下角就会出现客户端软件的运行状态。

下面介绍如何设置桌面安全防护扫描策略，该设置主要是针对客户端的策略，是服务器统一对客户端的管理，通过该策略的设置，实现服务器端对客户端的统一管理，不仅可以实现对哪些类型文件进行扫描的设定，还可以设定什么时候扫描，扫描结果的处理方法等。设定步骤如下。

(1) 在 Windows 客户机上单击【开始】|【趋势科技防毒墙网络版服务器】|【防毒墙网络版 Web 控制台(HTML)】命令，进入控制台登录界面，如图 2-7 所示。在控制台登录界面上，输入管理员账号和密码就可以登录。

图 2-7　控制台登录界面

(2) 进入控制台后，单击【联网计算机】|【客户端管理】命令选择要设置的对象(如 Workgroup)，打开【设置】下拉列表框，就可以进行相关的设置，如图 2-8 所示。

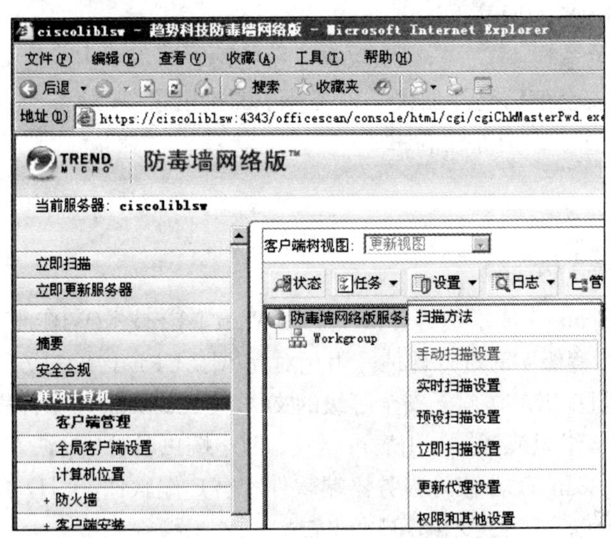

图 2-8　对客户端进行设置选择

(3) 在图 2-8 中，可以选择设置类型，比如【手动扫描设置】、【实时扫描设置】、【预设扫描设置】等。选择一种设置，单击就可以进行目标设置了，如图 2-9 所示，选择【处理措施】选项卡后就可以设定处理措施了，如图 2-10 所示。

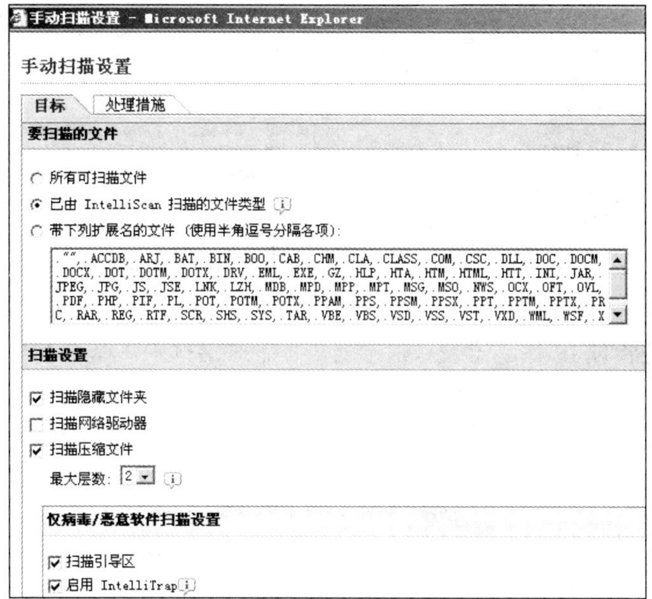

图 2-9　手动扫描的目标设置

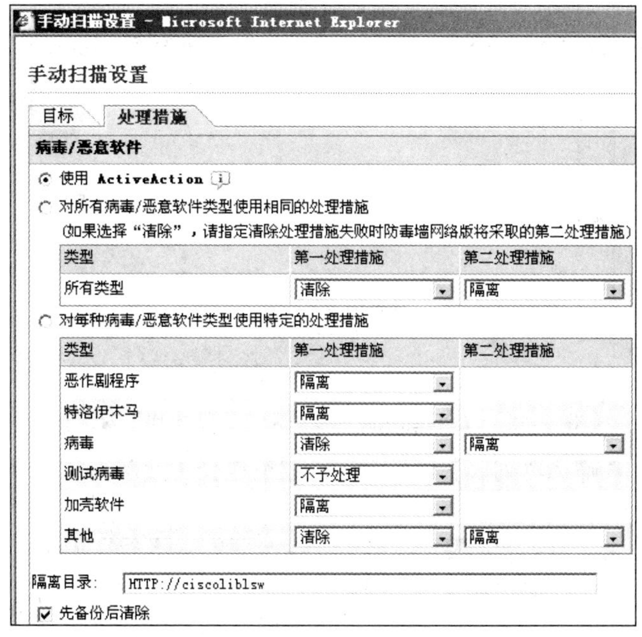

图 2-10　手动扫描处理措施的设定

2. 个人计算机安全防护

对于个人计算机来说，为了防止某些蠕虫病毒的入侵，也可以通过关闭一些端口号来实现，比如通过关闭 TCP445 端口号，来阻挡狙击波蠕虫病毒的入侵。接下来通过本地安全策略封闭 TCP445 端口，来实现对狙击波病毒的入侵，具体步骤如下。

(1) 单击【控制面板】|【管理工具】|【本地安全设置】命令，在打开的【本地安全设置】窗口中选择【安全设置】选项，右击【IP 安全策略，在本地计算机】，在弹出的快捷菜单中单击【管理 IP 筛选器表和筛选器操作】命令，如图 2-11 所示。

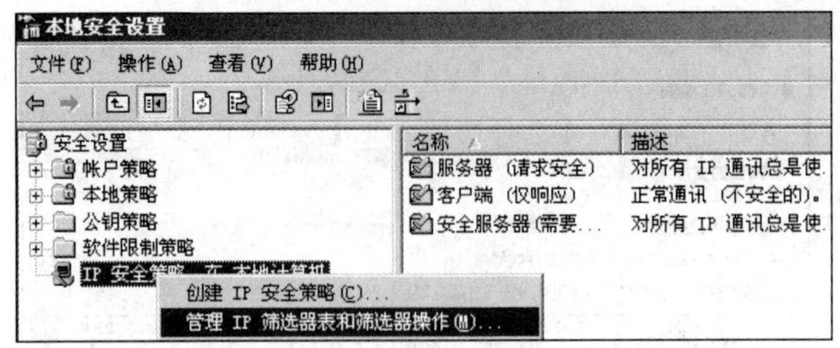

图 2-11 【本地安全设置】窗口

(2) 在打开的【管理 IP 筛选器表和筛选器操作】对话框中，单击【添加】按钮，如图 2-12 所示。

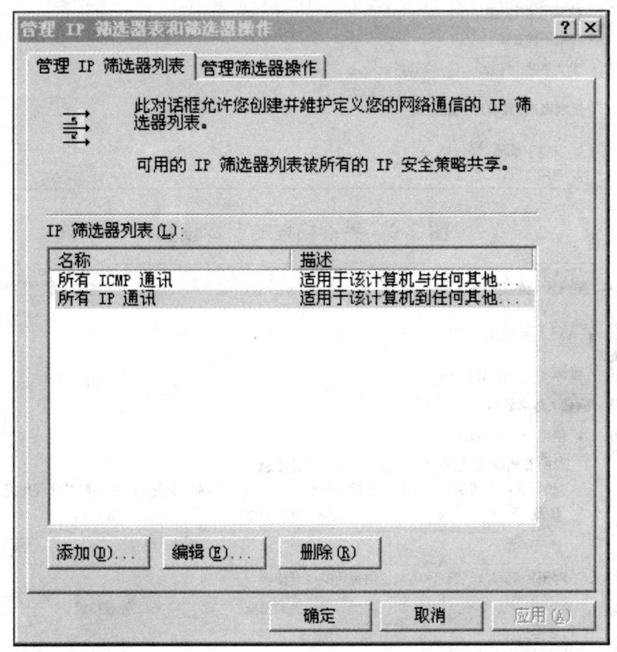

图 2-12 【管理 IP 筛选器表和筛选器操作】对话框

(3) 在弹出的【IP 筛选器列表】对话框中，取消选择【使用添加向导】复选框，单击【添加】按钮，如图 2-13 所示。

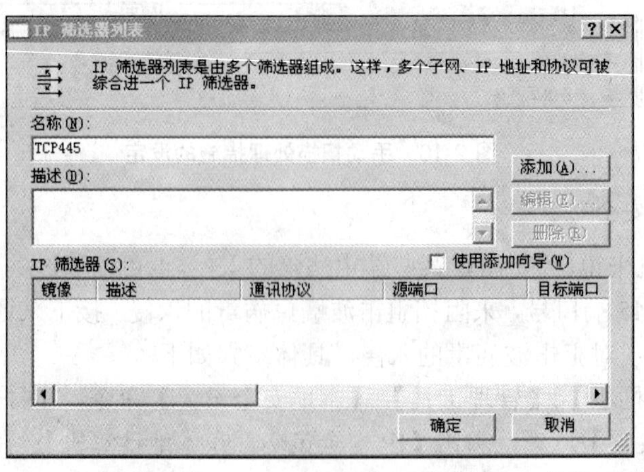

图 2-13 【IP 筛选器列表】对话框

(4) 接着弹出【筛选器 属性】对话框，在【地址】选项卡中，选择【源地址】为“任何 IP 地址”，【目标地址】为“我的 IP 地址”，如图 2-14 所示。

(5) 选择【协议】选项卡，设置【选择协议类型】为 TCP，【到此端口】为 445，如图 2-15 所示。

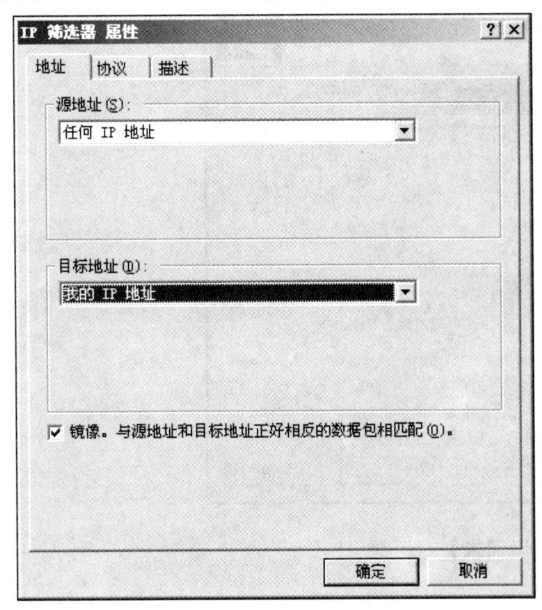

图 2-14　选择源地址和目标地址

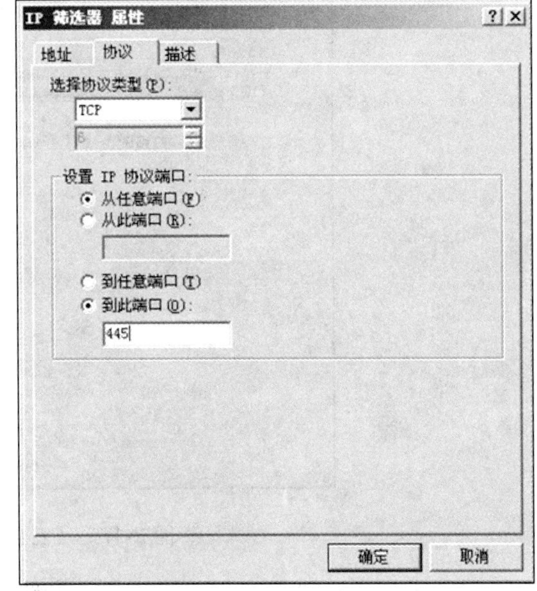

图 2-15　选择对应的协议和端口

(6) 单击【确定】按钮，回到【IP 筛选器列表】对话框；再单击【确定】按钮，回到【管理 IP 筛选器表和筛选器操作】对话框，最后单击【确定】按钮，完成筛选器的添加。

(7) 接下来是添加应用此筛选器的 IP 策略。回到【本地安全设置】窗口后，同样右击【IP 安全策略，在本地计算机】，在弹出的快捷菜单中，单击【创建 IP 安全策略】命令。

(8) 进入【IP 安全策略向导】对话框，单击【下一步】按钮，接着输入策略名称，同样使用 TCP445，如图 2-16 所示。

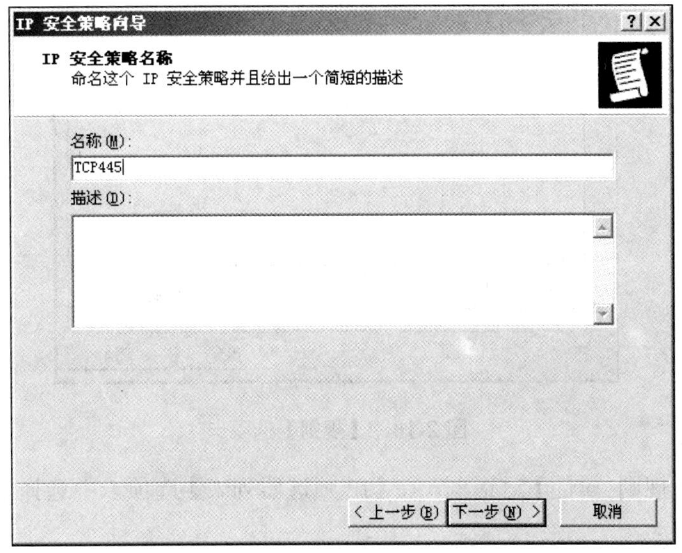

图 2-16　【IP 安全策略名称】对话框

(9) 单击【下一步】按钮，进入【安全通讯请求】对话框，取消选中【激活默认响应规则】复选框，单击【下一步】按钮，如图 2-17 所示，再单击【完成】按钮即可完成操作。

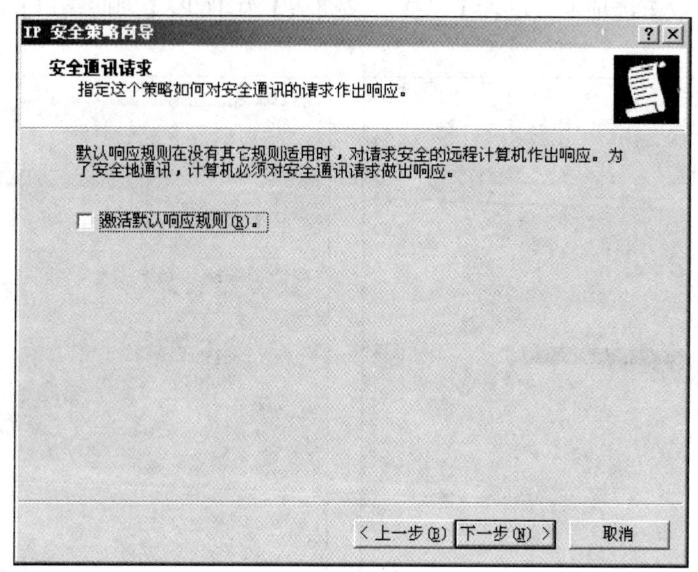

图 2-17 【安全通讯请求】对话框

(10) 接着对该 IP 安全策略进行属性设置，在【TCP 445 属性】对话框的【规则】选项卡中取消选择【使用"添加向导"】复选框，然后单击【添加】按钮，如图 2-18 所示。

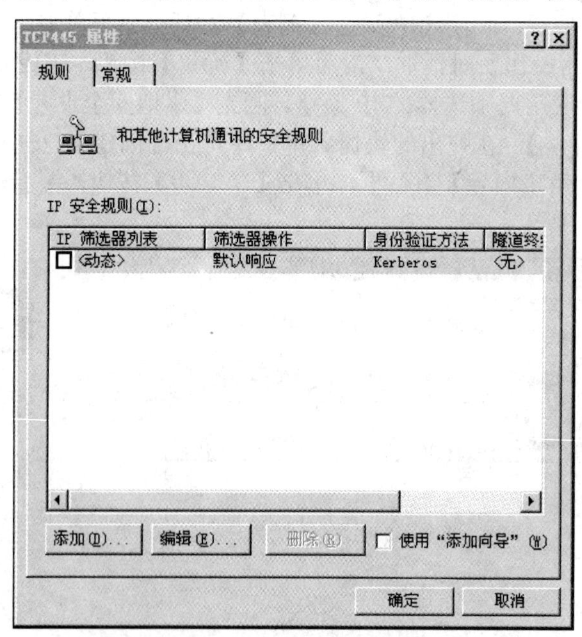

图 2-18 【规则】选项卡

(11) 出现【新规则 属性】对话框，在【IP 筛选器列表】选项卡中选择刚才定义的筛选器，如图 2-19 所示。

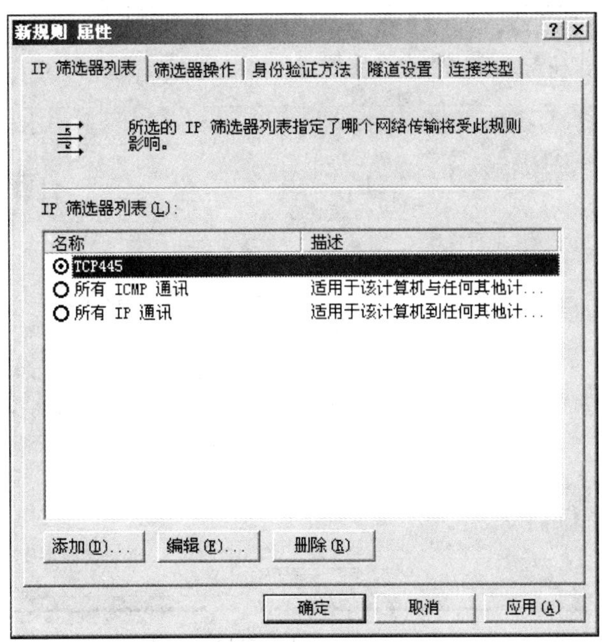

图 2-19　选择筛选器

(12) 选择【筛选器操作】选项卡，同样取消选择【使用“添加向导”】复选框，单击【添加】按钮，如图 2-20 所示。

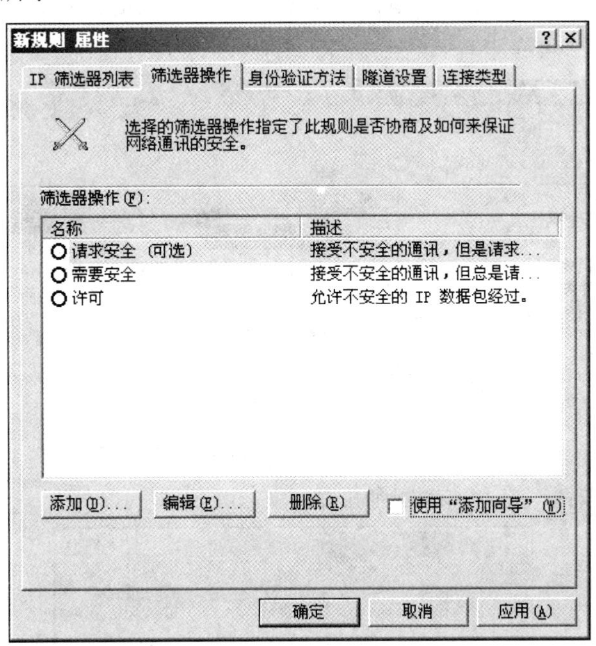

图 2-20　【筛选器操作】选项卡

(13) 在弹出的【新筛选器操作 属性】对话框的【安全措施】选项卡中，选择【阻止】单选按钮，单击【确定】按钮退出，如图 2-21 所示。

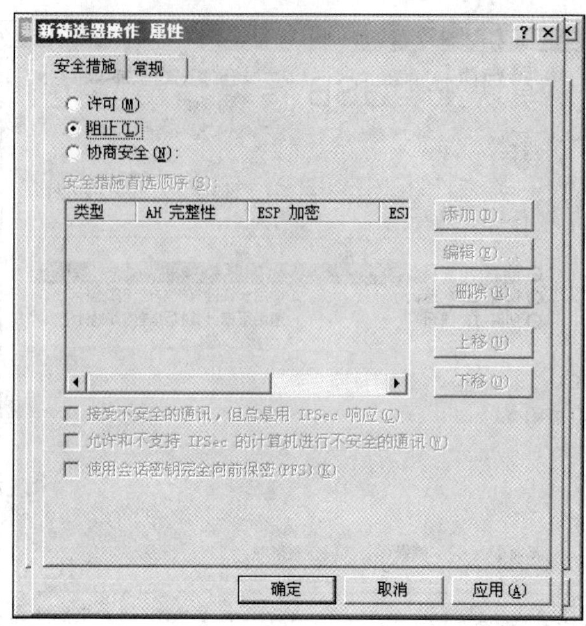

图 2-21 【筛选器操作】对话框中的【安全措施】选项卡

(14) 回到【新规则 属性】对话框，在【筛选器操作】选项卡中选择刚才定义的“筛选器操作”，然后单击【确定】按钮，退出对话框。

(15) 回到【TCP 445 属性】对话框，单击【确定】按钮退出，此时发现【本地安全设置】窗口中已经添加了新策略 TCP445。右击此策略，在弹出的快捷菜单中，单击【指派】命令，如图 2-22 所示，该策略将应用到系统中，本地的 445 端口将禁止一切的通信。

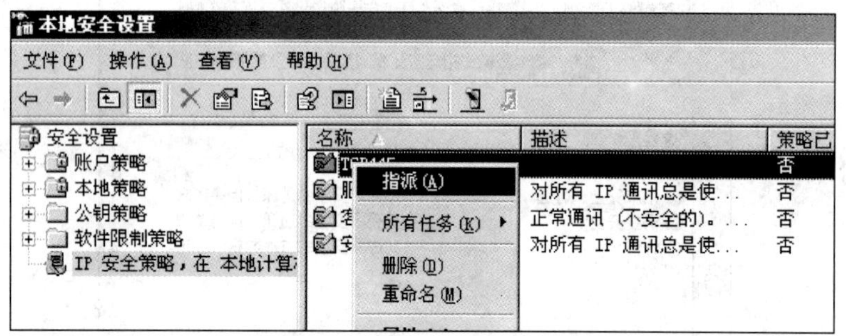

图 2-22 指派策略

(16) 在任务栏中单击【开始】|【运行】命令，打开【运行】对话框，在文本框中输入“gpupdate”命令，单击【确定】按钮，更新本地安全策略，如图 2-23 所示。

图 2-23 更新本地安全策略

通过上述方法，可以有效地避免狙击波病毒的感染。

模块 2　USB 传播病毒防范

任务 1　USB 设备传播病毒分析

1.1　任务引入

随着信息时代的到来，很多电子设备性能越来越好，价格也越来越便宜，移动存储设备也是如此。移动存储设备是便携式的数据存储装置。现代的移动存储主要有移动硬盘、USB 盘和各种记忆卡等。它们大都属于 USB 设备，这些具有即插即用、数据传输可靠、扩展方便、低成本等优点的 USB 设备，已成为当前计算机必备的接口之一。它们的价格现也降了许多，在各高校、各企业里几乎每个人都会有一个 U 盘、MP3 或移动硬盘等。由于使用广泛，大家又缺乏安全意识，所以经常会出现 U 盘中病毒的现象，比如图片被更改、插入后自动运行程序等，这些现象是如何产生的呢？如何识别 U 盘被 U 盘病毒感染了？

1.2　相关知识

1. USB 设备简单介绍

USB 是 Universal Serial Bus 的缩写，中文含义是“通用串行总线”。它不是一种新的总线标准，而是应用在 PC 领域的接口技术。USB 是在 1994 年年底南英特尔、康柏、IBM、Microsoft 等多家公司联合提出的，近几年得到非常广泛的应用。从 1994 年 11 月 11 日发表了 USB V0.7 版本以后，USB 版本经历了多年的发展，到现在已经发展为 USB 3.0 版本，成为目前计算机中的标准扩展接口。USB 3.0 是最新的 USB 规范，该规范由英特尔等大公司发起。USB 2.0 已经得到了 PC 厂商普遍认可，接口更成为了硬件厂商的必备接口。USB 2.0 的最高传输速率为 480Mbps，即 60Mbps。随着 USB 3.0 的应运而生，其最大传输速率高达 5.0Gbps，也就是 625Mbps。

USB 需要主机硬件、操作系统和外设 3 个方面的支持才能工作。目前的主板一般都采用支持 USB 功能的控制芯片组，主板上也安装有 USB 接口插座，而且除了背板的插座之外，主板上还预留有 USB 插针，可以通过连线接到机箱前作为前置 USB 接口，以方便使用。而且 USB 接口还可以通过专门的 USB 连机线实现双机互连，并可以通过 Hub 扩展出更多的接口。USB 具有传输速度快、使用方便、支持热插拔、连接灵活、独立供电等优点，可以连接鼠标、键盘、打印机、扫描仪、摄像头、闪存盘、MP3 机、手机、数码相机、移动硬盘、外置光软驱、USB 网卡、ADSL Modem、Cable Modem 等几乎所有的外部设备。USB 是一个外部总线标准，用于规范计算机与外部设备的连接和通信。随着存储设备的不断更新，从软盘、磁盘到今天风靡全球的 U 盘，依附于存储介质的病毒也在不断更新换代，现有的 U 盘病毒在 Windows 操作系统中已经成为了一个新的防范领域。特别是对现有的很多保密单位，在物理网络隔绝的情况下做数据交换和转移，U 盘病毒防范尤为重要。

2. U 盘病毒简述

U 盘病毒主要通过 U 盘、移动硬盘传播。目前这类病毒的最大特征是利用 autorun.inf 配置文件在 Windows 操作系统中的漏洞来发作，事实上 autorun.inf 相当于一个传染途径，经过该途径入侵的病毒，理论上是“任何”病毒。就像身体上的创口，可能感染的细菌就不止一种，这个 autorun. inf 就是系统的创口。其传播的策略是通过硬盘的自动运行，当用户双击硬盘时，根目录下的 autorun.inf 将引导一个可执行文件(exe 或 bat)自动运行。病毒运行之后，除了做破坏性的动作，一般还会将自身进程隐藏，使其在任务管理器进程列表中不显示，把自身复制到 Windows 某个系统文件夹下；写入注册表自动运行项目，使得开机后每次都启动该病毒；监听来自移动设备的消息；一旦发现有移动设备安装便复制自身到该移动设备上；将该移动设备设置成为硬盘自动运行，这样病毒便可以传播开来。当然，不同的病毒这些过程有可能会不同，比如有些会在运行时将自身删除，有些会动态地改变保存的目录和文件名。

1.3 任务实施

模拟 U 盘病毒感染的步骤如下。

(1) 将 U 盘插入计算机，观察 U 盘设备图标与名称，发现此时是正常的图标，名称是“可移动磁盘”，右击 U 盘设备图标，观察菜单选项，发现此时没有“自动播放”选项。双击 U 盘图标，也未有异常情况发生，只是正常地打开了该 U 盘。

(2) 在 U 盘上新建一个文本文件，并将其文件名修改为“autorun.inf”，然后使用文本编辑器(如记事本)打开该文件，在文件中输入以下内容并保存，如图 2-24 所示。然后关闭文本编辑器。

图 2-24　相关代码

(3) 在 U 盘上新建一个文本文件，将其文件名修改为“readme.txt”，使用文本编辑器(如记事本)打开该文件，在文件中输入一些内容，如“你中 U 盘病毒了，哈哈”，保存该文件，并关闭文本编辑器。

(4) 将事先准备好的 ico 文件复制到 U 盘根目录下，比如“mao.ico”，接着可以卸载并拔出 U 盘。

(5) 对计算机进行注销或者重启，然后打开“我的电脑”，插入刚才的那个 U 盘，观察到“我的电脑”中出现的设备图标及设备名称发生了变化，如图 2-25 所示。如果双击该 U 盘，就会弹出一个对话框，如图 2-26 所示。

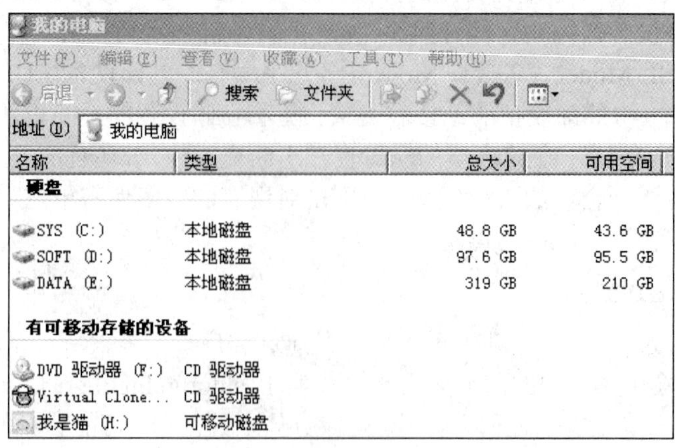

图 2-25　U 盘图标和名称被更改的现象

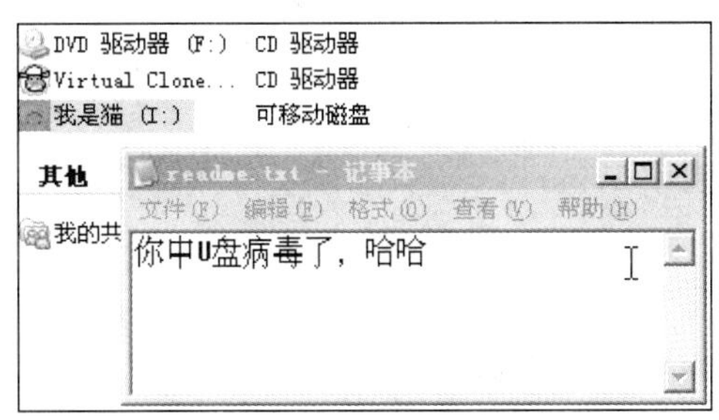

图 2-26　U 盘“自动运行程序”现象

要说明的是，这里是模拟现象，故运行的是记事本，里面写了“你中 U 盘病毒了……”文字，没有什么危害性，如果是真正的病毒，就悄无声息地运行了具有危害性的程序或者其他恶意的流氓程序。

任务 2　多种防范 USB 病毒的策略

2.1　任务引入

对于 U 盘病毒的危害以及中毒现象已经有所了解，那如何来防范这个病毒呢？除了安装必要的杀毒软件之外，还有没有其他办法来禁止该病毒的运行呢？

2.2　相关知识

1. autorun.inf 文件和 U 盘病毒的关系

目前的 U 盘病毒基本都是通过 autorun.inf 来进入的。autorun.inf 本身是正常的文件，但可被利用做其他恶意的操作。不同的人可通过 autorun.inf 放置不同的病毒，因此无法简单说是什么病毒，可以是一切病毒、木马、黑客程序等。一般情况下，U 盘不应该有 autorun.inf 文件，如果发现 U 盘有 autorun.inf，且不是你自己创建生成的，请删除它，并且尽快查毒。同时，一般建议插入 U 盘时，不要双击 U 盘，尽量采用以右击 U 盘，选择“资源管理器”来打开 U 盘。

注：部分 U 盘制造商可能也会利用 autorun.inf 进行自己的特色设计，目的是为了让用户执行厂商的特色程序。已确认部分厂商确实使用了这种方式，因此建议购买 U 盘时先做识别，比如看看说明书或咨询销售人员。

2. 防范 U 盘病毒的方法介绍

从 U 盘病毒运行的基本原理出发，可以总结以下几种方法来防范 U 盘病毒。

(1) 关闭“自动播放”功能，这种方法是比较重要的方法，相对来说比较有效。

(2) 在 U 盘中存在的主动存放的 autorun.inf 文件夹或者文件，但是前提是该文件或者文件夹是无害的，这是利用了 Windows 操作系统的基本机制，也就是在 Windows 操作系统中规定在同一目录中，同名的文件和文件夹不能共存。这样病毒若想在磁盘根目录下建立一个具有危害性的 autorun.inf 就比较困难了。

(3) 禁用硬件检测服务，让 U 盘丧失智能，在 Windows 系统中拥有即插即用的功能，所有硬件连接都能够自动检测自动安装驱动，如果希望禁止用户计算机使用 U 盘的话，最直接的办法就是禁用硬件检测服务，这样即使有人尝试将 U 盘插到计算机对应接口也不会发现任何硬件设备，这种方法适合在机房等公共计算机上执行。

(4) 用户计算机安装并启用 Windows 防火墙或病毒预防软件保护本地计算机。

2.3 任务实施

1. 关闭 U 盘“自动播放”功能

(1) 在 Windows 操作系统中单击【开始】|【运行】命令，在【运行】对话框中输入“gpedit. msc”，单击【确定】按钮，打开【组策略编辑器】窗口，如图 2-27 所示。

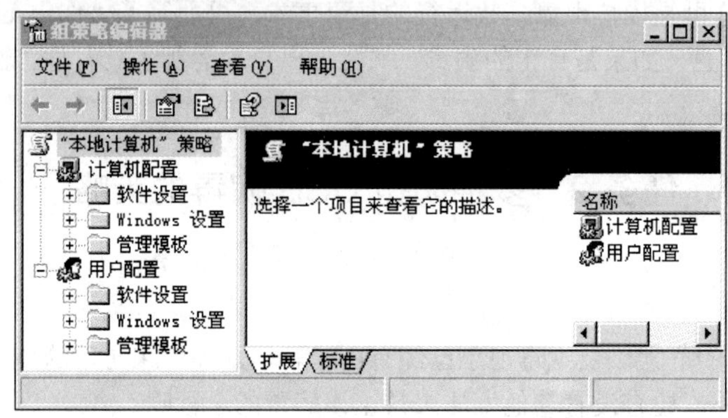

图 2-27 【组策略编辑器】窗口

(2) 然后在左窗格的【“本地计算机” 策略】下展开【计算机配置】|【管理模板】|【系统】，在右窗格的【设置】标题下选择【关闭自动播放】选项。在打开的对话框中选择【设置】选项卡，如图 2-28 所示。

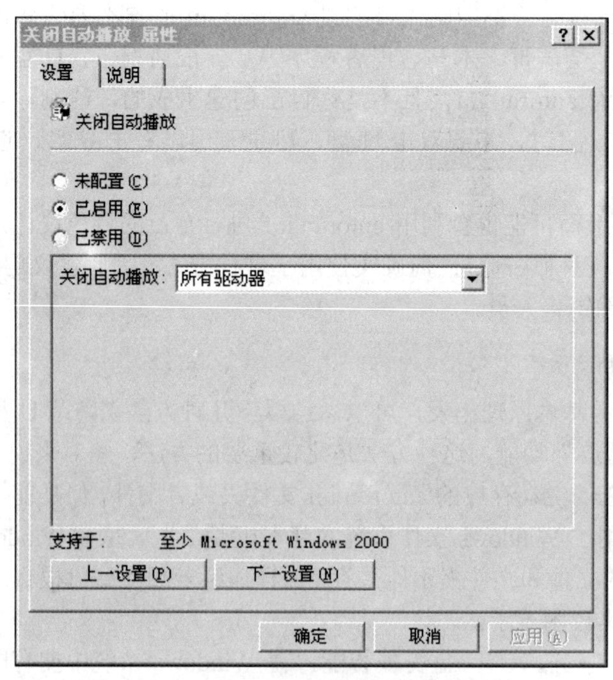

图 2-28 【关闭自动播放 属性】对话框

(3) 在图 2-28 中选择【已启用】单选按钮，然后在【关闭自动播放】下拉列表框中选择【所有驱动器】，单击【确定】按钮，最后关闭【组策略编辑器】窗口。至此就完成了关闭 Windows 系统自动播放功能的工作，以后在系统上插上 U 盘后系统也不会出现自动播放的对话框了。

也可以通过修改注册表的方法来执行“关闭自动播放”策略，方法为：单击【开始】|【运行】命令，在弹出的对话框中输入“regedit”后，按 Enter 键，进入【注册表编辑器】，在左边栏的树形窗口中找到以下注册表项：HKEY_LOCAL_MACHINE\Software\Microsoft\Windows\CurrentVersion\Policies\Explorer，在这个选项下找到注册表键值：NoDriveTypeAutoRun，如果没有该键值，则新建一个类型为 DWORD 值(REG_DWORD)的键值，然后修改该键值的数据为“ff”，如图 2-29 所示。

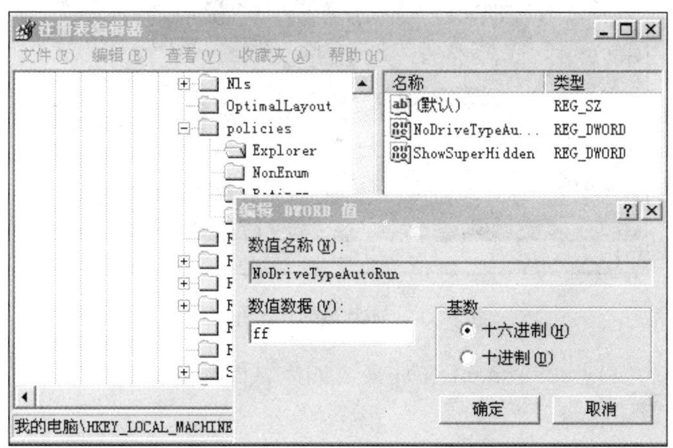

图 2-29　修改“NoDriveTypeAutoRun”注册表键值 1

再在左边栏的树形窗口中找到这样的注册表项：HKEY_CURRENT_USER\Software\Microsoft\Windows\CurrentVersion\Policies\Explorer，同样在这个选项下找到注册表键值：NoDriveTypeAutoRun，如果没有该键值，则新建一个类型为 DWORD 值(REG_DWORD)的键值，然后修改该键值的数据为“ff”，如图 2-30 所示。

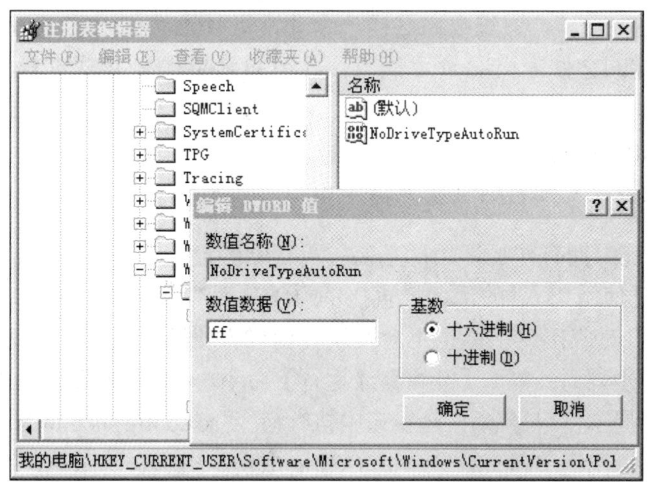

图 2-30　修改“NoDriveTypeAutoRun”注册表键值 2

以上两个键值修改完成后，U 盘的自动播放功能就被禁止了。

2. 利用 autorun.inf 文件夹阻止病毒创建同名文件

为了防止病毒在磁盘根目录建立一个 autorun.inf 文件，可事先就创建一个无毒的 autorun.inf 文件夹，这个行为可以在可视化环境下进行，也可以在 DOS 环境下完成，方法为：单击【开始】|【运行】命令，然后在弹出的对话框中输入“cmd”，按 Enter 键，打开一个命令窗口，转到 U 盘的盘符，然后依次执行如下命令，如图 2-31 所示。

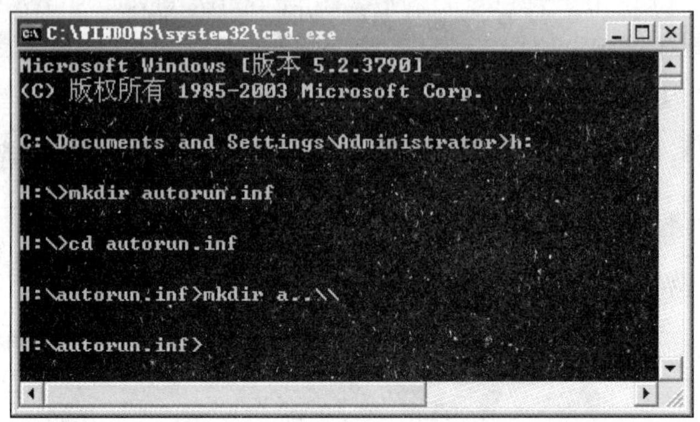

图 2-31　创建 autorun.inf 命令

打开 U 盘，就会发现 autorun.inf 文件夹，如果试图删除该文件夹就无法删除，如图 2-32 所示。

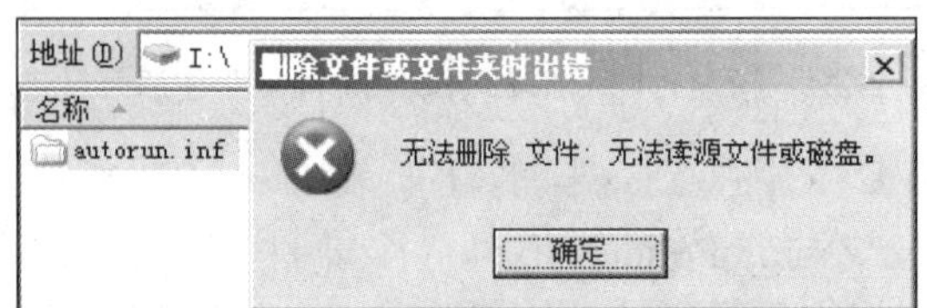

图 2-32　删除 autorun.inf 文件夹出错

说明：其原理也很简单，通过建立这样一个非常规且无法删除的 autorun.inf 目录，使得病毒自己无法创建这样的文件来引发 U 盘病毒，从而起到防止 U 盘病毒自动运行的功能，这个方法本身并没有杀毒功能。如果需要删除这个非常规目录，可以通过格式化方式，也可以在 DOS 环境执行 rd autorun.inf /q/s 命令。

3. 禁用硬件检测服务让 U 盘丧失智能

在 Windows 系统中拥有即插即用的功能，所有硬件连接都能够自动检测、自动安装驱动，如果希望禁止计算机使用 U 盘的话，最直接的办法就是禁用硬件检测服务，这样即使有人尝试将 U 盘插到计算机对应接口上，也不会发现任何硬件设备，U 盘一样无法使用。

具体指令和操作步骤为：单击【开始】|【运行】命令，在【运行】对话框中输入“CMD”后按 Enter 键，进入命令提示窗口，然后在该窗口中执行命令“sc config shellhwdetection start= disabled”来禁用硬件检测服务，出现“Change Service Config 成功”提示表明命令有效，如图 2-33 所示。

图 2-33　禁用硬件自动检测命令

如果日后要恢复自动检测时直接使用“sc config shellhwdetection start=auto”命令即可，系统将恢复硬件的自动检测功能。

项 目 小 结

本项目包括两个模块，第 1 个模块分析了蠕虫病毒的基本特点及工作流程，并通过实验模拟了蠕虫病毒发作时的一些现象，让学生体会蠕虫病毒的危害性，并以案例的形式从企业和个人角度出发作了必要的防范措施。第 2 个模块分析了 USB 病毒传播的途径，并根据其传播特征，提出了多种防范 USB 病毒的策略，通过多种方案的分析，培养学生用多种方法解决问题的能力。

思 考 练 习

一、选择题

1．计算机病毒的特征包括(　　)。

A．隐蔽性　　B．潜伏性、传染性　　C．破坏性

D．可触发性　　E．以上都正确

2．计算机病毒的传染性是指计算机病毒可以(　　)。

A．自我传播　　B．自动攻击　　C．自我复制　　D．自我扩散

3．病毒通常在一定的触发条件下，激活其传播机制进行传染，或激活其破坏机制对系统造成破坏，这说明计算机病毒具有(　　)。

A．隐蔽性　　B．潜伏性　　C．破坏性　　D．可触发性

4．蠕虫病毒的工作机理包括(　　)。

A．利用网络进行复制和传播　　B．利用网络进行攻击

C．利用网络进行后门监视　　D．利用网络进行信息窃取

5．在大多数情况下，病毒侵入计算机系统以后，(　　)。

A．病毒程序将立即破坏整个计算机软件系统

B．计算机系统将立即不能执行各项任务

C．病毒程序将迅速损坏计算机的键盘、鼠标等操作部件

D．一般并不立即发作，等到满足某种条件的时候，才会出来活动、捣乱、破坏

6．关于网络版防毒软件的说法，下面不正确的是(　　)。

A．适合在大企业应用，管理人员可以统一部署

B．分为服务器和客户端，管理人员可以通过查看服务器的记录了解员工的计算机情况

C．有利于员工病毒库的升级

D．价格比单机版便宜，能给小企业减少成本

7．下面(　　)不是预设扫描设定的目的。

A．实现客户端在特定时间段自动扫描，避免工作的繁忙时间段

B．实现对特定文件的扫描设定，便于管理

C．实现对扫描结果的处理，便于管理

D．用于监控员工的上机行为

8．关于 TCP 端口，下面说法错误的是(　　)。

A．各种端口往往对应着一些服务

B．由于某先端口处于开放状态，从而导致某些病毒进来

C．如果计算机不做服务器，那么所有端口关闭后，不会对客户端网络产生任何影响

D．关闭 TCP445 端口能有效阻止狙击波病毒的侵入

9．关于 U 盘病毒，下面说法错误的是(　　)。

A．主要通过 U 盘、移动硬盘传播

B．就算 U 盘写保护了也会被感染

C．使用 U 盘时，不对 U 盘双击能有效避免受感染

D．关闭 U 盘“自动播放”功能，能有效避免受感染

10．病毒的传播途径多种多样，下面(　　)的传播不需要通过互联网下载进行。

A．宏病毒　　B．脚本病毒　　C．Java 病毒　　D．Shockwave 病毒

二、填空题

1．蠕虫程序的功能模块中，______________模块实现程序复制功能，______________实现负责隐藏蠕虫程序，______________实现对计算机的控制、监视或破坏。

2．计算机病毒种类很多，但是概括地说几乎所有计算机病毒都是由 3 个部分组成，即______________、______________和______________。

3．计算机病毒按传染方式可分为______________和______________。

4．目前病毒采用的触发条件主要有以下几种：______________触发、键盘触发、感染触发、______________触发、访问磁盘次数触发、调用中断功能触发等。

三、思考题

1．蠕虫病毒可能引起的现象有哪些？

2．网络版杀毒软件和个人版杀毒软件有什么不同？

3．蠕虫病毒除了经常会从 TCP445 端口侵入，还有哪些端口也是经常被侵入的？

4．如果 U 盘感染 U 盘病毒了，那么打开 U 盘的时候不采用双击打开，而采用鼠标右键打开会激活病毒吗？

5．U 盘病毒会不会感染其他的磁盘？

项目 3 网络攻击防范

教学目标

最终目标	能防范常见的网络攻击
促成目标	(1) 理解 ARP 攻击原理 (2) 掌握 ARP 反攻击策略，实现系统的保护 (3) 理解木马攻击原理 (4) 掌握木马反攻击策略，实现系统的保护 (5) 能对网络进行扫描及抓取数据包 (6) 能对 Web 攻击有所认识及防范 (7) 注重培养学生的职业素养与习惯

引言

随着计算机网络技术的迅速发展，网络在经济、军事、文教、金融、商业等诸多领域得到了广泛应用，可以说网络无处不在，它正在改变用户的工作方式和生活方式。计算机网络在给人们提供便利、带来效益的同时，也使人类面临着信息安全的巨大挑战。在工作、生活中，用户时不时地受到网络攻击，有些攻击还是很严重的，面对各种攻击，需要做什么？能做什么？该如何做？等等。这些非常现实的问题摆到了用户的面前，无法回避。在 2011 年 12 月，国家在《安全生产信息化“十二五”规划》中明确地提出了信息安全建设的紧迫性。因此为了更好地加强信息安全，非常有必要学习网络攻击与防范的相关的知识和技能。

模块 1　ARP 攻击防范

任务 1　ARP 攻击原理认识

1.1　任务引入

在单位里经常需要上网的人都知道，需要正确地设置 IP 地址及相关信息才能上网，一般来说用户要设置一个 IP 地址及对应的子网掩码、网关地址、DNS 地址。但是有时会碰到这样的情况，比如上着上着突然上不了，或者时断时好，而检查网络连接却是正常的，在 CMD 环境使用 ipconfig /all 命令查看信息却发现均正常，甚至和网关地址也能 ping 通。有时更离谱的是在某个时刻自己的计算机无法上网，而同事却能上。或者自己的能上，而同事不能上，也许这时要怀疑是否有人的 IP 地址设置出问题了，而经过查看发现除 IP 地址不同外，子网掩码、网关地址、DNS 地址均一样，这是怎么回事呢？

1.2　相关知识

1. 网关的概念

大家都知道，从一个房间走到另一个房间，必然要经过一扇门。同样，从一个网络向另一个网络发送信息，也必须经过一道“关口”，这道关口就是网关。顾名思义，网关(Gateway)就是一个网络连接到另一个网络的“关口”。按照不同的分类标准，网关也有很多种。TCP/IP 协议里的网关是最常用的，在这里所讲的“网关”均指 TCP/IP 协议下的网关。

网关实质上是一个网络通向其他网络的连接设备，通常是路由器或具有路由功能的服务器。比如有网络 A 和网络 B，网络 A 的 IP 地址范围为“192.168.1.1～192. 168.1.254”，子网掩码为 255.255.255.0；网络 B 的 IP 地址范围为“192.168.2.1～192.168.2.254”，子网掩码为 255.255.255.0。在没有路由器的情况下，两个网络之间是不能进行 TCP/IP 通信的，即使是两个网络连接在同一台交换机(或集线器)上，TCP/IP 协议也会根据子网掩码(255.255.255.0)判定两个网络中的主机是否在同一个网络里。而要实现这两个网络之间的通信，则必须通过网关。如果网络 A 中的主机发现数据包的目的主机不在本地网络中，就把数据包转发给自己的网关，再由网关转发给网络 B 的网关，网络 B 的网关再转发给网络 B 的某个主机。

因此，只有设置好网关的 IP 地址，TCP/IP 协议才能实现不同网络之间的相互通信。那么这个 IP 地址是哪台机器的 IP 地址呢？网关的 IP 地址是具有路由功能的设备的 IP 地址，具有路由功能的设备有路由器、启用了路由协议的服务器(实质上相当于一台路由器)。其基本的示意图如图 3-1 所示。

在图 3-1 中，可以看到 Router(路由器)连接着两个网络，右端和内部网络相连，左端与互联网相连，Router 的右端接口设置的 IP 地址作为内部网络的网关地址。在内部网络，比如图 3-1 中，PCA 和 PCB 设置的网关地址就要和 Router 右端接口 IP 地址一致。可以通过 ipconfig 命令查看计算机的网关地址，方法为单击【开始】|【运行】命令，输入 cmd，按 Enter 键后进入 DOS 环境，然后输入 ipconfig，如图 3-2 所示。

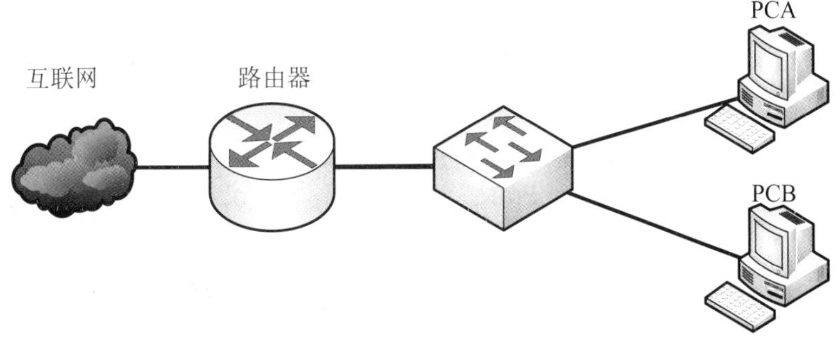

图 3-1　局域网通过 Router 上网

```
C:\WINDOWS\system32\cmd.exe
   Default Gateway . . . . . . . . . :

Ethernet adapter 本地连接:

   Connection-specific DNS Suffix  . :
   IP Address. . . . . . . . . . . . : 10.60.34.28
   Subnet Mask . . . . . . . . . . . : 255.255.255.0
   Default Gateway . . . . . . . . . : 10.60.34.254

C:\Documents and Settings\Administrator>
```

图 3-2　查看本地计算机的网关地址

在图 3-2 中，Default Gateway 对应的 10.60.34.254 就是网关地址，也就是该计算机是通过 IP 地址为 10.60.34.254 的端口出去的。

2. MAC 地址介绍

MAC(Media Access Control)地址，或称为 MAC 位址、硬件地址，用来定义网络设备的位置。不仅网卡有 MAC 地址，各种网络设备的接口也有 MAC 地址，在图 3-1 中 Router 右端的接口也有 MAC 地址，这个 MAC 地址是固定的。在图 3-1 中，内部网络要通过 Router 上网的话，不仅要知道 Router 右端接口的 IP 地址，而且还要知道它的 MAC 地址。在 Windows 系统中，可以单击【开始】|【运行】命令，在【运行】对话框中输入 cmd，按 Enter 键后进入 DOS 环境，然后输入 ipconfig /all 就可以看到本网卡的 MAC 地址，如图 3-3 所示。

```
Ethernet adapter 本地连接:

   Connection-specific DNS Suffix  . :
   Description . . . . . . . . . . . : VMware Accelerated
   Physical Address. . . . . . . . . : 00-0C-29-67-7B-F5
   DHCP Enabled. . . . . . . . . . . : Yes
   Autoconfiguration Enabled . . . . : Yes
   IP Address. . . . . . . . . . . . : 10.60.34.5
   Subnet Mask . . . . . . . . . . . : 255.255.255.0
   Default Gateway . . . . . . . . . : 10.60.34.254
   DHCP Server . . . . . . . . . . . : 10.60.34.254
   DNS Servers . . . . . . . . . . . : 10.50.8.2
```

图 3-3　查看网卡的 MAC 地址

在图 3-3 中，Physical Address 对应的 00-0C-29-67-7B-F5 就是 MAC 地址，在这里是以 16 进制显示的，转化为二进制则有 48 位。

3. ARP 协议

ARP(Address Resolution Protocol，地址解析协议)是一个位于 TCP/IP 协议栈中的底层协议，对应于数据链路层，负责将某个 IP 地址解析成对应的 MAC 地址。

ARP 协议的基本功能就是通过目标设备的 IP 地址，查询目标设备的 MAC 地址，以保证通信的进行。ARP(Address Resolution Protocol)是地址解析协议，是一种将 IP 地址转化成物理地址的协议。从 IP 地址到物理地址的映射有两种方式：表格方式和非表格方式。ARP 具体说来就是将网络层(IP 层，也就是相当于 OSI 的第 3 层)地址解析为数据连接层(MAC 层，也就是相当于 OSI 的第 2 层)的 MAC 地址。

4. ARP 攻击原理

ARP 攻击就是通过伪造 IP 地址和 MAC 地址实现 ARP 欺骗，能够在网络中产生大量的 ARP 通信量使网络阻塞，攻击者只要持续不断地发出伪造的 ARP 响应包就能更改目标主机 ARP 缓存中的 IP-MAC 条目，造成网络中断或中间人攻击。

ARP 攻击主要存在于局域网中，局域网中若有一台计算机感染 ARP 病毒，则感染该 ARP 病毒的系统将会试图通过“ARP 欺骗”手段截获所在网络内其他计算机的通信信息，并因此造成网内其他计算机的通信故障。

某机器 A 要向主机 B 发送报文，会查询本地的 ARP 缓存表，找到 B 的 IP 地址对应的 MAC 地址后，就会进行数据传输。如果未找到，则 A 广播一个 ARP 请求报文(携带主机 A 的 IP 地址 Ia——物理地址 Pa)，请求 IP 地址为 Ib 的主机 B 回答物理地址 Pb。网上所有主机包括 B 都收到 ARP 请求，但只有主机 B 识别自己的 IP 地址，于是向 A 主机发回一个 ARP 响应报文。其中就包含有 B 的 MAC 地址，A 接收到 B 的应答后，就会更新本地的 ARP 缓存。然后即可使用这个 MAC 地址发送数据(由网卡附加 MAC 地址)。因此，本地高速缓存的这个 ARP 表是本地网络流通的基础，而且这个缓存是动态的。

1.3 任务实施

1. 利用“相关命令”查看本地 ARP 缓存的信息

一般情况下计算机通过网关方式进行上网，而网关的基本情况在客户机计算机缓存里是动态记录的，调用 arp -a 可看到 ARP 缓存的信息，如图 3-4 所示。

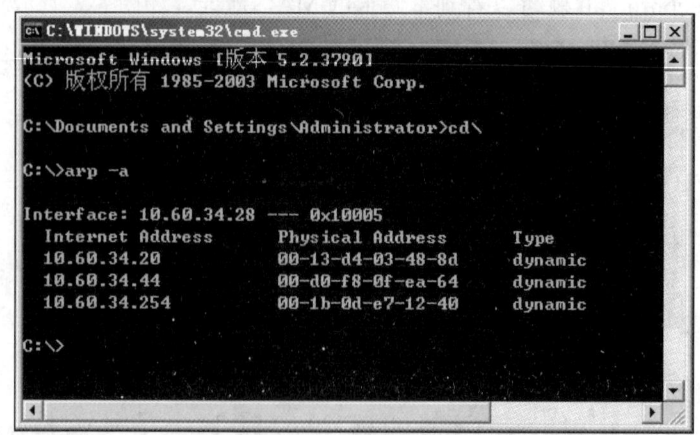

图 3-4　某计算机的 ARP 缓存信息

从图 3-4 中，可以看到 3 条 ARP 缓存信息，Internet Address 对应下来是 IP 地址，Physical Address 是物理地址的意思，也就是前面介绍的 MAC 地址，Type 是类型的意思。从图 3-4 可以看到这样的信息，就是地址为 10.60.34.254 对应的 MAC 地址是 00-1b-0d-e7-12-40，记录的类型是 dynamic(动态的)。

这里要说明的是计算机环境的不同，这些信息也是会有所不同的，这里显示了笔者的办公环境信息，并且这些信息会动态地发生变化。动态获取情况下，也就意味着可以获取正确的信息，也可能获取错误的信息，如果局域网中某台计算机冒充网关发布错误的 ARP 地址信息，那客户端计算机就可能获取错误的信息。

2. 利用“相关工具”冒充网关发布错误信息

使用 WinArpAttacker 软件，对某台计算机发布错误的网关信息，打开软件，如图 3-5 所示。

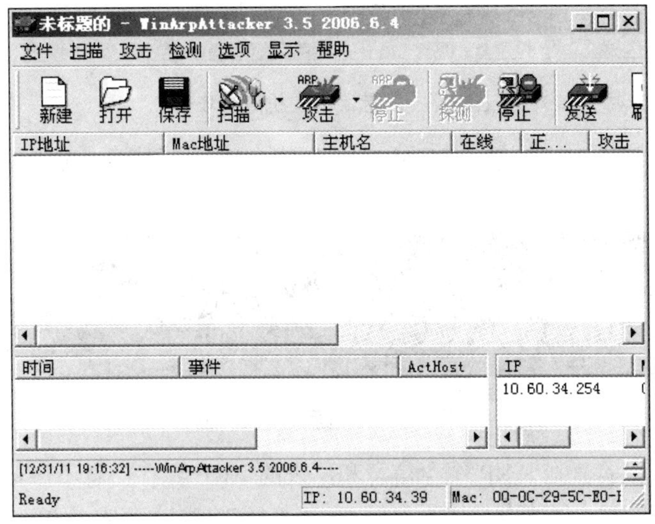

图 3-5　WinArpAttacker 软件界面

接着对网络进行扫描，在扫出的结果列表中选择要攻击的主机，这里是 10.60.34.5 的主机，如图 3-6 所示。

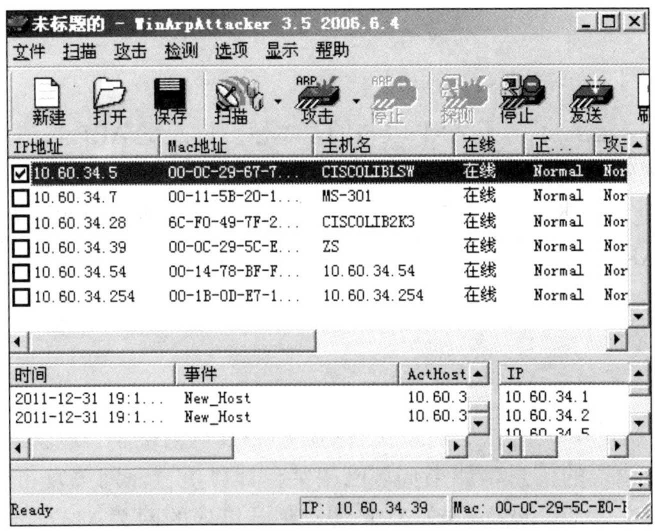

图 3-6　扫描网络并选中要攻击的主机

接着单击【arp/攻击】按钮右边的下拉菜单，选择“禁止网关”选项，如图 3-7 所示。这样就对 IP 地址为 10.60.34.5 的主机执行了一次 ARP 攻击行为。

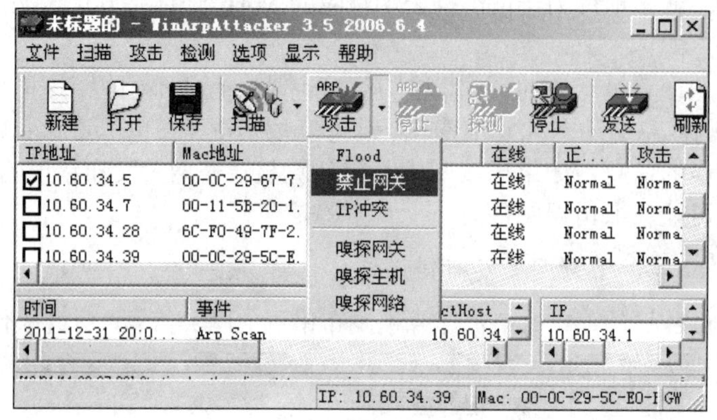

图 3-7 对选定的主机进行攻击

最后，在 10.60.34.5 的主机的 DOS 环境下查看 ARP 缓存信息，使用的命令为 arp -a，查询到的结果如图 3-8 所示。

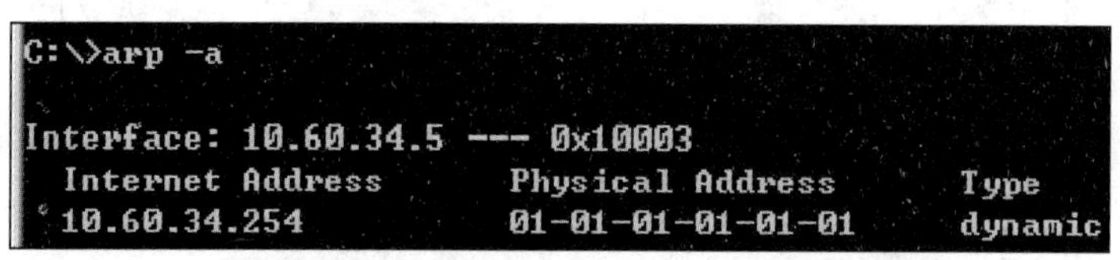
```
C:\>arp -a

Interface: 10.60.34.5 --- 0x10003
  Internet Address      Physical Address      Type
  10.60.34.254          01-01-01-01-01-01     dynamic
```

图 3-8 受 ARP 攻击后的 ARP 缓存信息

从图 3-8 中，可以看到在 ARP 缓存信息和原来的 ARP 缓存信息不一样了，区别是网关 IP 地址对应的 MAC 地址发生了变化，从原先的 00-1b-0d-e7-12-40 变成了 01-01-01-01-01-01，而这个 MAC 地址是攻击方发布的信息，是错误的地址，如此一来，该主机就无法通过网关出去了。

任务 2 ARP 攻击与反攻击演练

2.1 任务引入

在上次的任务中，已经了解了 ARP 攻击的基本原理以及受 ARP 攻击后主机产生的变化，变化是受攻击方 ARP 缓存记录了错误的信息。如何来防止这种情况的发生呢？如何实现在 ARP 攻击之后，本地主机的 ARP 缓存信息不受影响？这是 ARP 反攻击要解决的核心问题，如果被攻击方对于 ARP 攻击的数据不予理睬，这样就不会感染 ARP 病毒了。

2.2 相关知识

1. 采用静态绑定策略

一般来说，客户机的网关信息是动态获取的。动态获取情况下，也就意味着可能获取正确的信息，也可能获取错误的信息，如果局域网中某台计算机冒充网关发布错误的 ARP 地址信息，那么客户端如果获取后，就会导致 ARP 缓存记录错误的网关 MAC 地址信息，而导致不能上网，这是 ARP 攻击的惯用伎俩。

如果希望记录的信息不发生变化，常用的方法就是进行 IP 和 MAC 静态绑定，在网内把主机和网关都进行 IP 和 MAC 绑定。ARP 欺骗是通过 ARP 的动态实时发布的规则欺骗内网机器，因此把 ARP 全部设置为静态可以解决对内网 PC 的欺骗，同时在网关也要进行 IP 和 MAC 的静态绑定，这样双向绑定才比较保险。

如果网络中有很多主机，比如 500 台、1000 台，如果每一台都进行静态绑定，工作量是非常大的。而且这种静态绑定，在计算机每次重启后，都必须重新再绑定。对于这个问题比较好的方法是把绑定命令做一个批处理文件，然后把批处理文件发给各个主机，然后各主机把批处理程序放于启动栏，或者计划任务，当然采用修改注册表的方式也行，只要实现计算机重启后自动能执行该批处理程序即可。

2. 采用使用 ARP 防护软件的策略

目前关于 ARP 类的防护软件已经比较多了，比如欣向 ARP 工具、Antiarp 等。它们除了本身能检测出 ARP 攻击，能够把 ARP 攻击的信息拦截掉外，还能以一定频率向网络广播正确的 ARP 信息。

3. 采用对系统打补丁的策略

系统和网络攻击之间总是进行着博弈，任何软件都是有漏洞的，有了漏洞软件开发商就会尽快发布针对该漏洞的补丁程序，由于 ARP 攻击由来已久，所以大家也可以从官方网站下载对应的补丁程序，尝试运行一下。

2.3　任务实施

1. 利用“静态绑定策略”对 ARP 进行反攻击

基本步骤如下。

(1) 首先要正确采集网关地址信息及对应的 MAC 信息，笔者所处网络的网关 IP 地址为 10.60.34.254，对应的 MAC 为 00-1b-0d-e7-12-40，然后新建一个记事本文档，在记事本文档中输入如下代码，如图 3-9 所示。

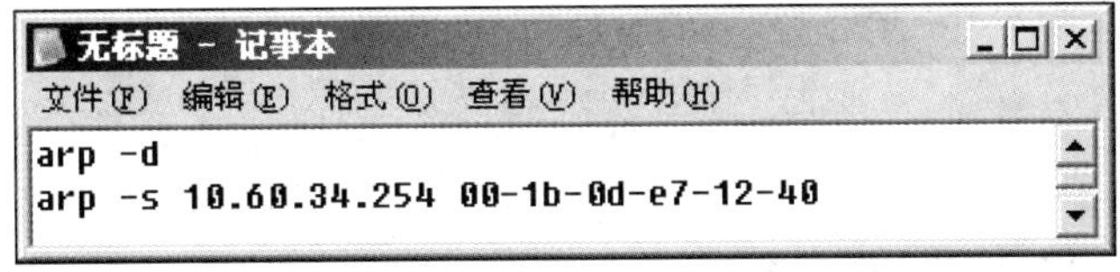

图 3-9　进行 ARP 绑定

代码解释：arp -d 是对原来的信息清空，arp -s 10.60.34.254 00-1b-0d-e7-12-40 是进行绑定的命令，s 就是 static 的缩写。接着把该记事本文档另存为 bat 文件，比如另存为 fanarp.bat 到“我的文档”，如图 3-10 所示。

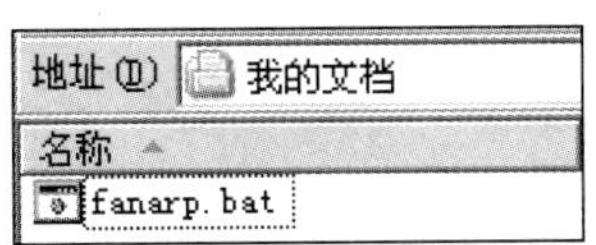

图 3-10　生成的 bat 文件

(2) 双击执行 fanarp.bat 后，里面的命令随之执行，这样就实现了在该主机对网关 IP 和 MAC 的绑定，可以通过查看 ARP 缓存信息查看到绑定后的信息记录，如图 3-11 所示。

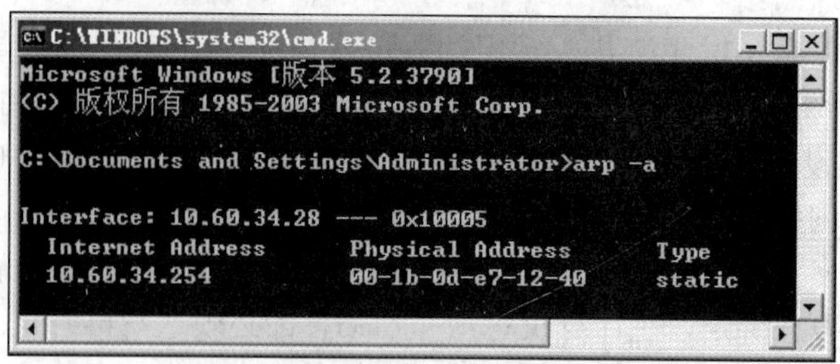

图 3-11 绑定后的 ARP 信息情况

(3) 在图 3-11 中，可以清楚地看到网关 IP 和 MAC 对应的信息，其中和绑定前的区别是 Type 对应的从 dynamic 变成了 static，这就实现了静态的绑定，这样一来，如果网络中有主机冒充网关发布错误的信息，就不会记录了，因为已经静态地记录了正确的信息。不过这种静态绑定，在计算机每次重启后，都必须重新执行该批处理程序以再次实现绑定，如何实现让计算机启动后自动执行该批处理程序呢？方法是，对刚才的 fanarp.bat 文件创建快捷键，然后把快捷键拖到【开始】|【所有程序】|【启动】处，如图 3-12 所示。这样计算机每次启动后就会自动执行 fanarp.bat 程序。

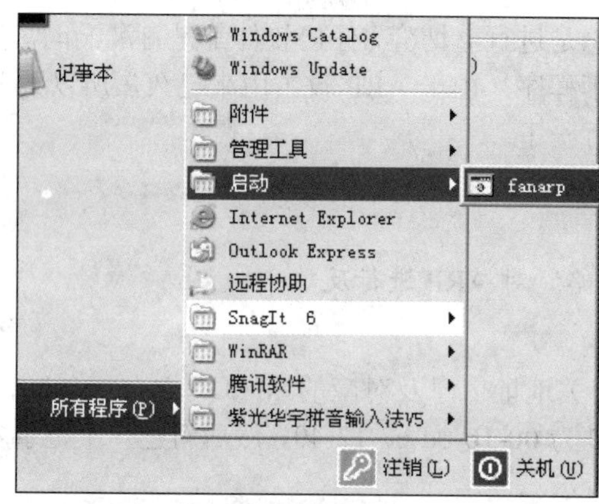

图 3-12 置绑定的 bat 文件于启动栏

(4) 也可以采用任务计划的方式实现系统启动时自动执行 bat 文件，方法为，开启任务计划向导，如图 3-13 所示。

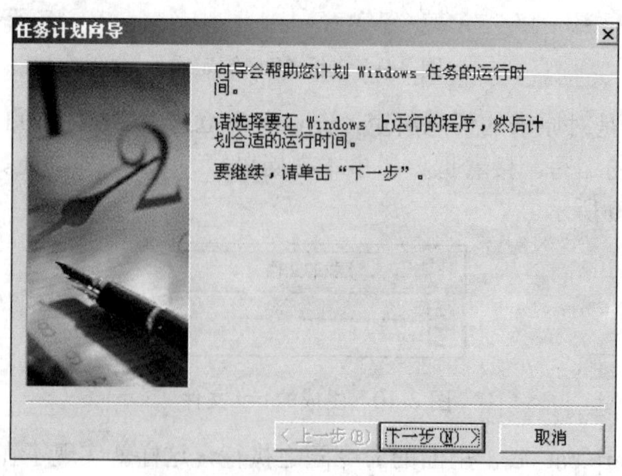

图 3-13 【任务计划向导】对话框

(5) 然后单击【下一步】按钮，进入程序选择界面，如图 3-14 所示。单击【浏览】按钮后找到存放 fanarp.bat 文件的路径，然后选中 fanarp.bat，单击【下一步】按钮后就出现【任务实行时间】选项卡，如图 3-15 所示。

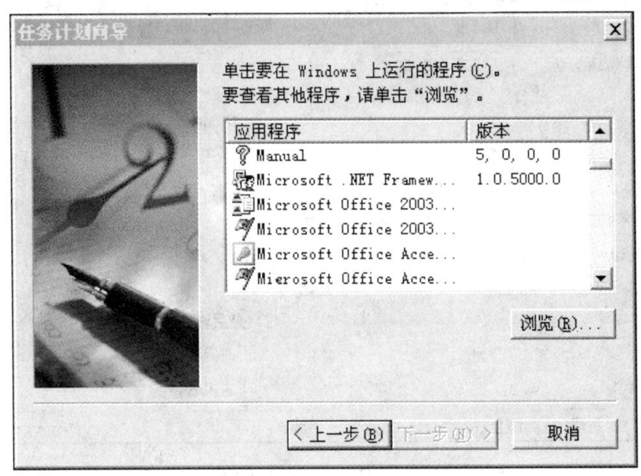

图 3-14　选择要运行的程序

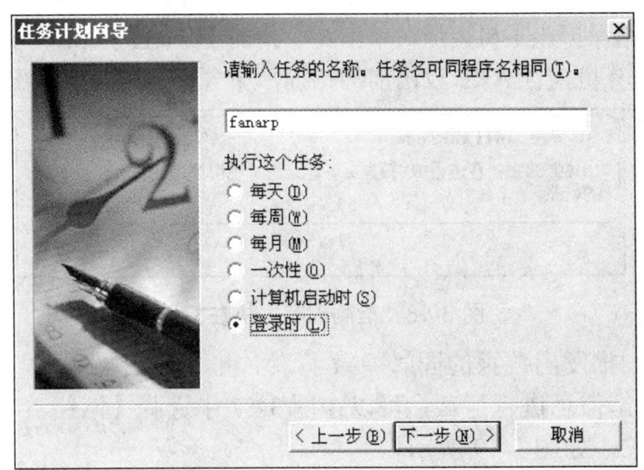

图 3-15　选择任务执行时间

(6) 在图 3-15 中可以选择【计算机启动时】单选按钮也可以选择【登录时】单选按钮，两者区别不大，“登录时”是指输入对应的用户名和密码后执行，“计算机启动时”则在未输入用户名和密码时就执行。单击【下一步】按钮后，再单击【完成】按钮，就完成了任务计划的设定，可以在任务计划列表中看到添加的任务，如图 3-16 所示。

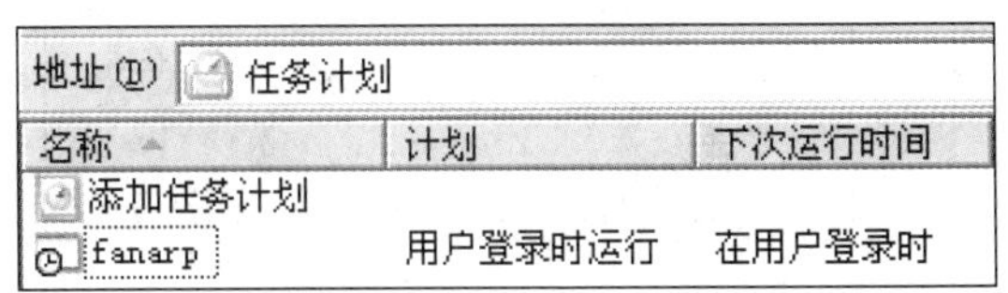

图 3-16　任务计划列表

2. 利用“ARP 防护软件”对 ARP 进行反攻击

绑定策略是能比较有效地对 ARP 进行反攻击的，但是如果不仅想反攻击，同时想更加清楚地知道本机受攻击的情况的话，那么可以采用安装专门的 ARP 防火墙软件来达到目的。图 3-17 所示是一个试用版 ARP 防火墙软件。

ARP防火墙单机服务器版 v6.0.2 【试用版】
文件(F) 动作(A) 工具(T) Language(L) 帮助(H)
开始 停止 最小化 隐藏 扫描 设置 退出 论坛
当前状态 网络流量分析 网络主机列表(3)
攻击统计
总数 已拦截 速度 状态
外部ARP攻击 0 0 0 拦截
外部IP冲突攻击 0 0 0 拦截
对外ARP攻击 0 0 0 拦截
对外伪造IP攻击 0 0 0 拦截
IP/MAC
网关 00-1B-0D-E7-12-40:10.60.34.254
本机 00-0C-29-67-7B-F5:10.60.34.5
最后攻击来源
时间 N/A
主机名 N/A
主动防御
设定速度(个/秒) 30
2011-12-31 19:58 星期六
终止时间 01:48:06
Copyright 2003-2009 Col

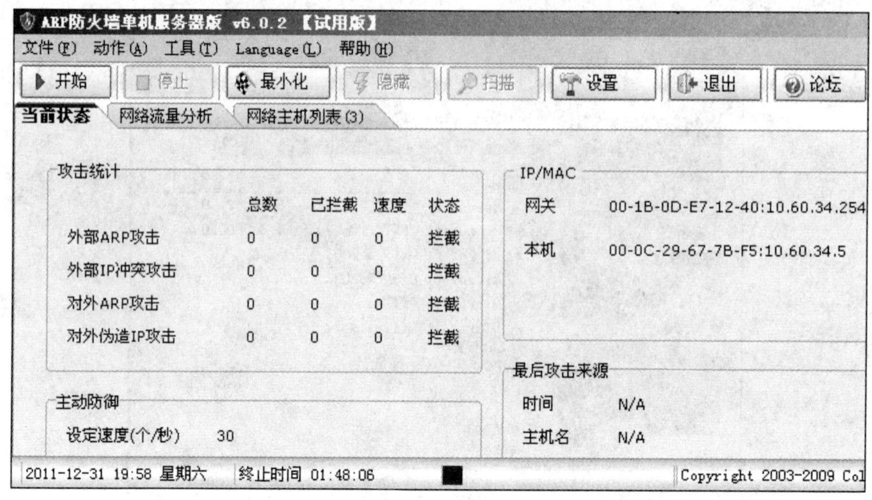

图 3-17　ARP 防火墙软件基本界面

从图 3-17 中可以看到，安装完 ARP 防火墙软件后，能够自动检测到当前的网关地址以及对应的 MAC。如果想开始保护该主机，那么单击左上角的【开始】按钮即可进入保护状态。进入保护状态后，如果有某计算机执行 ARP 攻击前的扫描，那么右下角就会发出警报，如图 3-18 所示。

www.AntiARP.com
10.60.34.39 在进行MAC扫描，可能无害，也可能是攻击的前兆。
19:52

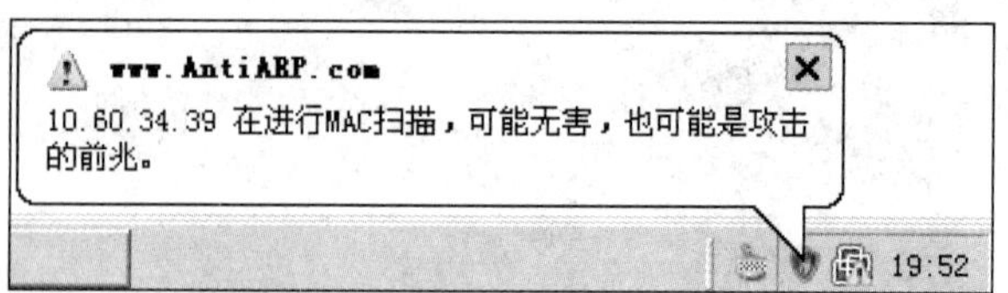

图 3-18　检测到有主机在扫描

检测到有主机在扫描发出警报的同时隐藏了该主机，使扫描的计算机无法找到该主机，同时对发过来的 ARP 攻击信息进行拦截，可以在图 3-17 中选择【网络流量分析】选项卡，就可以看到拦截的信息情况，如图 3-19 所示。

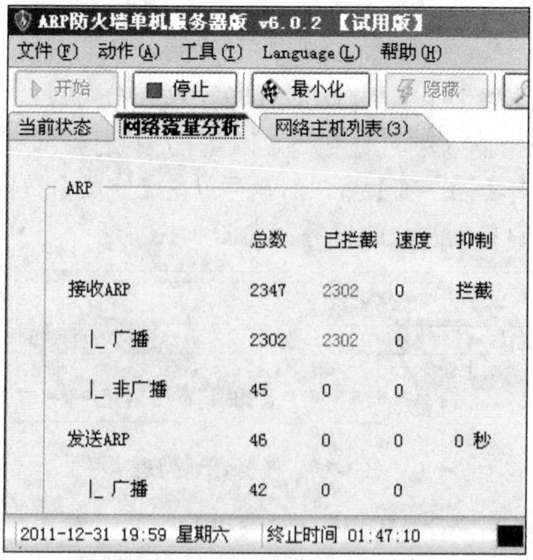

ARP防火墙单机服务器版 v6.0.2 【试用版】
文件(F) 动作(A) 工具(T) Language(L) 帮助(H)
开始 停止 最小化 隐藏
当前状态 网络流量分析 网络主机列表(3)
ARP
总数 已拦截 速度 抑制
接收ARP 2347 2302 0 拦截
|_ 广播 2302 2302 0
|_ 非广播 45 0 0
发送ARP 46 0 0 0 秒
|_ 广播 42 0 0
2011-12-31 19:59 星期六
终止时间 01:47:10

图 3-19　拦截的信息情况

在图 3-19 中可以看到 ARP 防火墙软件拦截了很多 ARP 攻击的数据，起到了保护该主机的作用。

绑定策略和 ARP 防火墙各有特色，前者不需要借助第三方软件，后者需要借助第三方软件，前者占用系统资源少，后者相对来说多一点，前者功能单一，后者功能较多，能了解的攻击情况更多。大家根据自己的情况选择，当然也可以选择从微软官方网站上下载最新的反 ARP 补丁程序，把补丁补上。

模块 2　木马攻击防范

任务 1　木马攻击原理认识

1.1　任务引入

上网的人可能曾经碰到过这些现象，比如 IE 等浏览器主页变成了陌生网址，通常很难改回自己习惯的主页、网络状况正常而 QQ 或游戏却忽然掉线、鼠标自己会移动不受自己的控制、摄像头自己打开、硬盘灯无故闪烁、QQ 图标被隐藏、计算机变得比往常慢、上网突然变成了“龟速”、在任务管理器中多了些自己不认识的进程等。碰到这些情况可能是计算机中了木马病毒。如何来认识这些现象呢？如何来认识木马对用户信息安全的危害？

1.2　相关知识

1. 木马的基本认识

木马是目前最主要的网络安全威胁之一，而且因为它是近几年发展起来的，所以目前许多杀病毒软件对木马的查杀能力比较有限，清除木马的难度更大。

“木马”的全名为“特洛伊木马”，英文为“Trojan Horse”，是一种基于客户和服务器(C/S)模式的远程控制程序，其名称取自希腊神话的特洛伊木马记。希腊人围攻特洛伊城，久久不能得手，后来想出了一个木马计，让士兵藏匿于巨大的木马中。大部队假装撤退而将木马摈弃于特洛伊城，让敌人将其作为战利品拖入城内。木马内的士兵则乘夜晚敌人庆祝胜利、放松警惕的时候从木马中爬出来，与城外的部队里应外合而攻下了特洛伊城。后来，人们就常用“特洛伊木马”这一典故，用来比喻在敌方营垒里埋下伏兵、里应外合的活动。

大多数木马包括客户端和服务器两个部分。攻击者利用一种称为绑定程序的工具将服务器绑定到某个合法软件上，只要用户一运行被绑定的合法软件，木马的服务器部分就在用户毫不知情的情况下完成了安装过程。通常，木马的服务器部分都是可以定制的，攻击者可以定制的项目一般包括服务器运行的 IP 端口、程序启动时机、如何发出调用、如何隐身、是否加密。另外，攻击者可以设置登录服务器的密码，确定通信方式。木马攻击者既可以随心所欲地查看已被入侵的机器，也可以用广播方式发出命令，指示所有在他控制之下的木马一起行动，或者向更广泛的范围传播，或者做其他危险的事情。

木马的设计者为了防止木马被发现，会采用多种手段隐藏木马，这样用户即使发现被感染木马，也很难找到并清除它。木马的危害越来越大，保障安全的最好办法就是熟悉木马的类型、工作原理，掌握如何检测和预防这些代码。常见的木马，例如冰河、灰鸽子和 BO2K(Back Orifice 2000)等，都是多用途的攻击工具包，功能非常全面，包括捕获屏幕、声音、视频内容的功能。这些木马可以当做键记录器、FTP 服务器、HTTP 服务器、Telent 服务器，还能够寻找和窃取密码。攻击者可以配置木马监听的端口、运行方式，以及木马是否通过 E-mail、QQ、ICQ、IRC(Internet Relay Chat，互联网中继聊天)或其他通信手段联系发起攻击的人。一些危害大的木马还有一定的反侦能力，能够采取各种方式隐藏自身，加密通信，设置提供了一些专业级的 API 供其他攻击者开发附加功能。

2. 木马的基本组成

一个完整的木马系统由硬件部分、软件部分和网络连接 3 个部分组成。

1) 硬件部分

建立一个木马连接所必需的硬件实体，包括服务器端、控制端和连接服务器端与控制端的网络。服务器是被控制端远程控制的目标计算机，是安装了木马程序的客户端；而网络则是对服务器进行远程控制、数据传输的网络载体。

2) 软件部分

软件部分是实现远程控制所必需的程序。与硬件部分对应，它包含服务器端程序、控制端程序和木马配置程序 3 部分。服务器端程序就是木马系统的服务器程序，它被隐藏安装在目标计算机内部，以获取目标计算机的操作权限和其他所需要的信息；而控制端程序就是客户端程序，是用来与远程服务器端连接，并控制服务器端行为的客户端程序；木马配置程序是设置木马的端口号、触发条件、木马名称等，使其在服务器端隐藏得更隐蔽的程序。

3) 网络连接

木马系统通过网络连接可在服务器端和控制端之间建立一条木马通信通道，为服务器端发送所获取的信息，控制端发出控制指令提供通道。

1.3 任务实施

模拟“灰鸽子”控制受感染的计算机感受其危害

实验环境说明：PC1 作为主控方，IP 地址为 10.60.34.5/24，PC2 作为受控方，IP 地址为 10.60.34.39/24。步骤如下。

(1) 将“灰鸽子黑客手册专版.rar”下载到 PC1 后，解压缩。

(2) 双击 Nohackeg.exe，出现如图 3-20 所示的界面。

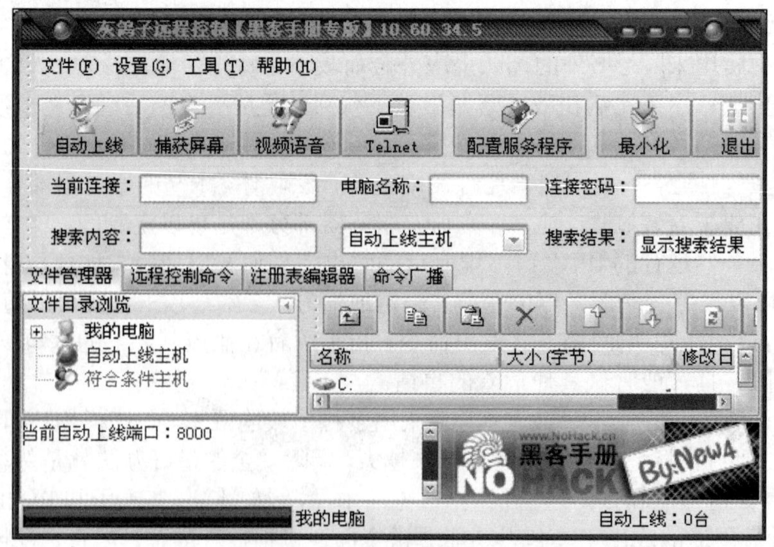

图 3-20 灰鸽子主控端界面

(3) 单击界面中的【配置服务程序】按钮，出现如图 3-21 所示的对话框。

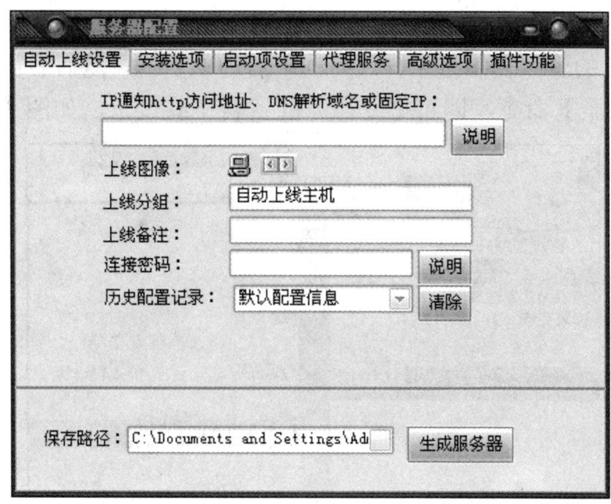

图 3-21　服务器配置

(4) 在图 3-21 中，在最上面的文本框中输入 PC1 的 IP 地址——10.60.34.5，然后单击下面的【生成服务器】按钮，然后会弹出提示服务器配置成功的对话框，如图 3-22 所示，同时会在保存路径所在文件夹中生成一个“server.exe”文件。

图 3-22　配置服务器成功提示

(5) 将“server.exe”文件发送给想控制的某台 PC，这里是 PC2，然后在该台计算机上双击运行该“server.exe”文件，这样即可实现 PC1 控制 PC2，如图 3-23 所示。

图 3-23　PC1 实现了对 PC2 的控制

(6) 在图 3-23 中，在【自动上线主机】下拉列表框中就会列出受控方的计算机，如果有多台计算机受控，这里就会显示多台，每台受控方计算机的各个磁盘清楚地暴露在主控方的控制界面上，如果想把对方的资源复制过来，只要选中右边的资源，然后右击，在弹出的快捷菜单中单击【文件(夹)下载至】命令，即可把受控方的资料下载过来，如图 3-24 所示。

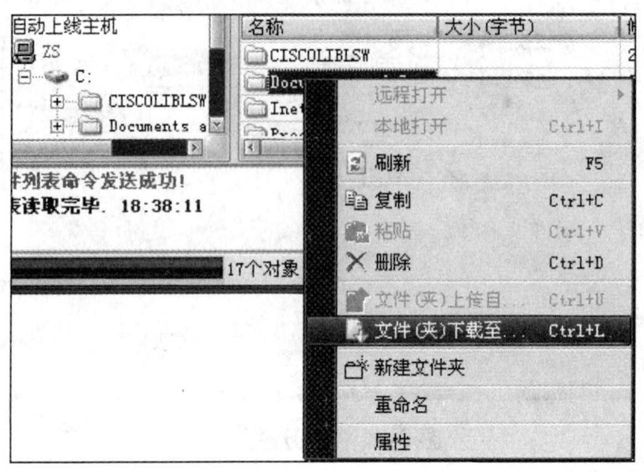

图 3-24　复制受控方的磁盘文件

(7) 主控方一旦控制了受控方，不但可以把对方的资料复制过来，同时还可以进行其他的操作，比如修改注册表，让对方关机/重启，向对方发送命令等操作，如图 3-25 所示。因此危害很大。

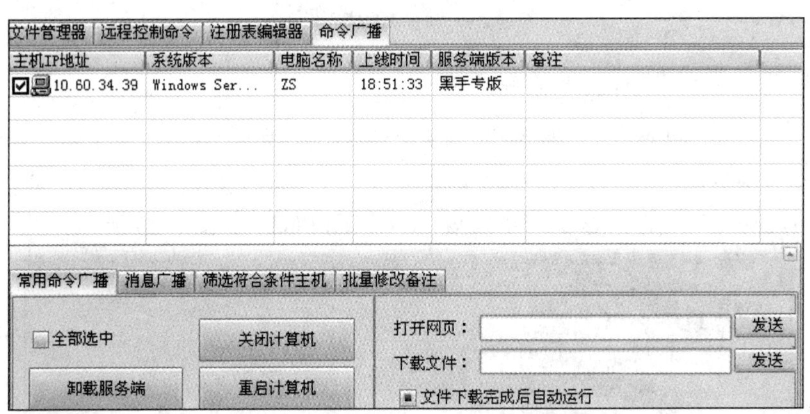

图 3-25　对受控方的命令广播

从上面的实验看到，一旦被木马控制了，基本上这台计算机就成“肉鸡”了，能让控制方为所欲为，危害非常大。在以上的实验中，server.exe 程序是主动复制过去的，而在现实中，这个 server.exe 可能会嵌在其他正常的程序中，令使用者不知不觉地被感染，比如嵌在某视频中、邮箱的附件中、吸引人的网页中等，在点击的时候不知不觉运行了。

任务 2　防范木马攻击的策略

2.1　任务引入

在上一任务中，已经了解了木马的危害，随着网络的普及，这种危害一不小心就会再次发生。

那么如何去防范木马的攻击呢？如果不小心被攻击了，那如何来清除木马呢？其实只要有良好的计算机使用习惯、对计算机做好一定的防范措施、正确使用木马专杀工具就能很好地保护计算机。

2.2　相关知识

1. 木马攻击的基本原理

黑客用木马进行网络入侵，从过程上看大致可分为 6 步，下面用这 6 步来详细阐述木马的攻击原理。

1) 配置木马

一般来说，一个设计成熟的木马配置程序，从具体的配置内容看，主要是为了实现以下两个方面的功能。

(1) 木马伪装。木马配置程序为了在服务器端尽可能好地隐藏木马，会采用多种伪装手段，如修改图标、捆绑文件、定制端、自我销毁等。

(2) 信息反馈。木马配置程序将信息反馈的方式或地址进行设置，如设置信息反馈的 E-mail、IRC 号、QQ 号等。

2) 传播木马

(1) 传播方式。木马的传播方式主要有两种：一种是通过电子邮件，即控制端将木马程序以附件的形式夹在邮件中发送出去，收件人只要一打开附件，系统就会感染木马；另一种是软件下载，即一运行这些程序，木马就会自动安装。

(2) 伪装与隐藏方式。木马设计者为了使自己所设计的木马程序不轻易被人发现，往往在开发时采用多种方式来伪装木马，以达到降低用户警觉、欺骗用户的目的。比如和某个视频文件绑定、和某张图片绑定等。

3) 运行木马

服务器端用户运行木马或捆绑木马的程序后，木马就会自动进行安装。首先自身复制到 Windows 的系统文件夹中，然后在注册表、启动组、非启动组中设置好木马的触发条件，这样木马的安装就完成了。安装后达到了一定的触发条件，就开始运行木马。

4) 盗取信息

一般来说，设计成熟的木马都有一个信息反馈机制。所谓信息反馈机制，是指木马成功安装后会收集一些服务器端的软、硬件信息，并通过 E-mail、IRC、QQ 或 ICQ 的方式告知控制端用户。

控制端从反馈信息中可以知道服务器端的一些软、硬件信息，包括使用的操作系统、系统目录、硬盘分区状况、系统口令等，在这些信息中，最重要的是服务器端 IP 地址，因为只有得到这个参数，控制端才能与服务器端建立连接。

5) 建立连接

一个木马连接的建立首先必须满足两个条件：一是服务器端已安装了木马程序；二是控制端、服务器端都要在线。在此基础上控制端可以通过木马端口与服务器端建立连接。

假设 A 机为控制端，B 机为服务器端，对于 A 机来说要与 B 机建立连接，必须知道 B 机的木马端口和 IP 地址。由于木马端口是 A 机事先设定的，为已知项，所以最重要的是如何获得 B 机的 IP 地址。获得 B 机的 IP 地址的方法主要有两种：信息反馈和 IP 扫描。由于扫描整个 IP 地址既费时又费力，一般来说控制端都是通过信息反馈获得服务器端的 IP 地址。

6) 远程控制

木马连接建立后，控制端端口和木马端口之间将会出现一条通道。控制端程序可依靠这条通道与服务器端上的木马程序取得联系，并通过木马程序对服务器端进行远程控制，获得对服务器端的控制权。

2. 防范和清除木马的方法介绍

木马是一种非常特殊的程序，它与病毒和恶意代码不同。木马程序(Trojan Horses)隐蔽性很强，用户常常根本不知道它们在运行。但是它们产生的危害并不亚于病毒。一旦用户的机器中了木马，网上有人就可以通过它来获取用户的密码和一些资料。甚至一些高级的黑客可以远程控制用户的计算机。因此良好的用机习惯及策略可以预防和查杀木马。

(1) 要做到小心下载软件。由于黑客软件被人们滥用，网上很多站点所提供下载的软件经常掺杂木马或病毒。一旦该软件被用户下载到硬盘且满足运行条件，木马和病毒就会对计算机系统和用户的信息安全构成巨大的威胁，而这一切，往往是普通用户所不能察觉的。唯一能避免木马和病毒横行的，并不一定全依赖反病毒软件，而是靠用户的自制能力。如不要去访问不知名的站点，不要去登录染色站点，不要从上面下载拨号器或是从黑客站点下载看似安全的软件。同时，下载的时候一定要开启防火墙。

(2) 不随意打开附件。有很多不怀好意的人喜欢把木马加在邮件附件中，甚至把木马和正常文件混合在一起，然后再起一个具有吸引力的邮件名来诱惑无辜的网友们去打开附件。此外，通过 QQ 间的文件传递也能发出木马来。因此，不可以随便打开陌生人发来的邮件，尤其是其中的附件，而对.doc、.exe、.swf 格式的附件更是要小心谨慎。如果一定要打开，可以先把这个附件文件保存到硬盘上，用杀毒软件扫描后发现无毒再打开。

(3) 使用杀毒软件并能经常更新病毒库。新的木马和病毒一出来，唯一能控制其蔓延的就是不断地更新防毒软件中的病毒库。除开启防毒软件的保护功能外，还可以多运行一些其他的软件监控，比如天网等，它可以监控网络之间正常的数据流通和不正常的数据流通，并随时向用户发出相关的提示。如果怀疑机器染了木马，还可以从 http://download.zol.com.cn 上下载一个木马克星来彻底扫描木马，保护系统的安全。主要的木马查杀程序有 Trojan Defense、Antiy Ghostbusters、Digital Patrol、Pest Patrol、Tauscan、TDS-3 Trojan Defence Suite 和 Trojan Remover 等，而且有些是免费软件，大家下载后可以免费使用。

(4) 查看文件扩展名。木马的扩展名多数为 vbs、pif 等，甚至有的木马根本就没有扩展名。利用这个特征只要打开【我的电脑】，单击【查看】|【文件夹选项】命令，再选择【查看】选项卡，用鼠标向下拖动滚动栏，取消选择【隐藏已知文件的扩展名】复选框让文件的扩展名显示出来。以后看到扩展名为 vbs、pif 等文件时就要多加小心了。

以上都是一些操作习惯，但对于抵御木马是相当有帮助的。由于木马程序每天都会出现新的种类，所以一般的反木马程序都会提供即时在线更新服务，以便让它能够即时检测出系统中的木马。

2.3 任务实施

1. 利用“天网防火墙”检测并拦截非正常的进程

天网是专为小型办公室/机构的内部网络而设计的天网防火墙墙部门级，功能全面，集高安全性及高可用性于一身，使用简单灵活。它能够有效抵御来自互联网的各种攻击，保障内部网络正常服务的正常运行。其具体使用步骤如下。

(1) 下载“天王防火墙”个人版，然后安装，进入安装向导后出现【安全级别设置】对话框，如图 3-26 所示。在该对话框中对几种安全级别都进行了说明，可以根据自己的要求和实际情况进行选择。

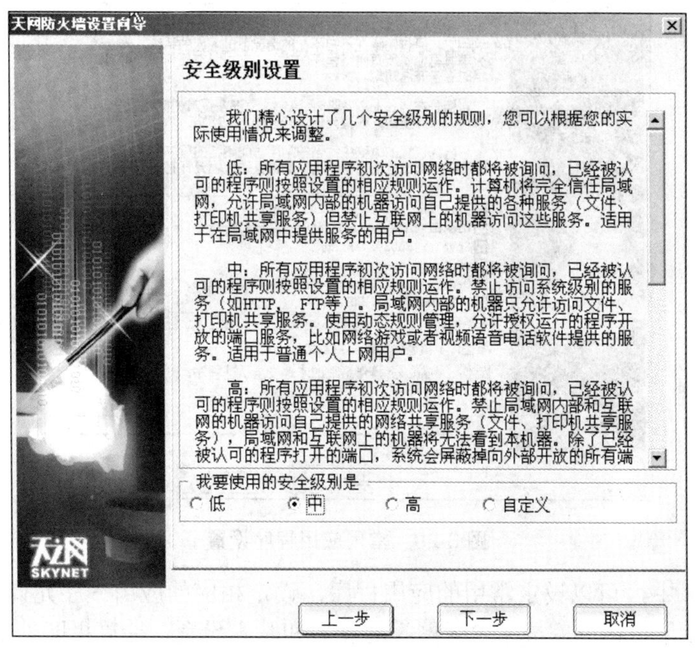

图 3-26　对防火墙“安全级别”的设置

(2) 选好“安全级别”后，单击【下一步】按钮，进入【局域网信息设置】对话框，如图 3-27 所示。在该对话框中，选择【开机的时候自动启动防火墙】复选框，“我在局域网中的地址”这一栏根据实际情况填写，一般来说，如果已经设置了对应的 IP 地址，那么“天网”会自动检测到。

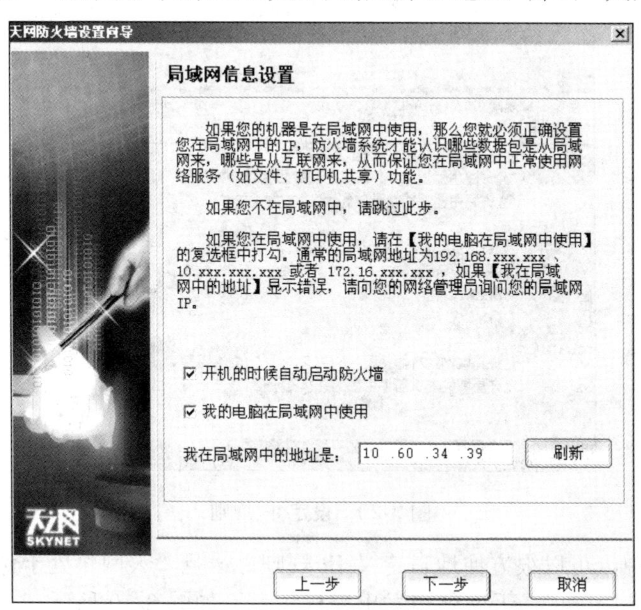

图 3-27　局域网信息设置

(3) 设定好“局域网信息”后，单击【下一步】按钮打开【常用应用程序设置】对话框，如图 3-28 所示。

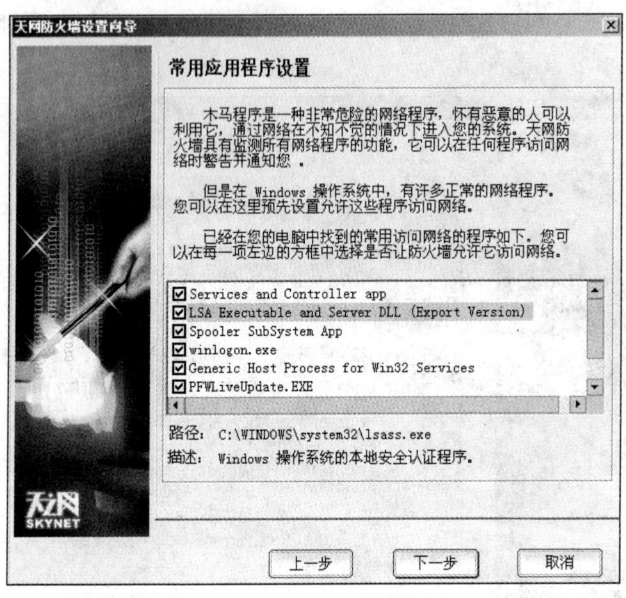

图 3-28　常用应用程序设置

(4) 在图 3-28 中，可以设定常用的应用程序，设定相应的应用程序允许或拒绝访问网络。接着单击【下一步】按钮就完成了“天网”的安装和基本设置，计算机即处于“天网”的保护之中了，如果想进一步设定保护规则，那么可以单击“天网”界面上的【IP 规则管理】按钮，如图 3-29 所示。

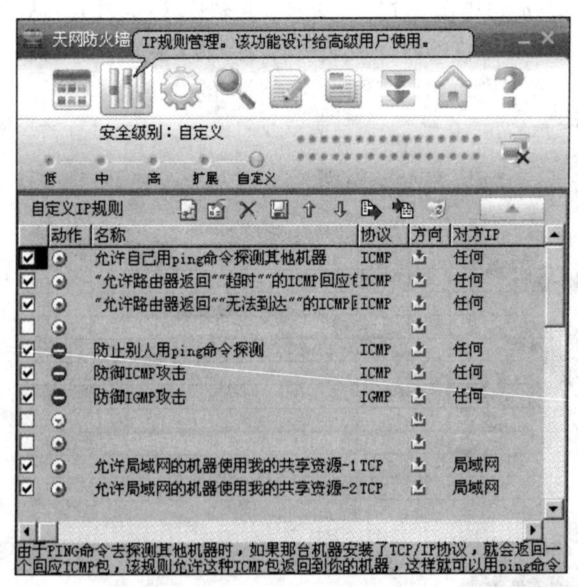

图 3-29　设定 IP 规则

(5) 在图 3-29 中，可以很方便地自定义 IP 规则。一旦“天网”处于保护计算机状态后，如果有非法的木马进程出现，天网就会发出警告信息，如图 3-30 所示，这时单击【禁止】按钮即可，除非能确定该进程是合法的。

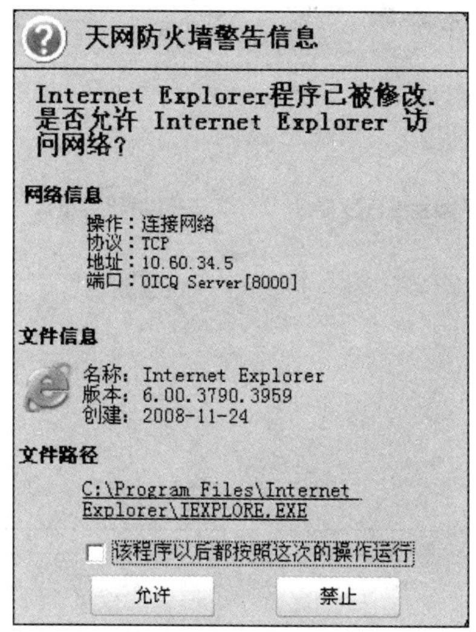

图 3-30 检测到非法进程

2. 利用“木马克星”软件查杀木马程序

木马克星是专门针对国产木马的软件，该软件是动态监视网络与静态特征自扫描的完美结合，可以查杀几千种国产木马，如冰河、黑洞等各版本的国产木马。

木马克星 Iparmor 可以侦测和删除已知和未知的特洛伊木马。该软件拥有大量的病毒库，并可以每日升级。一旦启动计算机，该软件就扫描内存，寻找类似特洛伊木马的内存片断，支持重启之后清除。还可以查看所有活动的进程，扫描活动端口，设置启动列表等。其应用步骤如下。

(1) 下载木马克星程序并安装。可以从木马克星网站(http://www.luosoft.com)下载木马克星的最新版本，然后进行安装，沿着向导下去，安装很方便。

(2) 对木马克星工具进行配置。启动木马克星主程序(iparmor.exe)，该程序启动后首先会扫描内存页面，软件启动后进入如图 3-31 所示的界面，它很直观地显示了当前内存有没有木马。接着设置木马拦截选项，单击【功能】|【设置】命令，在打开的【设置】对话框中选择【木马拦截】选项卡，即可对木马拦截进行设置，如图 3-32 所示。

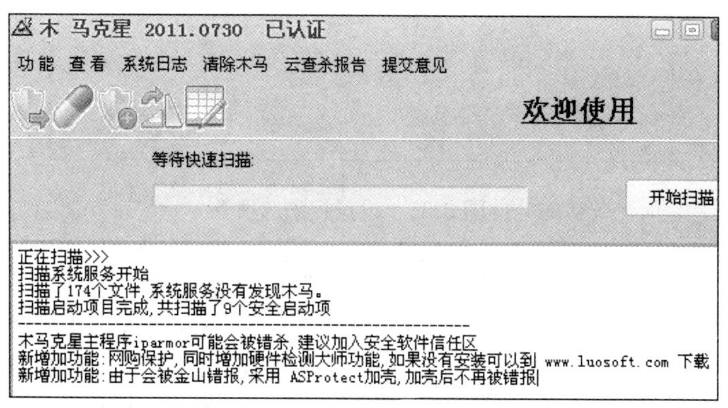

图 3-31 木马克星的程序界面

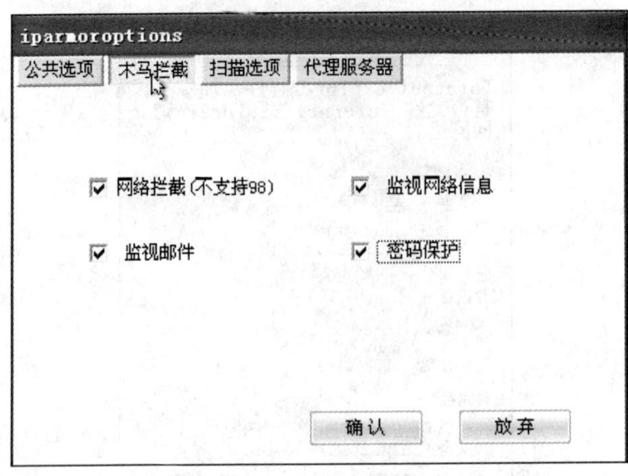

图 3-32　设置木马拦截选项

① 网络拦截：就是网络防火墙，拦截一切非法程序。

② 监视网络信息：查看谁在连接本地主机的 IP 地址。

③ 监视邮件：主要监视 POP3 类型的邮箱。

④ 密码保护：主要是把用户的密码都伪装成 iparmor 这个词组，所有其他盗窃密码的软件所看到的都将是 iparmor。

接着扫描选项，在【设置】对话框的【扫描选项】选项卡中，可以对扫描选项进行设置，如图 3-33 所示。如果是第一次就选取扫描全部文件，第二次就可以按照图片上的项目有目的的进行选择。选择完成之后，单击【确认】按钮进行保存设置，否则单击【放弃】按钮。

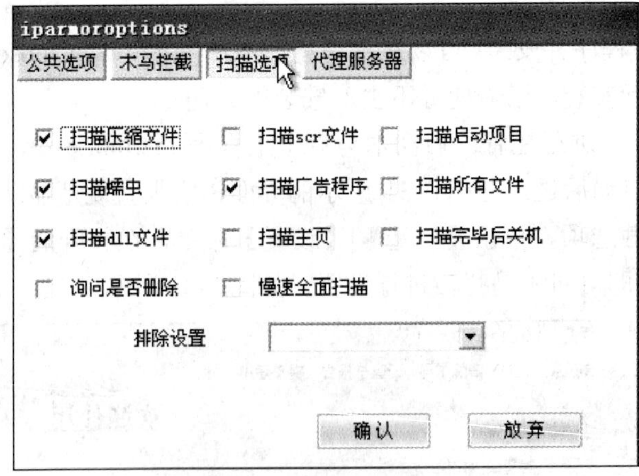

图 3-33　设置扫描选项

(3) 扫描木马程序。单击工具栏上的【扫描硬盘】按钮，在打开的窗口中选择【扫描所有磁盘】复选框，如果希望找到木马后让它自动清除木马，则可以选择【清除木马】复选框，然后单击【扫描】按钮，就开始对硬盘进行扫描并清除查找到的木马。如果扫描结束后没有发现木马则返回如图 3-34 所示的界面；如果扫描结束后发现疑似木马则返回如图 3-35 所示的界面。

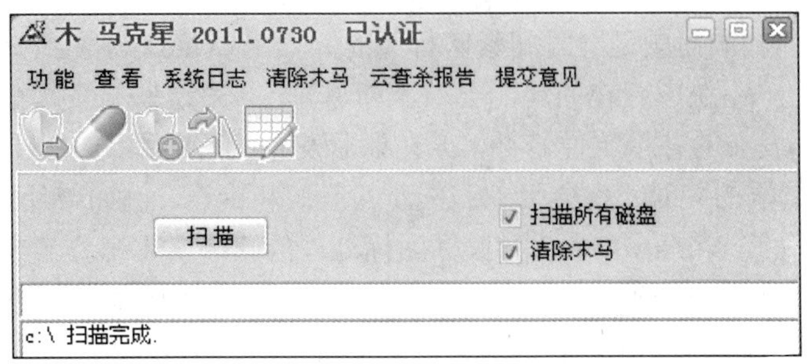

图 3-34　完成扫描未发现木马

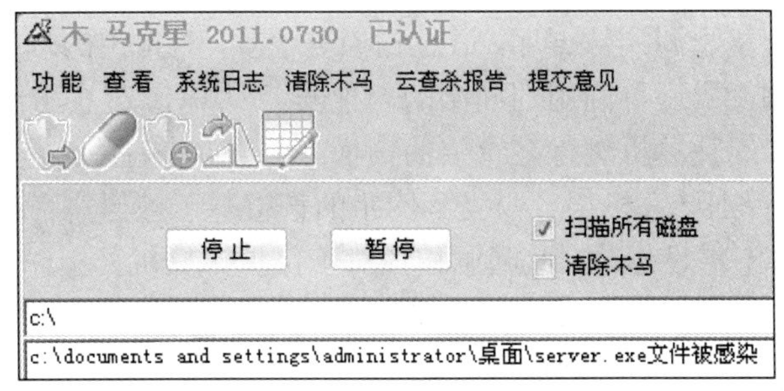

图 3-35　完成扫描发现疑似木马

模块 3　网络扫描和窃听

任务 1　漏洞扫描

1.1　任务引入

操作系统、软件等都会进行更新。更新的目的有时是为了让功能完善，而大多数情况下主要是为了修补漏洞，其实很多病毒、攻击程序等就是利用了系统的漏洞进来的，任何软件都是有漏洞的，漏洞不是一次性就可以解决的，而是随着系统的运行、功能的增加，漏洞被发现，然后系统开发者就发布补丁程序对漏洞进行弥补。作为使用者来说，如何认识、发现系统当前存在漏洞，然后进行弥补呢？通过弥补漏洞能让系统减少感染病毒的风险。

1.2　相关知识

1. 系统漏洞概念

系统漏洞是指应用软件或操作系统软件在逻辑设计上的缺陷或在编写时产生的错误，这个缺陷或错误可以被不法者或者黑客利用，通过植入木马、病毒等方式来攻击或控制整个计算机，从而窃取该计算机中的重要资料和信息，甚至破坏该计算机系统。

漏洞影响到的范围很大，包括系统本身及其支撑软件、网络客户和服务器软件、网络路由器和安全防火墙等。换而言之，在这些不同的软、硬件设备中都可能存在不同的安全漏洞问题。在不同种类的软、硬件设备，同种设备的不同版本之间，由不同设备构成的不同系统之间，以及同种系统在不同的设置条件下，都会存在各自不同的安全漏洞问题。

Windows 系统的漏洞问题是与时间紧密相关的。一个 Windows 系统从发布的那一天起，随着用户的深入使用，系统中存在的漏洞会被不断暴露出来，这些被发现的漏洞也会不断被系统供应商(微软公司)发布的补丁软件修补，或在以后发布的新版系统中得以纠正。而在新版系统纠正了旧版本中漏洞的同时，也会引入一些新的漏洞和错误。例如曾经比较流行的 ani 鼠标漏洞，它是由于利用了 Windows 系统对鼠标图标处理的缺陷，木马作者制造畸形图标文件从而溢出，木马就可以在用户毫不知情的情况下执行恶意代码。因而随着时间的推移，旧的系统漏洞会不断消失，新的系统漏洞会不断出现。系统漏洞问题也会长期存在。

2. 漏洞扫描概念

漏洞扫描通常是指基于漏洞数据库，通过扫描等手段，对指定的远程或者本地计算机系统的安全脆弱性进行检测，发现可利用的漏洞的一种安全检测(渗透攻击)行为。

漏洞扫描是对用户的计算机进行全方位的扫描，检查当前的系统是否有漏洞，如果有漏洞则需要马上进行修复，否则计算机很容易受到网络的伤害甚至被黑客借助于计算机的漏洞进行远程控制，那么后果将不堪设想，因此漏洞扫描对于保护计算机和上网安全是必不可少的，一旦发现有漏洞就要马上修复，有的漏洞系统自身就可以修复，而有些则需要手动修复。

漏洞扫描结果分为：严重、重要、不推荐。

(1) 严重：表示系统已存在漏洞，需要安装补丁来进行修复，对于计算机安全十分重要，因此推荐的补丁应尽快进行安装。

(2) 重要：表示对于自身计算机的情况进行有选择性地修复，对于这类补丁，大家应在对计算机自身情况有充分了解的前提下，再来进行选择性的修复。

(3) 不推荐：表示如果修复这些补丁，会有可能引起系统蓝屏、无法启动等问题，因此对于这些漏洞，建议大家不要修复，以免引起更大的计算机故障。当然这些漏洞往往也是对计算机没有太大损害的。

1.3 任务实施

利用“360 卫士”软件扫描漏洞并修复的基础知识及步骤如下。

360 安全卫士是一款由奇虎网推出的功能强、效果好、受用户欢迎的上网安全软件。360 安全卫士拥有查杀木马、清理插件、修复漏洞、计算机体检、保护隐私等多种功能，并独创了“木马防火墙”、“360 密盘”等功能，依靠抢先侦测和云端鉴别，可全面、智能地拦截各类木马，保护用户的账号、隐私等重要信息。由于 360 安全卫士使用极其方便、实用，用户口碑很佳，目前在中国网民中，首选安装 360 安全卫士的还是很多的。

360 卫士具有如下功能。

(1) 计算机体检——对计算机进行粗略的检查。

(2) 查杀木马——使用云、启发、小红伞、QVM 四引擎杀毒。

(3) 清理插件——给系统瘦身，提高计算机速度。

(4) 修复漏洞——为系统修复高危漏洞和进行功能性更新。

(5) 系统修复——修复常见的上网设置、系统设置。

(6) 计算机清理——清理垃圾和清理痕迹。

(7) 优化加速——加快开机速度。

(8) 功能大全——8.3 版提供 50 种各式各样的功能。

(9) 软件管家——安全下载近万个软件、小工具。

其应用步骤如下。

(1) 下载 360 卫士程序并安装。可以从 360 网站(http://www.360.cn)下载 360 卫士的最新版本，然后进行安装，沿着向导下去，安装很方便。安装后界面如图 3-36 所示。

图 3-36　360 卫士界面

(2) 扫描漏洞并修复。在图 3-36 中单击【修复漏洞】命令，这时 360 卫士就开始扫描系统的漏洞，扫描结果如图 3-37 所示。

图 3-37　系统漏洞扫描

在图 3-37 中可以看到，经过扫描后，360 卫士扫出了该系统的很多漏洞，并且在左边标识了级别，如果需要修复，单击右下角的【立即修复】按钮即可。

任务 2　数据捕捉及分析

2.1　任务引入

在生活中人与人之间的交流依靠语言，耳朵就是语言的接收器。其实在网络里，计算机与计算机之间也同样进行着类似的交流。它们体现的是数据的交流和交换。协议的不同、数据格式的不同都代表着不同含义的数据交流，有些是正常的交流，也有一些是非法的攻击。如何去捕捉这些传输过来的数据呢？如何对捕捉到的数据进行分析呢？

2.2　相关知识

1. 在局域网实现监听的基本原理

对于目前很流行的以太网协议，其工作方式是：将要发送的数据包发往连接在一起的所有主机，包中包含着应该接收数据包的主机的正确地址，只有与数据包中目标地址一致的那台主机才能接收。但是，当在主机工作监听模式下，无论数据包中的目标地址是什么，主机都将接收(当然只能监听经过自己网络接口的那些包)。

在因特网上有很多使用以太网协议的局域网，许多主机通过电缆、集线器连在一起。当同一网络中的两台主机通信的时候，源主机将写有目的主机地址的数据包直接发向目的主机。但这种数据包不能在 IP 层直接发送，必须从 TCP/IP 协议的 IP 层交给网络接口，也就是数据链路层，而网络接口是不会识别 IP 地址的，因此在网络接口数据包又增加了一部分以太帧头的信息。在帧头中有两个域，分别为只有网络接口才能识别的源主机和目的主机的物理地址，这是一个与 IP 地址相对应的 48 位的地址。

传输数据时，包含物理地址的帧从网络接口(网卡)发送到物理的线路上，如果局域网由一条粗缆或细缆连接而成，则数字信号在电缆上传输，能够到达线路上的每台主机。当使用集线器时，由集线器再发向连接在集线器上的每条线路，数字信号也能到达连接在集线器上的每台主机。当数字信号到达一台主机的网络接口时，正常情况下，网络接口读入数据帧，进行检查，如果数据帧中携带的物理地址是自己的或者是广播地址，则将数据帧交给上层协议软件，也就是 IP 层软件，否则就将这个帧丢弃。对于每个到达网络接口的数据帧，都要进行这个过程。

然而，当主机工作在监听模式下，所有的数据帧都将被交给上层协议软件处理。而且，当连接在同一条电缆或集线器上的主机被逻辑地分为几个子网时，如果一台主机处于监听模式下，它还能接收到发向与自己不在同一子网(使用了不同的掩码、IP 地址和网关)的主机的数据包。也就是说，在同一条物理信道上传输的所有信息都可以被接收到。另外，现在网络中使用的大部分协议都是很早设计的，许多协议的实现都是基于一种非常友好的、通信的双方充分信任的基础之上，许多信息以明文发送。因此，如果用户的账户名和口令等信息也以明文的方式在网上传输，而此时一个黑客或网络攻击者正在进行网络监听，只要具有初步的网络和 TCP/IP 协议知识，便能轻易地从监听到的信息中提取出感兴趣的部分。同理，正确地使用网络监听技术也可以发现入侵并对入侵者进行追踪定位，在对网络犯罪进行侦查取证时获取有关犯罪行为的重要信息，成为打击网络犯罪的有力手段。

2. 在局域网实现监听的基本策略

要使主机工作在监听模式下，需要向网络接口发出 I/O 控制命令，将其设置为监听模式。

在 Windows 系列操作系统中，要实现网络监听，可以自己用相关的计算机语言和函数编写出的网络监听程序，也可以使用一些现成的监听软件，比如 Sniffer 软件。

Sniffer 可以翻译为嗅探器，是一种基于被动侦听原理的网络分析方式。使用这种技术方式，可以监视网络的状态、数据流动情况以及网络上传输的信息。Sniffer 程序是一种利用以太网的特性把网络适配卡(NIC，一般为以太网卡)置为杂乱(Promiscuous)模式状态的工具，一旦网卡设置为这种模式，它就能接收传输在网络上的每个信息包。

2.3　任务实施

1. 使用“Sniffer”软件监控拒绝服务攻击

实验环境说明：PC1 安装 Sniffer，IP 地址为 10.60.34.5/24，PC2 对 PC1 发起 DOS 拒绝服务的攻击，它的 IP 地址为 10.60.34.39/24。步骤如下。

(1) 在 PC1 上正确安装 Sniffer PRO 软件，打开 Sniffer PRO 软件，其界面如图 3-38 所示。

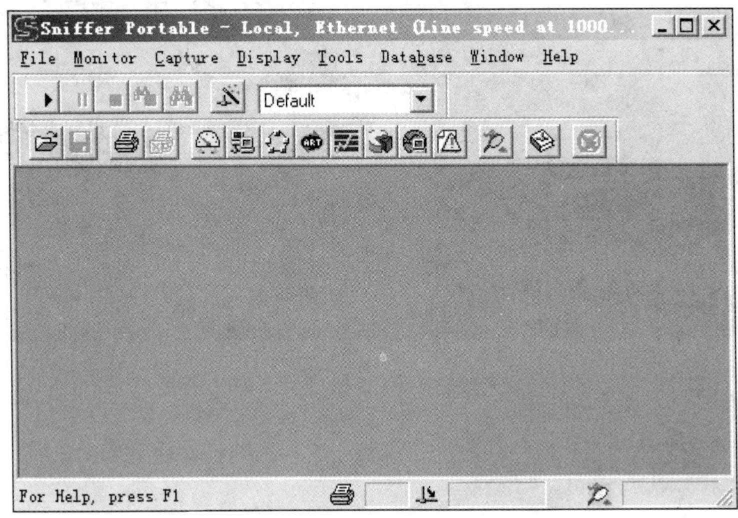

图 3-38　Sniffer PRO 软件主界面

(2) 开始捕捉数据包，方法为单击 Capture|Start 命令，如图 3-39 所示。

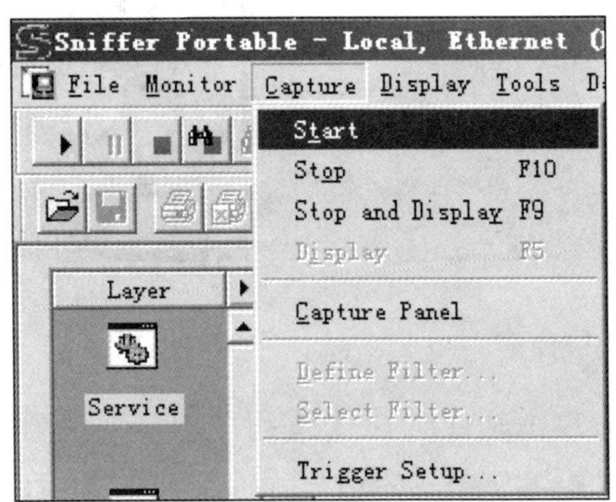

图 3-39　启动捕捉数据按钮

(3) 接着查看 PC1 从任意机发送给 PC1 的 IP 数据报，方法为单击【Monitor】|【Matrix】命令，查看到的 Traffic Map 视图如图 3-40 所示。在图 3-40 中，看到发送给 PC1 的 IP 数据包

目前数量上属于正常的，哪些地址发过来的，能够看得清楚。接着去查看这时的报文统计，方法为单击 Capture|Capture Panel 命令，如图 3-41 所示，查看到的报文统计如图 3-42 所示。可以在图 3-42 中看到受攻击前捕获的报文数很少，捕获报文的数据缓冲区大小也基本为 0%。

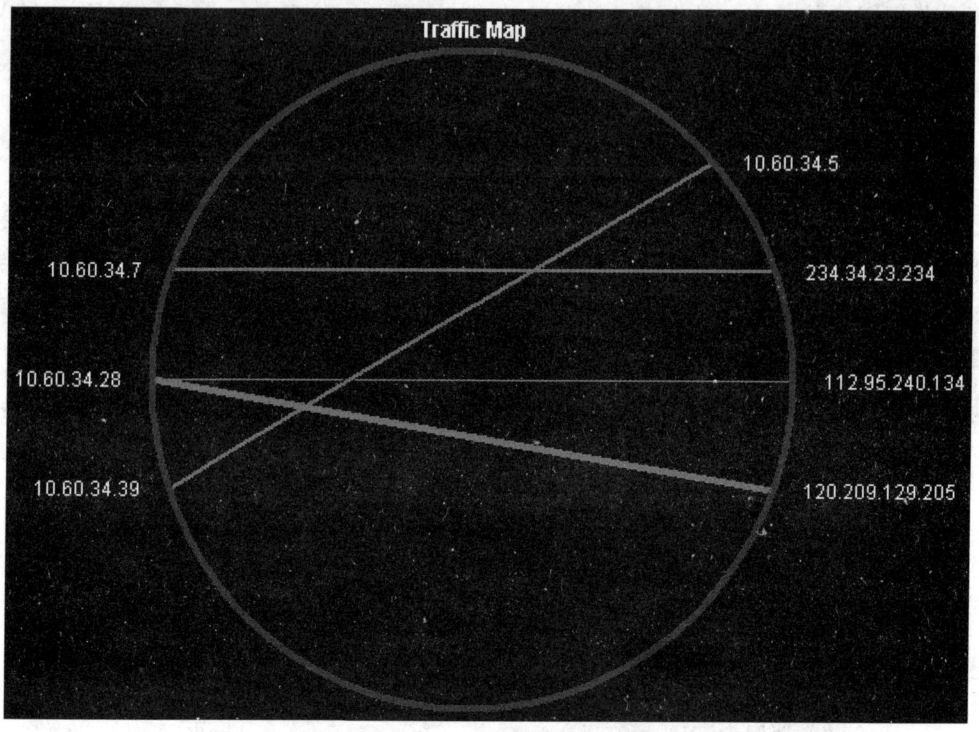

图 3-40　未攻击前 PC1 的 Traffic Map 视图

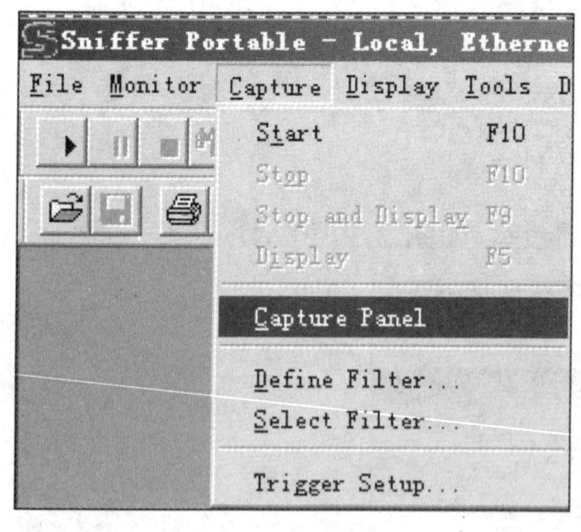

图 3-41　查看报文统计

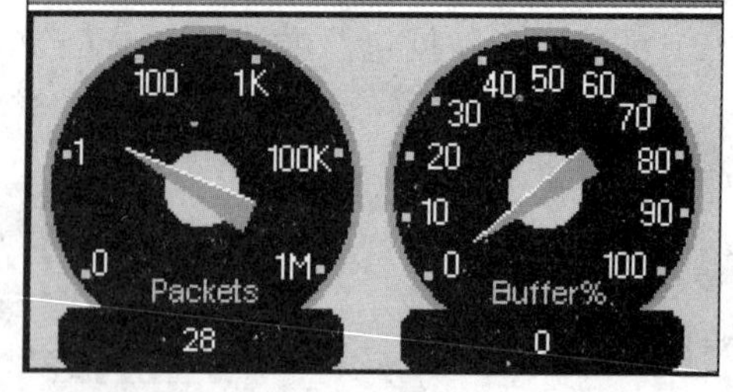

图 3-42　未攻击前 PC1 的报文统计

(4) 在 PC2 使用拒绝服务攻击软件对 PC1 进行攻击，方法为，打开 SYN-Killer 软件，然后单击【新建】按钮，弹出【SYN 攻击属性】设置对话框，如图 3-43 所示。在该对话框中设置目标为 PC1 的 IP 地址，也就是 10.60.34.5，端口为 80 表示攻击 Web 服务，然后单击【确定】按钮，即可开始对 PC1 进行攻击，如图 3-44 所示。

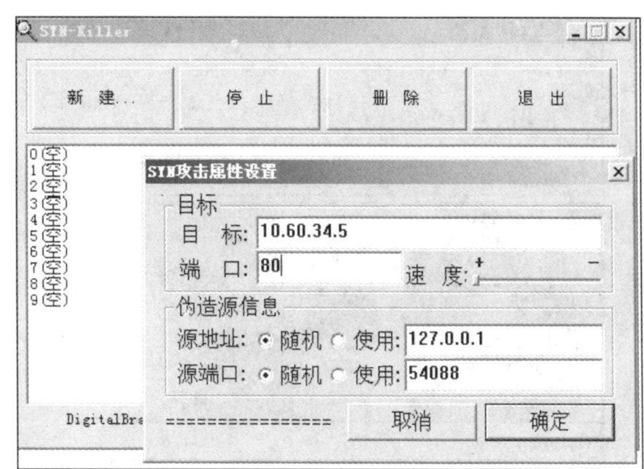

图 3-43　【SYN 攻击属性设置】对话框

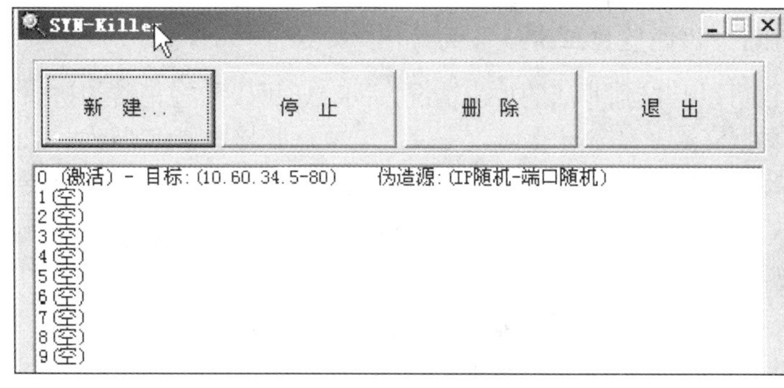

图 3-44　拒绝服务攻击进行中

(5) 现在再去查看 PC1 从任意机发送给 PC1 的 IP 数据报，查看到的现象如图 3-45 所示。在图 3-45 中，看到发送给 PC1 的 IP 数据包目前数量上很不正常，非常的多，哪些地址发过来的，都不能够看清楚。接着去查看这时的报文统计，查看到的报文统计如图 3-46 所示。可以在图 3-46 中看到受攻击前捕获的报文数变得很多，捕获报文的数据缓冲区大小变成 100%了，这时 PC1 的运行速度会明显下降，直至瘫痪死机，并拒绝为合法的请求服务。

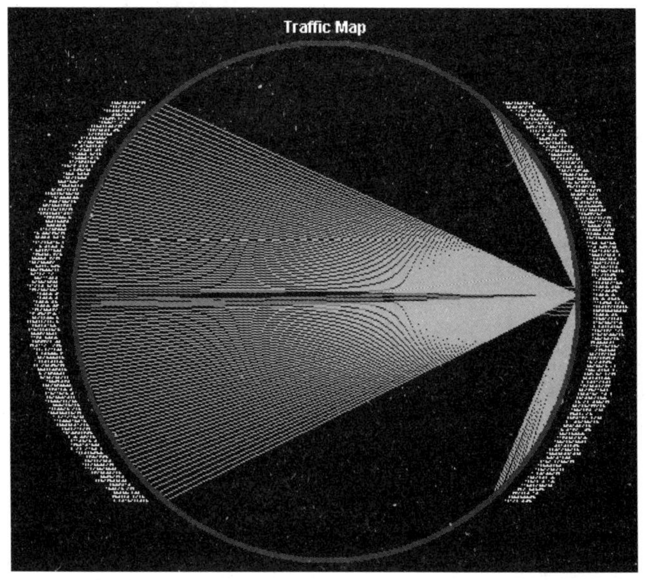

图 3-45　受攻击后 PC1 的 Traffic Map 视图

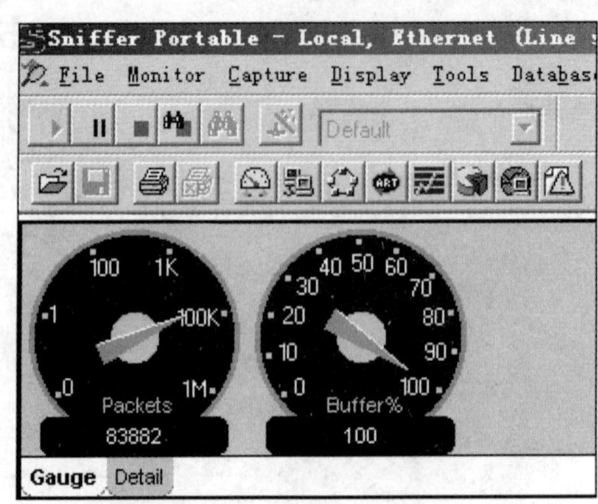

图 3-46　受攻击后 PC1 的报文统计

2. 使用“Sniffer”软件监控正常服务的访问

Sniffer 软件不仅可以监控到非法的攻击情况，同时还可以监控正常的访问情况，比如有哪些主机和该主机有过数据交流，基于什么协议交流的，发送和接收了多少数据量信息。步骤如下。

(1) 在 PC1 启动 Sniffer 软件的抓包程序后，单击 Monitor | Host Table 命令，如图 3-47 所示，查看主机列表信息，如图 3-48 所示，在图 3-48 中单击左边的命令 Detail 按钮，以更加详细地显示相关数据情况，如图 3-49 所示。在图 3-49 中，按照不同协议分类的数据统计情况显示出来了。

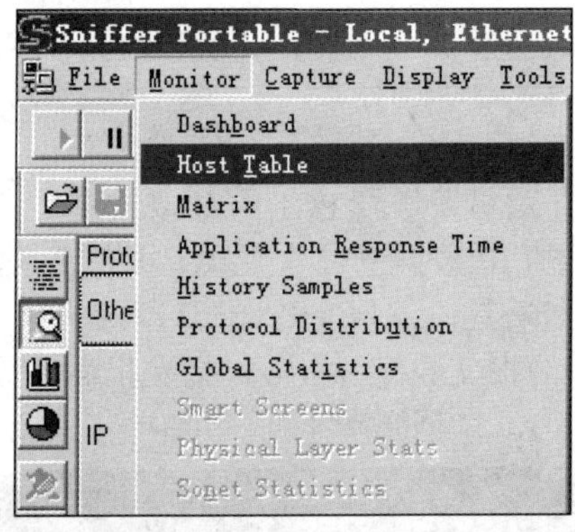

图 3-47　查看 Host Table

Sniffer Portable - Local, Ethernet (Line speed at 1000

File Monitor Capture Display Tools Database Window Help

Protocol	Address	In Packets	In Bytes	Out Packets	Out Bytes
IP	F4CE460189BB	0	0	6	1,020
	Broadcast	2	503	0	0
	00115B201D27	0	0	1	250
	01005E7FFFFA	6	1,020	0	0
	This station	6	396	6	384
	00115B2013C0	0	0	19	1,441
	000C295CE0F6	6	384	6	396
	001FD0895EDF	2	192	0	0
	001B0DE71240	13	1,000	13	2,127
	01005E2217EA	18	1,188	0	0
	6CF0497F26DA	11	1,935	13	1,000

图 3-48　查看到的主机列表信息

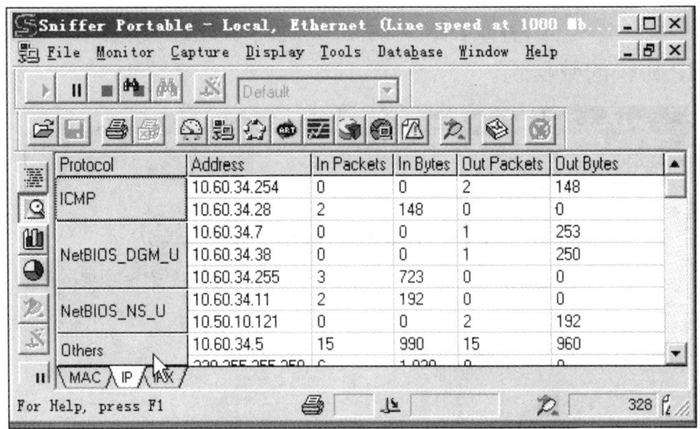

图 3-49　根据协议分类显示通信情况

(2) 在 PC2 上访问 PC1 的 FTP 服务，如图 3-50 所示。然后继续在 PC2 的 DOS 环境中，Ping 一下 PC1，如图 3-51 所示。

图 3-50　PC1 访问 PC2 的 FTP 服务

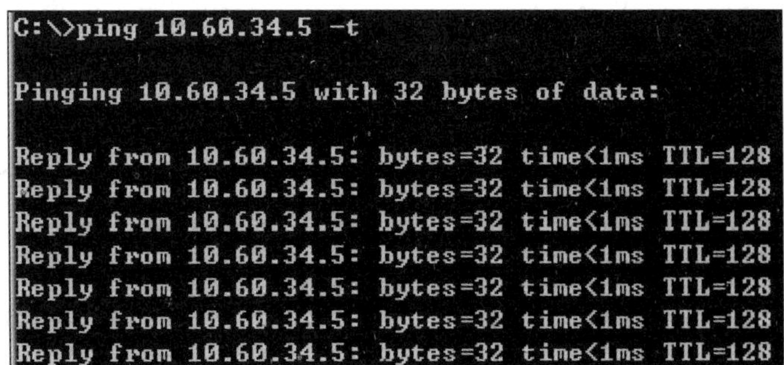

图 3-51　PC2 Ping PC1

(3) 完成了 FTP 的服务访问和 Ping 之后，在 PC1 的数据通信情况表上就发生了变化，如图 3-52 所示。在该图中，可以清楚地看到有了 FTP 协议的数据，访问者是 10.60.34.39 地址，也就是 PC2 的 IP 地址，那是因为刚才 PC1 访问了 PC2 的 FTP 服务，所以被记录下来，并且访问的数据量也可以看到。同时还可以看到 ICMP 协议的数据，访问者有 10.60.34.39 地址，也就是 PC2 的 IP 地址，那是因为刚才 PC1 对 PC2 进行了连通性检测，也就是 Ping，而 Ping 命令发送的是 ICMP 协议的数据包。

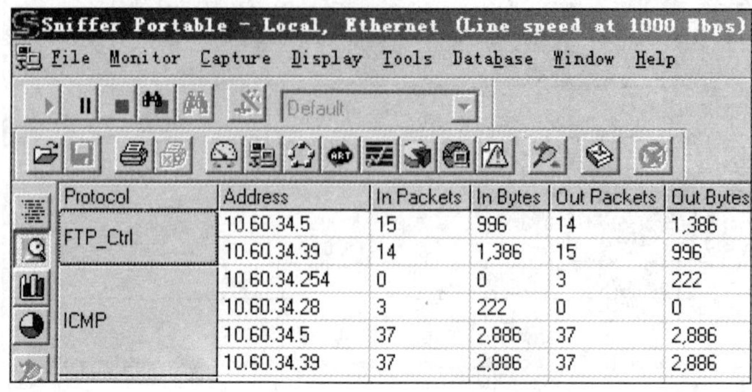

图 3-52　被访问后抓取到的分类数据包

任务 3　防范机制建立

3.1　任务引入

计算机之间进行着正常的通信，但也存在非法的入侵，有些类型的通信并不是用户所希望的。面对这样的情况有什么好办法呢？如何实现允许的通信进行通信，不允许的阻断呢？

3.2　相关知识

1. 入侵检测的概念

入侵检测(Intrusion Detection)是对入侵行为的检测。它通过收集和分析网络行为、安全日志、审计数据、其他网络上可以获得的信息以及计算机系统中若干关键点的信息，检查网络或系统中是否存在违反安全策略的行为和被攻击的迹象。入侵检测作为一种积极主动的安全防护技术，提供了对内部攻击、外部攻击和误操作的实时保护，在网络系统受到危害之前拦截和响应入侵。因此被认为是防火墙之后的第 2 道安全闸门，在不影响网络性能的情况下能对网络进行监测。入侵检测通过执行以下任务来实现：监视、分析用户及系统活动；系统构造和弱点的审计；识别反映已知进攻的活动模式并向相关人士报警；异常行为模式的统计分析；评估重要系统和数据文件的完整性；操作系统的审计跟踪管理，并识别用户违反安全策略的行为。

入侵检测是防火墙的合理补充，帮助系统对付网络攻击，扩展了系统管理员的安全管理能力(包括安全审计、监视、进攻识别和响应)，提高了信息安全基础结构的完整性。它从网络系统中的若干关键点收集信息，并分析这些信息，看看网络中是否有违反安全策略的行为和遭到袭击的迹象。

2. 萨客嘶入侵检测系统介绍

萨客嘶入侵检测系统是一种积极主动的网络安全防护工具，提供了对内部和外部攻击的实时保护，它通过对网络中所有传输的数据进行智能分析和检测，从中发现网络或系统中是否有违反安全策略的行为和被攻击的迹象，在网络系统受到危害之前拦截和阻止入侵。

萨客嘶入侵检测系统基于协议分析，采用了快速的多模式匹配算法，能对当前复杂高速的网络进行快速、精确地分析，在网络安全和网络性能方面提供全面和深入的数据依据，是企业、政府、学校等网络安全立体纵深、多层次防御的重要产品。

其主要功能如下。

(1) 入侵检测及防御功能：检测用户网络中存在的黑客入侵、网络资源滥用、蠕虫攻击、后门木马、ARP 欺骗、拒绝服务攻击等各种威胁。同时可以根据策略配置主动切断危险行为，对目标网络进行保护。

(2) 行为审计功能：对网络中用户的行为进行审计、记录，包括用户访问 WEB 网站、收发邮件、使用 FTP 传输文件、使用 MSN、QQ 等即时通信软件等行为，帮助管理员发现潜在的网络威胁。同时对网络中的敏感行为进行审计。

(3) 流量统计功能：对网络流量进行实时显示和统计分析，帮助用户有效地发现网络资源滥用、蠕虫、拒绝服务攻击，确保用户网络正常使用。

(4) 策略自定义功能：高级用户可以根据自身网络情况，对检测规则进行定义，制定针对用户网络的高效策略，加强入侵检测系统的检测准确性。

(5) 警报响应功能：对警报事件进行及时响应，包括实时切断会话连接、记录日志。

(6) IP 碎片重组：利用碎片穿透技术突破防火墙和欺骗 IDS 已经成为黑客们常用的手段，萨客嘶入侵检测系统能够进行完全的 IP 碎片重组，发现所有的基于 IP 碎片的攻击。

3.3 任务实施

入侵检测软件“萨客嘶”的使用过程如下。

首先正确安装入侵检测软件“萨客嘶”，安装后界面如图 3-53 所示。

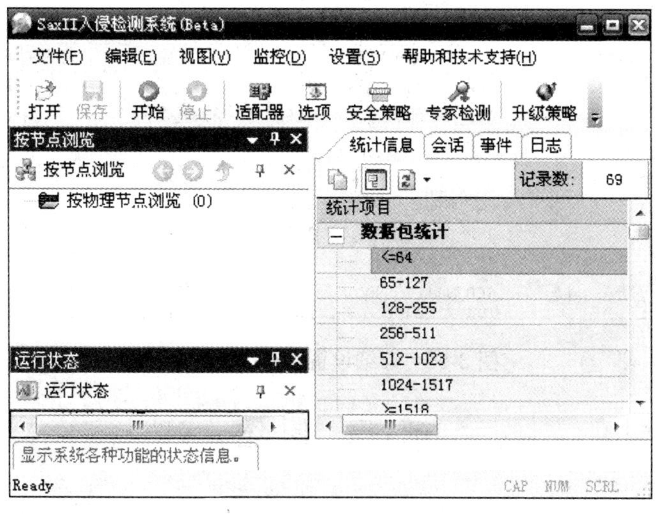

图 3-53 “萨客嘶”界面

如果需要自己指定检测策略，那么可以自行设置安全策略，方法为单击【安全策略】按钮，会弹出【安全策略】对话框，如图 3-54 所示。在该对话框中单击【查看】按钮即可打开详细设置各种策略的对话框，如图 3-55 所示。

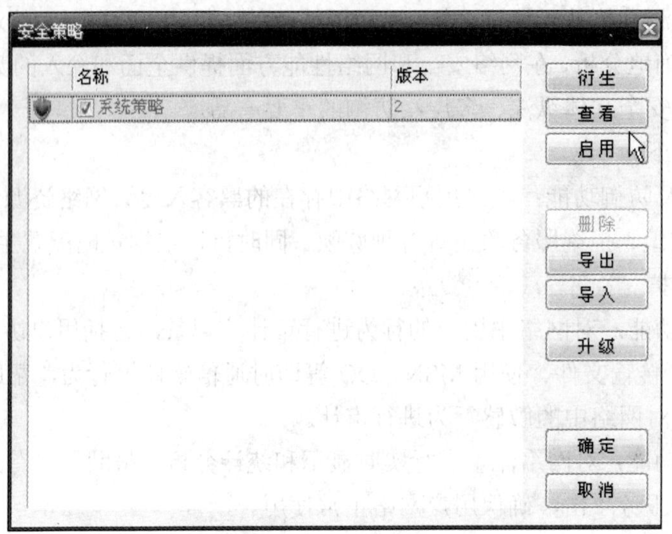

图 3-54 【安全策略】对话框

查看策略

系统策略

后门
拒绝服务
扫描
病毒
数据库
其它
IP
TCP
UDP
ICMP
FTP_CTRL
FTP_DATA
PMAP
TFTP
IMAP
DNS
HTTP
POP3
SMTP
ARP
MSN
SNMP

策略名称	协议	警告级别	响应方案
TCP_Infector.1.x	TCP	重要	阻断并记录日志(缺省)
TCP_Infector.1.6_se…	TCP	重要	阻断并记录日志(缺省)
TCP_Infector 1.6 Clie…	TCP	重要	阻断并记录日志(缺省)
TCP_Doly.2.0后门	TCP	重要	阻断并记录日志(缺省)
TCP_HackAttack.1.2…	TCP	重要	阻断并记录日志(缺省)
TCP_Girl后门	TCP	重要	阻断并记录日志(缺省)
TCP_NetSphere后门	TCP	重要	阻断并记录日志(缺省)
TCP_GateCrasher	TCP	重要	阻断并记录日志(缺省)
TCP_NetMetro文件…	TCP	重要	阻断并记录日志(缺省)
TCP_DonaldDick.1.53…	TCP	重要	阻断并记录日志(缺省)
TCP_Netsphere.1.31…	TCP	重要	阻断并记录日志(缺省)
TCP_BackContruction…	TCP	重要	阻断并记录日志(缺省)
TCP_QAZ_Worm_后门	TCP	严重	阻断并记录日志(缺省)
TCP_PhaseZero网络…	TCP	重要	阻断并记录日志(缺省)
TCP_WinCrash.1.0_S…	TCP	重要	阻断并记录日志(缺省)
TCP_NetMetro_Inco…	TCP	重要	阻断并记录日志(缺省)
TCP_NetMetro_Inco…	TCP	重要	阻断并记录日志(缺省)

图 3-55 详细设置各种检测策略

项 目 小 结

本项目包括三个模块，第 1 个模块分析了 ARP 攻击原理，并实验了模拟攻击和反攻击事件，加深学生对 ARP 攻击理解，提高网络中 ARP 攻击的解决能力；第 2 个模块分析了木马的组成，并通过灰鸽子木马程序的演练，让学生深刻体会到一旦电脑中了木马病毒后的严重后果，从而提高防范木马的意识；第 3 个模块通过网络扫描的学习，帮助学生建立起系统软件更新的概念及意识，通过窃听技术及入侵检测技术的学习培养学生较强的网络安全加固能力。

思 考 练 习

一、选择题

1. 关于“攻击工具日益先进，攻击者需要的技能日趋下降”，不正确的观点是(　　)。
   A. 网络受到攻击的可能性将越来越大　B. 网络受到攻击的可能性将越来越小
   C. 网络攻击无处不在　D. 网络风险日益严重
2. 网络攻击的主要类型有(　　)。
   A. 拒绝服务　B. 侵入攻击　C. 信息盗窃
   D. 信息篡改　E. 以上都正确
3. 目前网络面临的最严重的安全威胁是(　　)。
   A. 捆绑欺骗　B. 钓鱼欺骗　C. 漏洞攻击　D. 网页挂马
4. 以下关于 ARP 协议的描述，正确的是(　　)。
   A. 工作在网络层　B. 将 IP 地址转化成 MAC 地址
   C. 工作在网络层　D. 将 MAC 地址转化成 IP 地址
5. 黑客通过 Windows 空会话不能实现下面(　　)行为。
   A. 列举目标主机上的用户和共享　B. 访问小部分注册表
   C. 访问每个权限的共享　D. 访问所有注册
6. 以下对于入侵检测系统的解释正确的是(　　)。
   A. 入侵检测系统能够有效地降低黑客进入网络系统的门槛入侵
   B. 检测系统是指监视(或者在可能的情况下阻止)入侵或者试图控制你的系统或者网络资源的行为的系统
   C. 入侵检测系统能够通过向管理员收发入侵或者入侵企图来加强当前的存取控制系统
   D. 入侵检测系统在发现入侵后，无法及时作出响应，包括切断网络连接、记录事件和报警等
7. 下面(　　　　)不是入侵检测系统的功能。
   A. 让管理员了解网络系统的任何变更　B. 对网络数据包进行检测和过滤
   C. 监控和识别内部网络受到的攻击　D. 给网络安全策略的制定提供指南
8. 以下对特洛伊木马的概念描述正确的是(　　)。
   A. 特洛伊木马不是真正的网络威胁，只是一种游戏
   B. 特洛伊木马是指隐藏在正常程序中的一段具有特殊功能的恶意代码，是具备破坏和删除文件、发送密码、记录键盘和攻击 DOS 等特殊功能的后门程序
   C. 特洛伊木马程序的特征很容易从计算机感染后的症状上进行判断
   D. 中了特洛伊木马就是指安装了木马的客户端程序，若用户的计算机被安装了客户端程序，则拥有相应服务器端的人就可以通过网络控制计算机
9. 特洛伊木马与远程控制软件的区别在于木马使用了(　　)技术。
   A. 远程登录技术　B. 远程控制技术
   C. 隐藏技术　D. 监视技术

10．网页挂马是指(　　)。

A．攻击者通过在正常的页面中(通常是网站的主页)插入一段代码，浏览者在打开该页面的时候，这段代码被执行，然后下载并运行某木马的服务器端程序，进而控制浏览者的主机

B．黑客们利用人们的猎奇、贪心等心理伪装构造一个链接或者一个网页，利用社会工程学欺骗方法，引诱单击，当用户打开一个看似正常的页面时，网页代码随之运行，隐蔽性极高

C．把木马服务端和某个游戏/软件捆绑成一个文件通过QQ/MSN或邮件发给别人，或者通过制作BT木马种子进行快速扩散

D．与从互联网上下载的免费游戏软件进行捆绑。被激活后，它会将自己复制到Windows的系统文件夹中，并向注册表添加键值，保证它在启动时被执行

二、填空题

1．一个完整的木马程序由两部分组成，分别是______________和______________。

2．一般黑客攻击思路分为_____________阶段、_____________阶段和_____________阶段。

3．通过_______________这个命令可以查看ARP缓存的信息，ARP缓存主要记录了______________和______________的对应关系，默认情况下记录的类型是______________。

4．使用Sniffer软件监控各种服务及攻击，比如监控到受DOS拒绝攻击时现象为______________，如果监控正常的服务，比如FTP服务，那么能监控到______________协议和______________协议的数据。

三、思考题

1．如果通过代理服务器的方式上网，不采用网络，那么ARP攻击还有效吗？

2．如果使用系统的用户非管理员用户(Administrator)而是权限低的User组用户，那么是否会受ARP攻击的影响？

3．如果是无线上网，无线网卡有MAC地址吗？

4．防范ARP攻击有多种策略，哪种比较好？为什么？

5．某台计算机感染了木马，如果该计算机没有上网的话，木马会影响计算机的其他操作吗？

6．如何检测局域网内广播风暴的源头？

项目 4 网络安全加固

教学目标

最终目标	能使用网络安全设备加固企业网络
促成目标	(1) 理解防火墙的工作原理 (2) 理解入侵检测系统的工作原理 (3) 能正确配置 ISA 防火墙 (4) 能正确配置入侵检测系统 (5) 注重培养学生的职业素养与习惯

引言

企业网络每天都面临来自 Internet 的恶意或非恶意的攻击，为了抵御这些攻击，保护企业网络的信息，就必须加固企业网络。防火墙是部署在企业网络边界的主要网络安全设备，入侵检测系统可以及时发现和记录入侵企业网络的行为。ISA Server 2006(Microsoft Internet Security and Acceleration Server 2006)是微软公司研发的一款企业级软件防火墙，被许多企业广泛采用。

模块 1　防　火　墙

任务 1　ISA 防火墙安装

1.1　任务引入

公司决定采用 ISA Server 2006 作为防火墙，部署在公司网络连接 Internet 的接口处，作为系统管理员，需要在一台 Windows Server 2003 服务器上安装 ISA Server 2006。

1.2　相关知识

1. 什么是防火墙

防火墙是一种部署在企业内网与外网之间，保护企业内网免遭来自外网攻击的设备。

防火墙是一种安全系统，可以把它看作是一个装了某些特殊软件的网络设备，和其他安全系统一样，它的功能是保护计算机或防止计算机网络被黑客攻击。防火墙区别于其他安全系统的一个最重要的特点是它一般部署在内部网络和外部网络之间(外网一般指因特网，内网指本地网络)，因此流向外部网络的数据包和流向内部网络的数据包都要经过防火墙，防火墙的逻辑图如图 4-1 所示，防火墙可以控制经过的数据包是否可以正常通过，这就是防火墙最基本也是最重要的功能。

防火墙技术提供了一种访问控制机制，确定哪些内部服务允许外网访问，哪些内部用户可以访问外网，看起来防火墙既可以控制外部的攻击又可以控制内部的攻击，其实不然，防火墙在防止外部网络的攻击上有很好的作用，但在防止内部网络的攻击上显得比较弱，就像恐怖分子经常以旅游或工作的名义出国干坏事，但如果因此禁止出国旅游或工作，那么真正想要出国工作或旅游的人也出不去了。

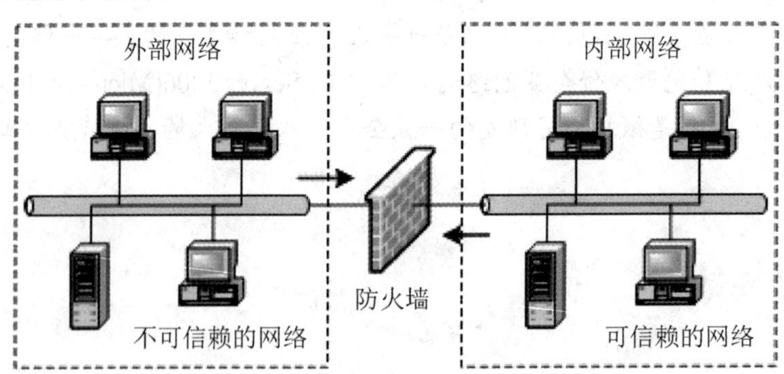

图 4-1　防火墙的逻辑图

2. 防火墙的种类

防火墙产品按形态可以分为软件防火墙和硬件防火墙，软件防火墙本身属于一种应用软件，需要安装在专门的操作系统上，比如基于 Windows 平台的 ISA Server 防火墙、基于 Linux 平台的 IPTables 防火墙。硬件防火墙是一种硬件和软件相结合的设备，一般采用专业的操作系统。相对来说，硬件防火墙安全性高于软件防火墙，而且网络适应性也比软件防火墙高，但软件防火墙比硬件防火墙升级、更新更加方便、灵活。

防火墙按照保护对象来分可以分为网络防火墙和单机防火墙两类，网络防火墙可以保护整个网络，能集中设置安全策略，功能复杂多样需要专门人员维护。单机防火墙只能保护单台计算机，无法集中设置整个网络的安全策略，功能比较简单，普通人员可以进行维护。网络防火墙相比单机防火墙安全隐患小。Windows XP/2003 自带的 Windows 防火墙是典型的单机防火墙。

3. ISA Server 2006 功能

ISA Server 2006 是微软公司推出的一款重量级的网络安全产品，被公认为 x86 架构下最优秀的企业级路由软件防火墙。ISA 凭借其灵活的多网络支持、易于使用且高度集成的 VPN 配置、可扩展的用户身份验证模型、深层次的 HTTP 过滤功能、经过改善的管理功能，在企业中有着广泛的应用。

ISA Server 2006 是一个符合现代企业需求的多功能产品，其主要功能包括以下几个方面。

(1) 防火墙。ISA Server 2006 的防火墙可以过滤进出企业内部网络的流量，可以控制内部网络与外部网络之间的通信，也可以安全发布企业内部的服务器，以便让客户与合作伙伴分享企业内部网络的资源。

(2) VPN。ISA Server 2006 提供的 VPN 可以让远程用户与企业内部网络、或者是企业分布在各处的分支机构内部网络之间，通过 Internet 建立一个安全的网络通道。

(3) 网页缓存。ISA Server 2006 提供的网页缓存功能可以将用户经常访问的网页保存到本地硬盘和内存中，这样用户可以更快地访问所需的网页，而且也可以提高网络效率，节省网络带宽。

1.3 任务实施

1. 安装 ISA Server 2006

(1) 单击 ISA Server 2006 软件包中的安装程序，在出现的界面中选择【安装 ISA Server 2006】单选按钮，出现如图 4-2 所示的界面。

(2) 在出现如图 4-2 所示的对话框后，选择【同时安装 ISA Server 服务和配置存储服务器】单选按钮。

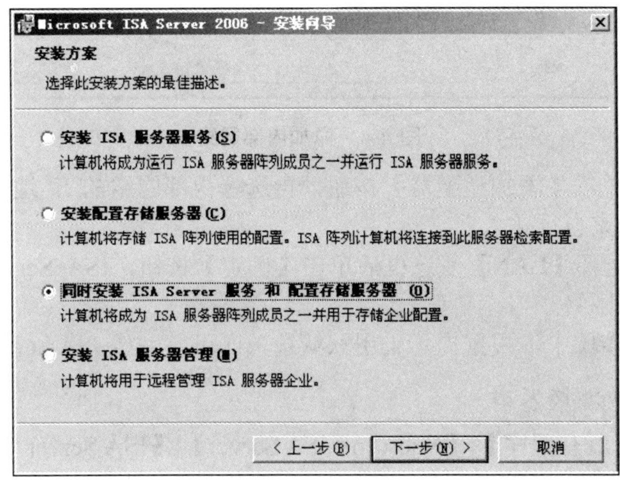

图 4-2　安装选项

(3) 直接单击【下一步】按钮或者选择安装路径后单击【下一步】按钮。在图 4-3 中，选择默认的【创建新 ISA 服务器企业】单选按钮。

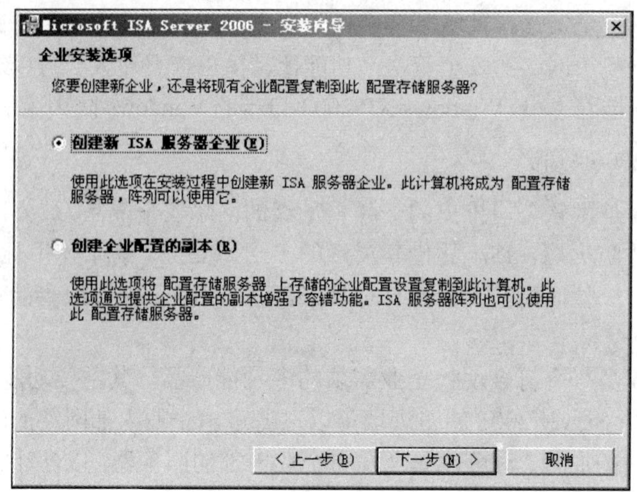

图 4-3　企业安装选项

(4) 直接单击【下一步】按钮。在图 4-4 中，单击【添加】按钮来指定位于内部网络的 IP 地址范围。

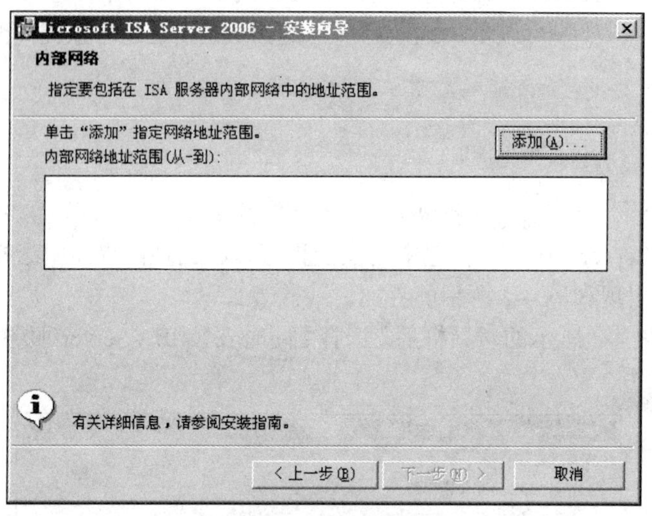

图 4-4　添加内部网络

(5) 在图 4-5 中单击【添加适配器】按钮，再选择内部网络的 IP 地址范围(也可以通过单击【添加范围】按钮来自行输入)。

(6) 在图 4-6 中选择【LAN】复选框后单击【确定】按钮，ISA Server 会自动将此网卡连接的网络设置为内部网络。

(7) 在接下来的步骤中，根据提示采用默认选项即可，完成 ISA Server 的安装过程。

2. 测试 ISA Server 防火墙

单击【开始】|【所有程序】|【Microsoft ISA Server】|【ISA Server 管理】命令，如图 4-7 所示，ISA Server 防火墙内建的默认规则会拒绝所有流量，因此 ISA Server 所在的服务器如果想访问外部网络是会被拒绝，如图 4-8 所示。

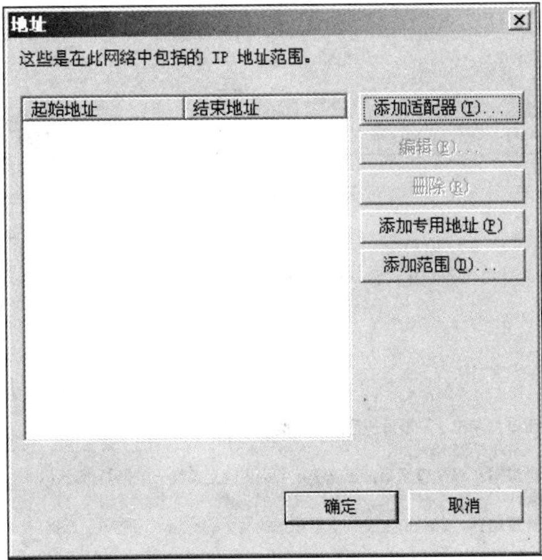

图 4-5　地址范围

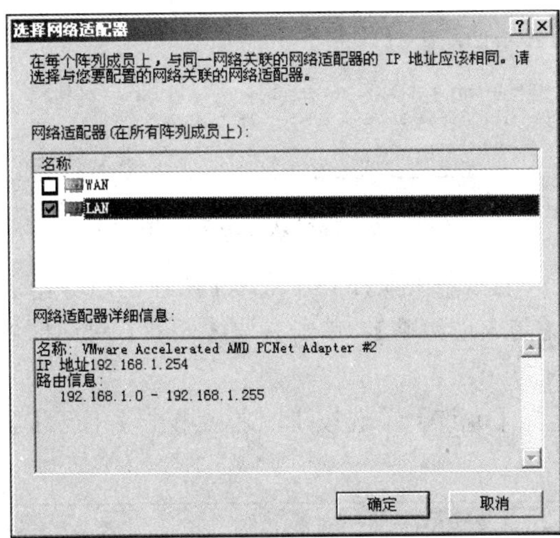

图 4-6　选择网络适配器

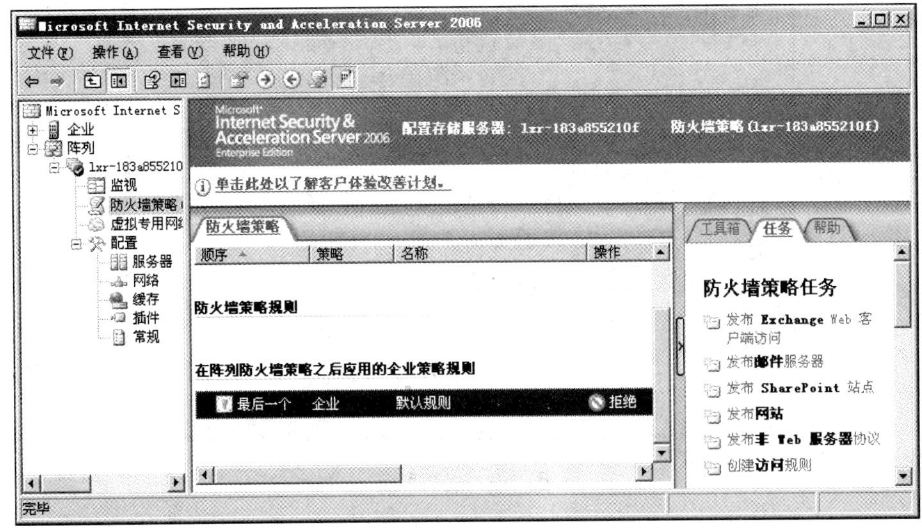

图 4-7　防火墙的默认规则

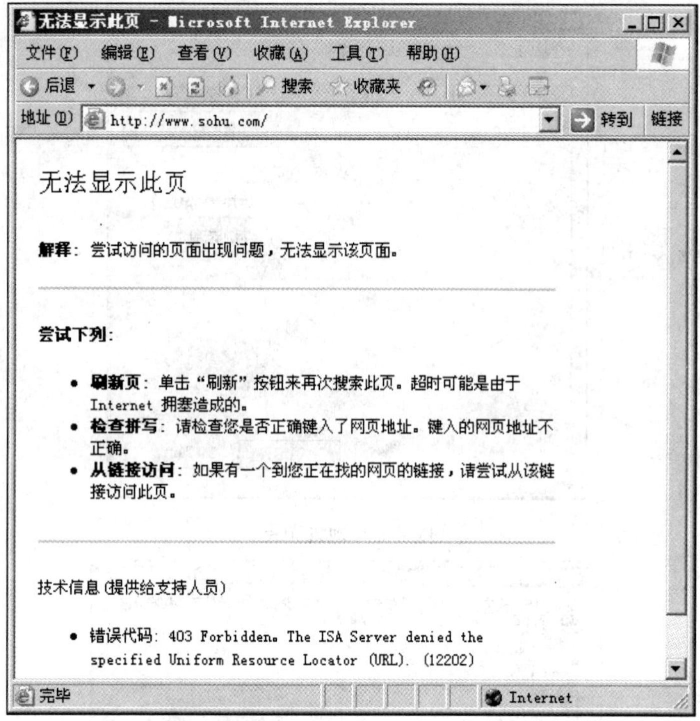

图 4-8 防火墙默认拒绝访问 Internet

下面通过建立一条防火墙策略来允许 ISA Server 所在的服务器访问 Internet。

(1) 单击图 4-7 中的【防火墙策略】，单击右边【任务】对话框处的【创建访问规则】，在图 4-9 中输入访问规则名称。

(2) 在图 4-10 中，选择【允许】单选按钮，之后单击【下一步】按钮，弹出如图 4-11 所示的对话框。

图 4-9 规则取名

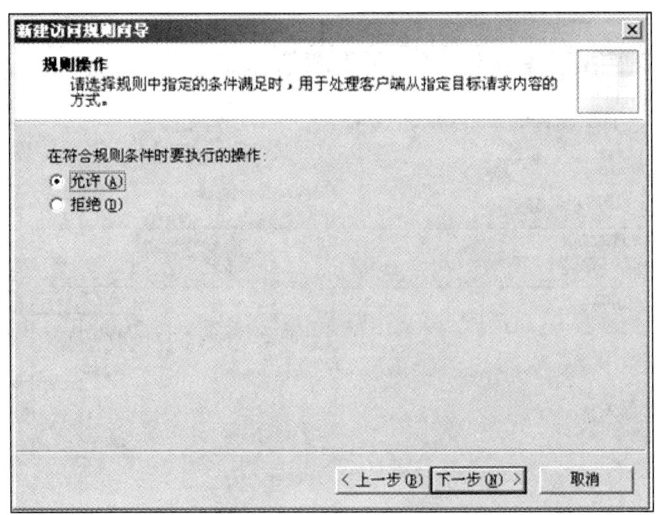

图 4-10　执行的操作

(3) 在图 4-11【此规则应用到】中选择【所选的协议】，单击【添加】按钮，弹出如图 4-12 所示的【添加协议】对话框。

(4) 在图 4-12 中，选择添加【HTTP】和【HTTPS】协议。结果如图 4-13 所示，之后单击【下一步】按钮，出现【访问规则源】对话框。

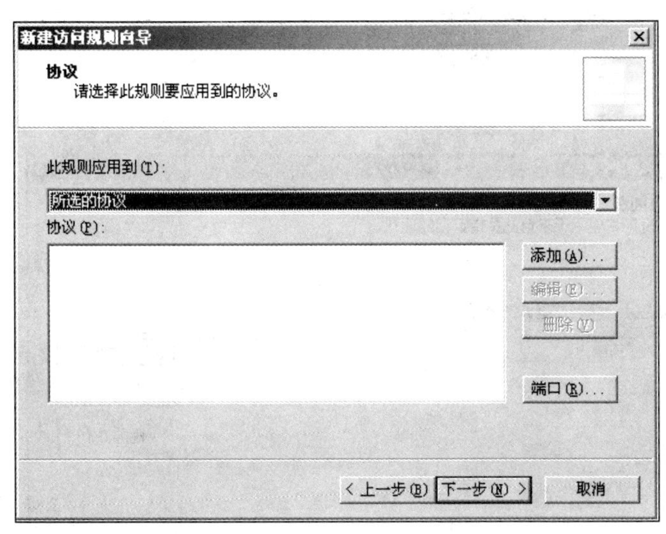

图 4-11　选择协议类型

图 4-12　选择允许的协议

(5) 如图 4-14 所示，在【访问规则源】对话框中单击【添加】按钮，出现【添加网络实体】对话框，在【添加网络实体】对话框中选择【本地主机】作此规则的通信源，之后，单击【下一步】按钮，打开【访问规则目标】对话框。

(6) 如图 4-15 所示，在【添加网络实体】对话框中选择【外部】作为此规则的通信目的，即允许访问外部网站。

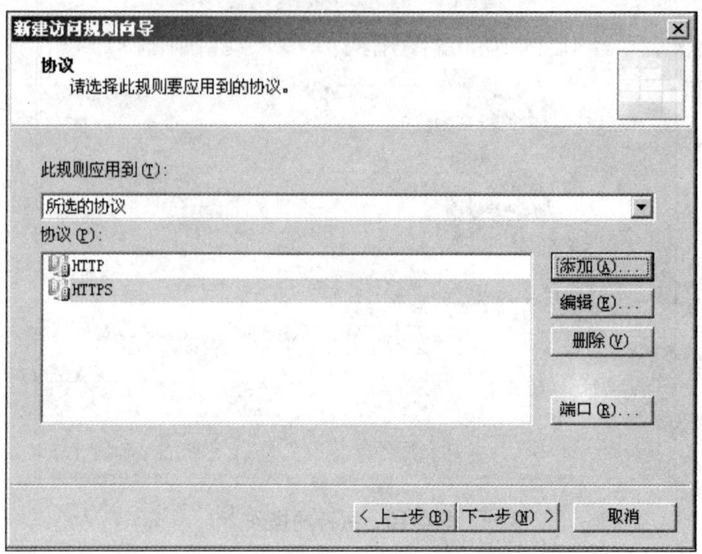

图 4-13　规则适用的协议结果

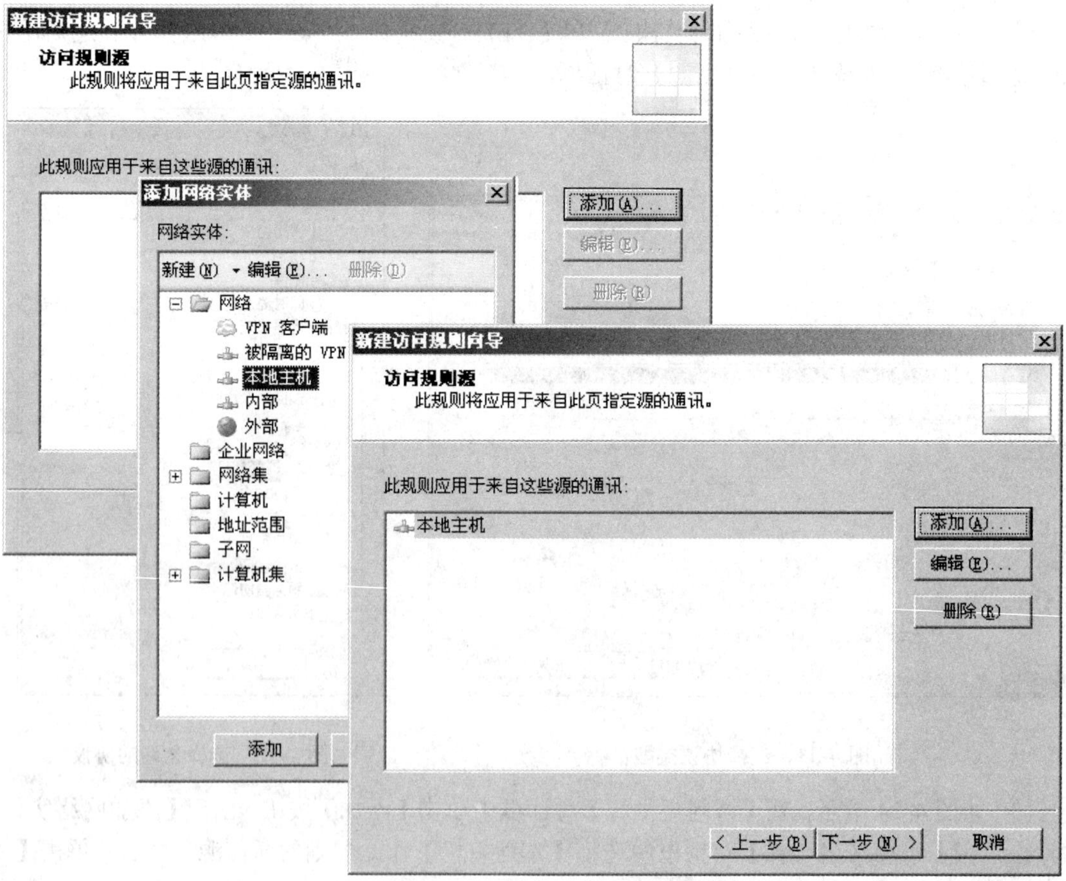

图 4-14　选择规则的通信源

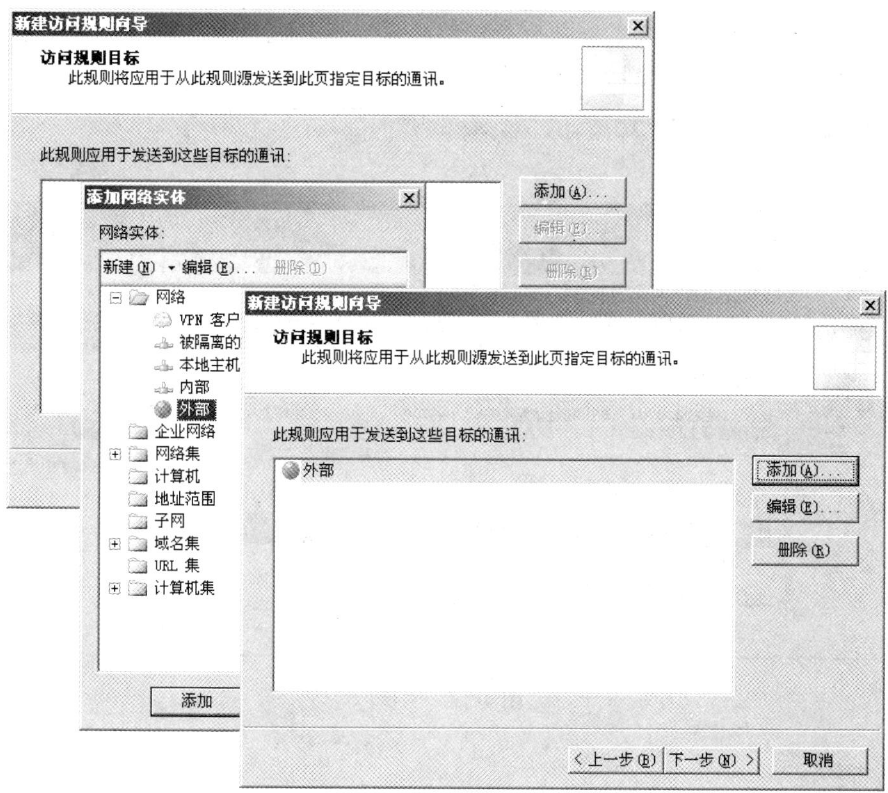

图 4-15　选择规则的通信目的

(7) 将此规则应用于【所有用户】。

(8) 单击图 4-16 中的【应用】按钮，让防火墙启用该访问策略。

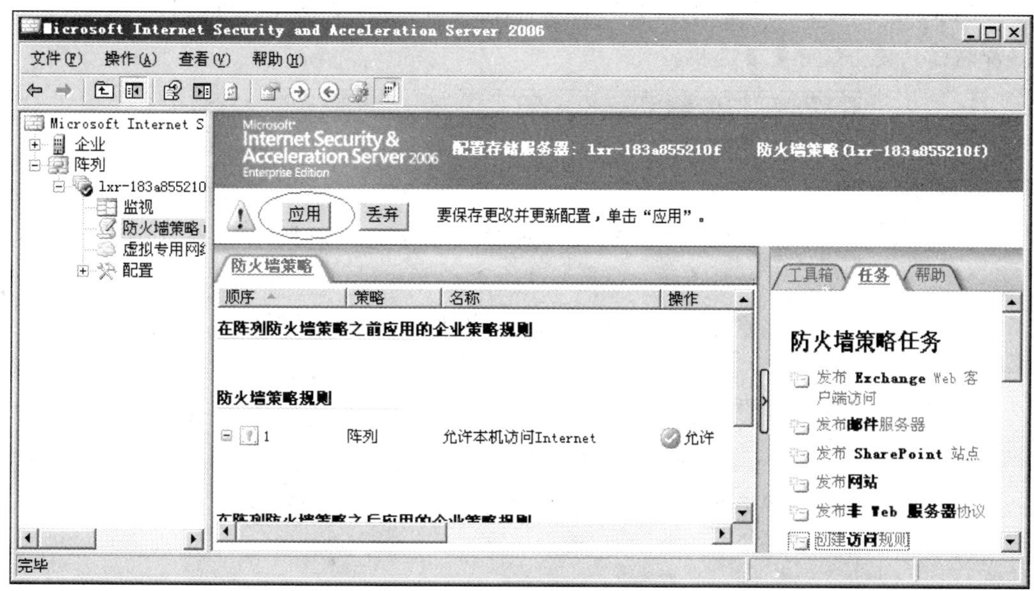

图 4-16　启用防火墙策略

(9) 完成这些设置后，这些设置会保存到配置存储服务器(CSS)内，而 ISA Server 会定期

(默认为 15s)检查与应用 CSS 内的最新更新。单击【监视】|【配置】标签，显示【已同步】(图 4-17)后，ISA Server 防火墙就允许本地主机访问 Internet 了。

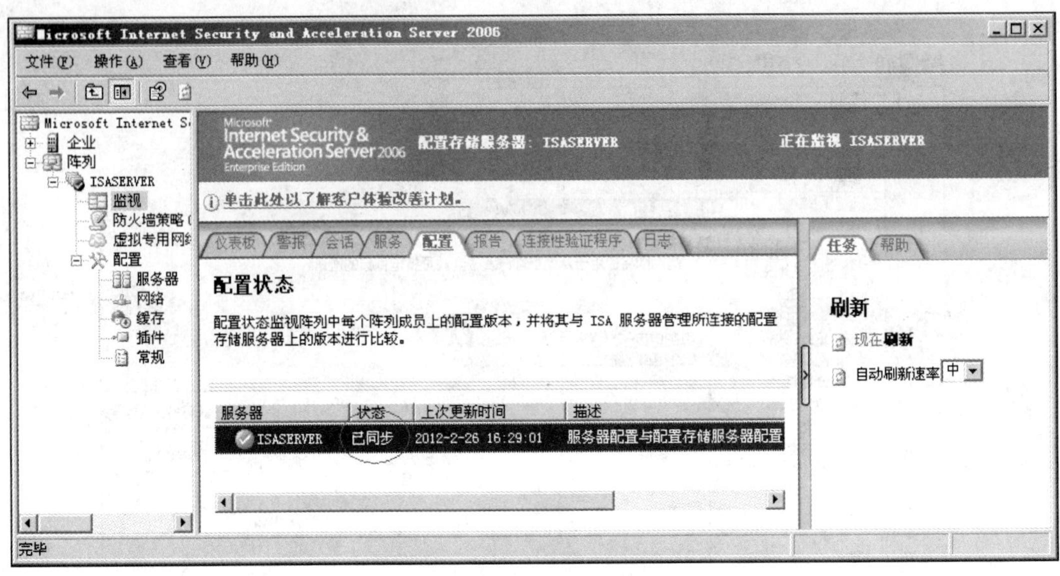

图 4-17　同步

特别提示

Windows Server 2003 默认启用了【Internet Explorer 增强的安全配置】，这个配置在测试时会造成干扰，因此在实验测试时可以将这个功能去掉。选择【控制面板】|【添加或删除程序】|【添加/删除 Windows 组件】对话框，打开【Windows 组件】对话框，在图 4-18 中，取消选择【Internet Explorer 增强的安全配置】复选框。

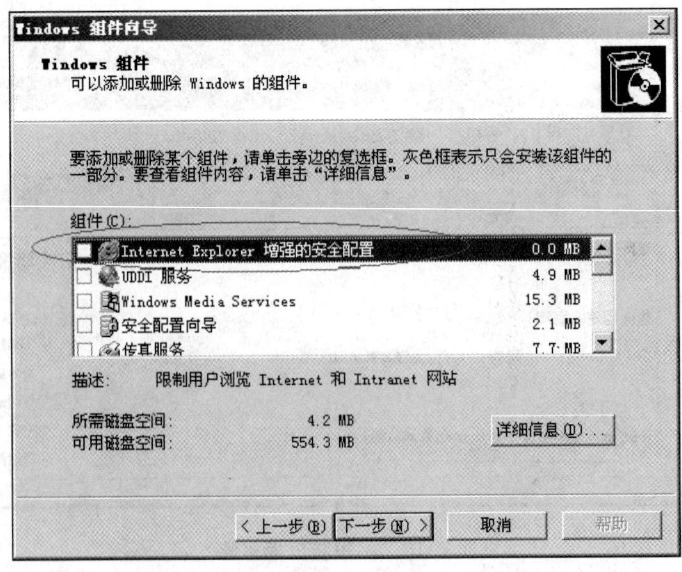

图 4-18　取消 IE 安全配置

任务 2　配置 ISA 防火墙客户端

2.1　任务引入

ISA 防火墙已经安装完毕，现在需要对 ISA 防火墙客户端进行配置，使其既能满足企业员工访问 Internet 的需要，又能防止外部入侵。

2.2　相关知识

1. ISA Server 防火墙客户端

ISA Server 支持 3 种不同的客户端，它们分别有着不同的配置，支持的网络协议也有所不同，与 ISA Server 之间也有着略微不同的协商方式。

图 4-19 是 ISA 防火墙 3 种客户端与 ISA 防火墙之间的关系图。ISA 防火墙通过防火墙服务与各种过滤器来决定是否让客户端可以访问 Internet 的资源。同时 ISA 防火墙也通过图中的 Web 代理过滤器将网页与 FTP 对象保存到缓存区中。

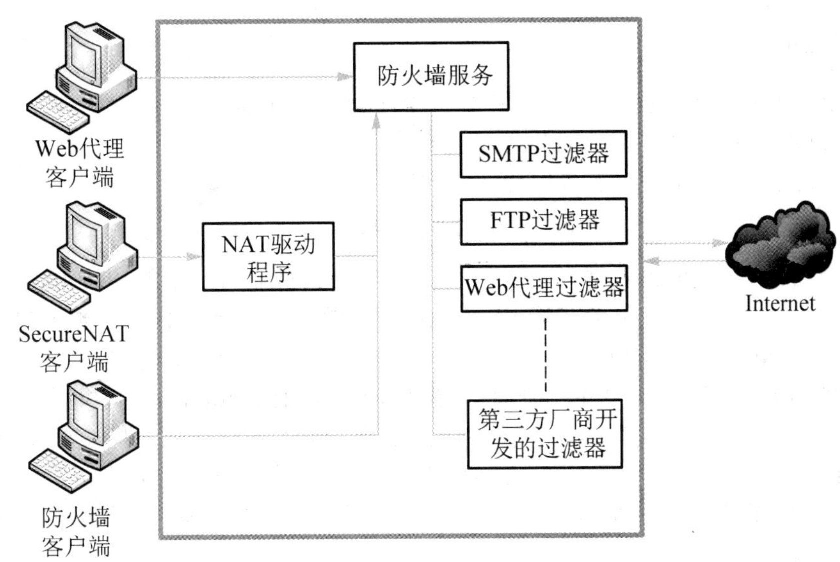

图 4-19　ISA 防火墙原理图

1) Web 代理客户端

Web 代理客户端只能利用浏览器访问 Internet 的 HTTP、HTTPS 与 FTP 资源。Web 代理客户端是将请求传递给 ISA Server 的连接端口 8080，而当 ISA Server 接收到 Web 代理客户端的请求后，会将此请求交给防火墙服务来决定是否允许通过，防火墙服务依据配置的各种访问规则作出决定。ISA Server 会从缓存区来读取 Web 代理客户端所请求的资源，而且也会将从 Internet 取得的对象保存到缓存区中，加快客户端的访问速度。

2) Secure NAT 客户端

Secure NAT 客户端是利用默认网关将请求传递给 ISA 防火墙，而 ISA 防火墙接到客户端传来的请求后，会先利用内置的 NAT 驱动程序模块将数据包的源地址转换为一个对外的有效 IP 地址，然后再将此请求转交给防火墙服务，防火墙服务根据配置的各种访问规则决定是否允许该访问请求。与 Web 代理客户端相比，Secure NAT 客户端可以访问 Internet 上的所有资源。

3) 防火墙客户端

防火墙客户端必须另外安装 Microsoft Firewall Client 软件，因此只支持 Windows 平台，而前面两种客户端可以是非 Windows 平台。防火墙客户端将 HTTP、HTTPS 和 FTP 请求传递给 ISA Server 的 8080 端口，将其他请求传递给 ISA Server 的 1745 端口。当 ISA 防火墙接收到这些请求后，会将这些请求转交给防火墙服务，由防火墙服务根据配置的访问规则决定是否允许这些请求通过。

2. 网络地址转换

网络地址转换(Network Address Translation，NAT)就是将网络地址从一个地址空间转换到另外一个地址空间的行为。由于现在连接 Internet 的设备远远超过了 IPv4 地址的范围，因此许多企业在组建内部网络时，分配给企业内部设备的 IP 地址是私有地址，这些私有地址不能用来接入 Internet。为了解决这个问题，就必须使用 NAT 技术。在实际应用中，NAT 主要用于实现私有网络访问外部网络的功能。这种通过使用少量的公有 IP 地址代表多数的私有 IP 地址的方式有助于减缓可用 IP 地址空间枯竭的速度。

特别提示

因特网域名分配组织 IANA 保留以下 3 个 IP 地址块用于私有网络。

(1) 10.0.0.0～10.255.255.255(1 个 A 类地址段)。

(2) 172.16.0.0～172.31.255.255(16 个 B 类地址段)。

(3) 192.168.0.0～192.168.255.255(254 个 C 类地址)。

只有拥有公网 IP 地址的数据包才能进入 Internet，因此私有网络要访问 Internet，数据包的源 IP 地址必须通过 NAT 转换成公网的 IP 地址，如图 4-20 所示，内网的数据包要发到外网上去，在 NAT 转换之前，数据包的源 IP 地址是内网地址，经过路由等处理后，已经确定这个数据要发到外网去，然后用 NAT 转换把源 IP 地址转换为内网全局地址，这里内网全局地址就是这个私有网络拥有的公网 IP 地址。当数据包回来的时候，数据包的目标 IP 地址是内网全局地址，首先经过 NAT 转换把目标 IP 地址转换为内网地址，然后经过路由等处理转发到相应的计算机。即从内网向外网发送数据时，先作路由处理后作 NAT 转换，从外网向内网发送数据时，先作 NAT 转换再作路由处理。

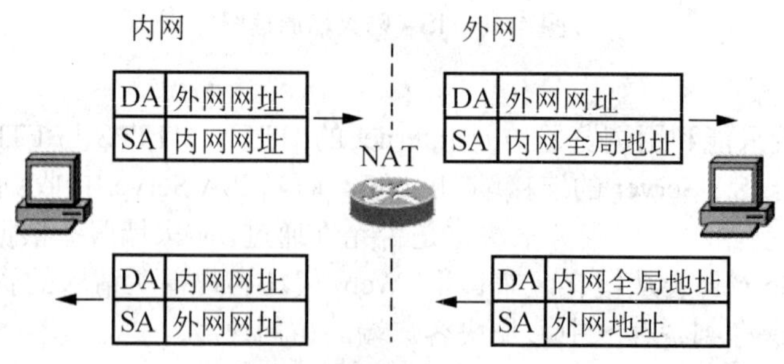

图 4-20　网络地址的转换过程

2.3 任务实施

1. 配置防火墙

为了允许内部网络计算机可以访问 Internet，需要在 ISA Server 防火墙创建一条开放内部网络访问外部网络的访问规则。设置访问规则的步骤与前一个任务的步骤相同，或者也可以在前一个任务建立的规则基础上进行修改。

(1) 双击如图4-16所示的【允许本机访问 Internet】规则，将规则名称改为【允许内部与本地主机访问外部网站】。

(2) 选择【从】标签，单击【添加】按钮，选择【网络】|【内部】，然后单击【添加】按钮，如图4-21所示。

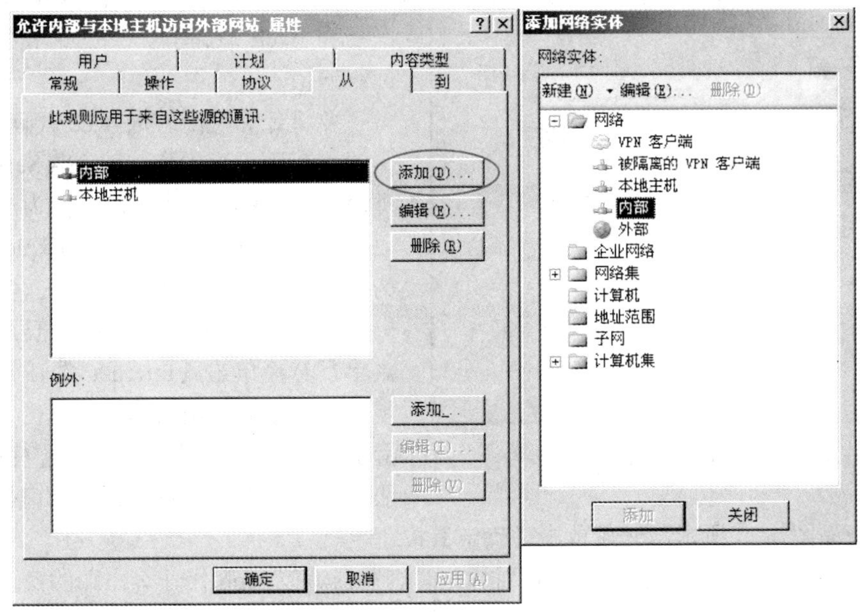

图4-21　修改通信源

(3) 单击图4-22中的【网络】，然后选择右边的【网络】标签，双击【内部】，在弹出的【内部 属性】对话框中，选择【Web代理】标签，确认是否选中【为此网络启用Web代理客户端连接】复选框，如图4-23所示。

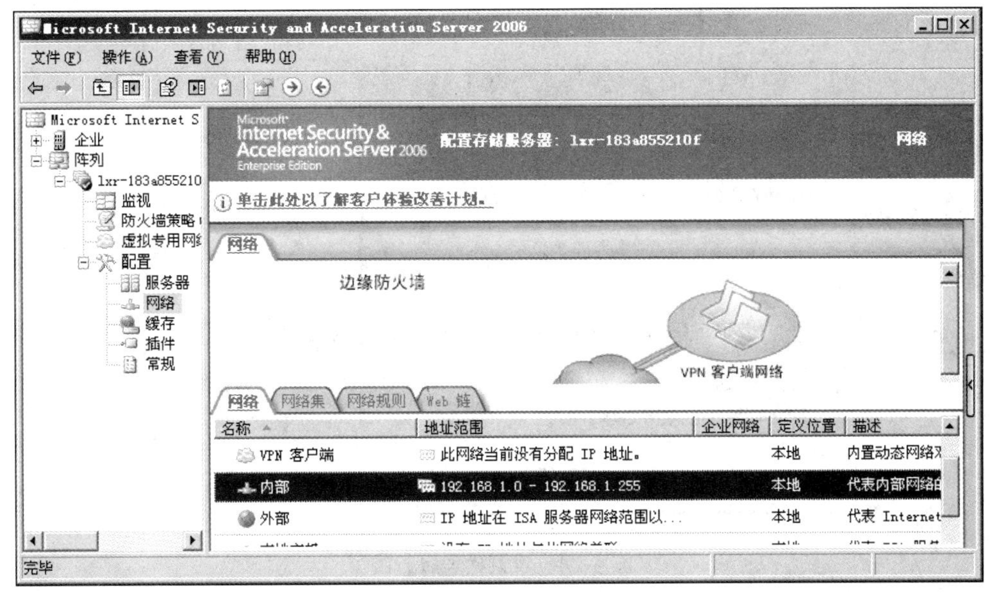

图4-22　网络标签

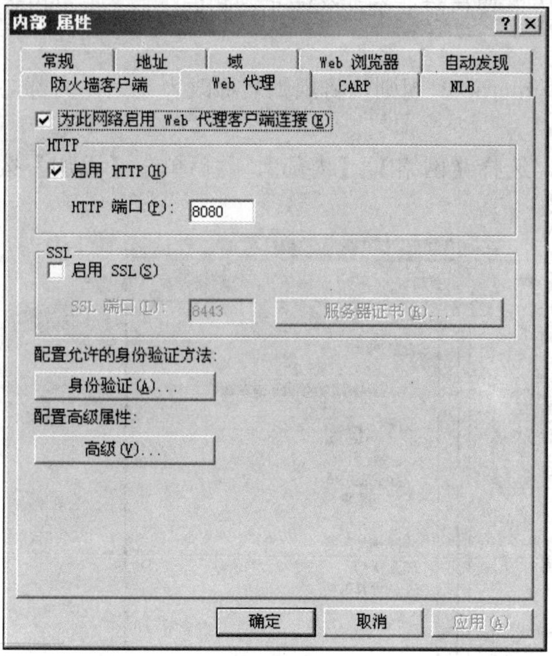

图 4-23　启用 Web 代理客户端

2．Web 代理客户端配置

ISA Server 防火墙支持所有操作系统的计算机担任 Web 代理客户端的配置角色，但是 Web 代理客户端只能使用 HTTP、HTTPS 和 FTP 协议访问外部网络，那些使用除这 3 种协议以外的网络协议的应用程序无法在配置为 Web 代理客户端的计算机上与外部网络通信。

要将计算机配置成 Web 代理客户端，只需要在应用程序内指定将 ISA Server 作为代理服务器，并将连接端口设置为 8080。下面以 Windows 内置的 Internet Explorer 浏览器为例，说明如何配置 Web 代理客户端。

单击 Internet Explorer 浏览器的【工具】菜单，然后单击【Internet 选项】命令，出现【Internet】选项对话框，单击【局域网设置】按钮，在【地址】文本框中输入 ISA Server 服务器内网卡的地址，在【端口】文本框中填入 8080，如图 4-24 所示，然后单击【确定】按钮。

在 Internet Explorer 文本框中输入网址，这时浏览器就以 Web 代理客户端的身份访问外部网络。

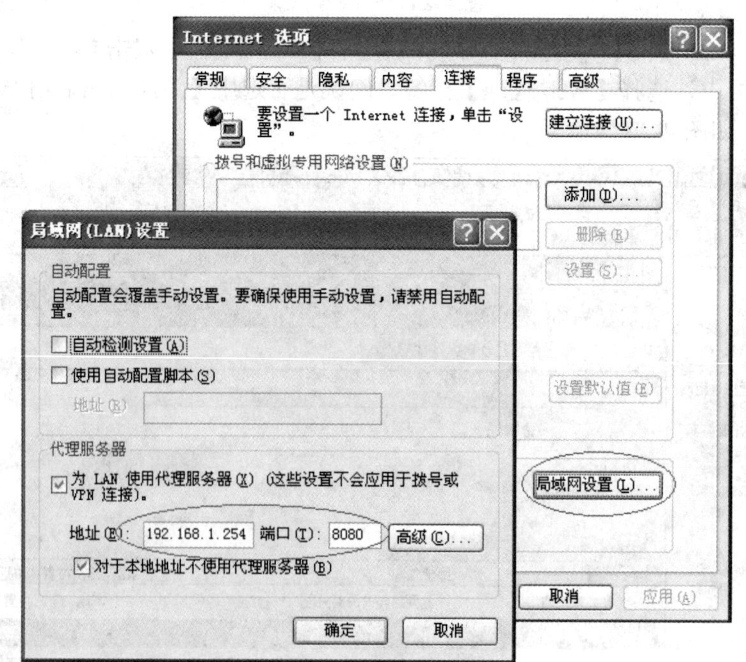

图 4-24　设置代理服务器

对 ISA Server 来说，客户端的应用程序只要是通过 ISA Server 的端口 HTTP 8080 来连接外部网络，这个客户端就是 Web 代理客户端。有些非网页浏览器程序，如腾讯 QQ 也可以通过 HTTP 8080 端口来访问外部网络，那么这时候 QQ 也是 Web 代理客户端。

3. Secure NAT 客户端配置

在实际工作中很多网络的应用程序不使用 HTTPS、HTTP 和 FTP 协议进行通信，对这些应用程序来说，Web 代理客户端无法满足要求，这时候可以把计算机配置成 Secure NAT 客户端。

配置 Secure NAT 客户端的步骤跟给计算机手动设置 IP 地址一样，唯一要确定清楚的是，这时整个企业内部网络的默认网关是 ISA Server 的内网卡 IP 地址，同时 DNS 服务器 IP 地址也必须指定到一台能正常运作的 DNS 服务器，如图 4-25 所示。

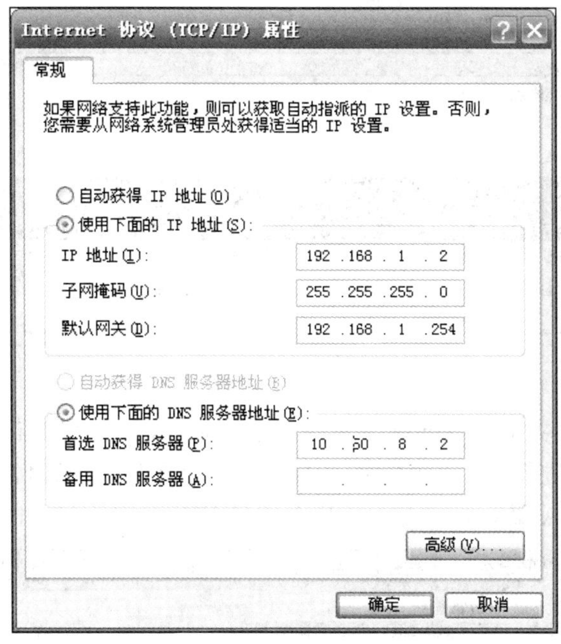

图 4-25 Secure NAT 客户端设置

Secure NAT 客户端访问 Internet 时需要解析域名，因此需要在防火墙上设置访问规则，允许内部网络的计算机访问外部 DNS 服务器，即开放内部网络到外部网络去的 DNS 流量。设置的步骤与前面任务的设置步骤相同，最后结果如图 4-26 所示。

防火墙策略规则

1	阵列	允许DNS查询	允许	DNS	内部	外部	所有用户
2	阵列	允许本机访问Int...	允许	HTTP HTTPS	本地主机 内部	外部	所有用户

图 4-26 开放 DNS 流量规则

Secure NAT 客户端在访问 Internet 时，ISA Server 会利用内置的 NAT 驱动程序模块将客户端的私有 IP 地址转换为组织机构获得的公网 IP 地址。

4. 防火墙客户端配置

ISA Server 还支持第三种客户端角色：防火墙客户端。但防火墙客户端必须是 Windows 平台，而且还需要安装 Microsoft Firewall Client 软件，该软件存放在 ISA Server 安装包的 client

文件夹内。

(1) 在安装Microsoft Firewall Client之前需要在防火墙中创建访问规则，以便开放NetBIOS会话、NetBIOS 名称服务和 NetBIOS 数据包 3 个网络协议，否则防火墙客户端无法解析 ISA Server 计算机名，无法检测到 ISA Server，如图 4-27 所示。

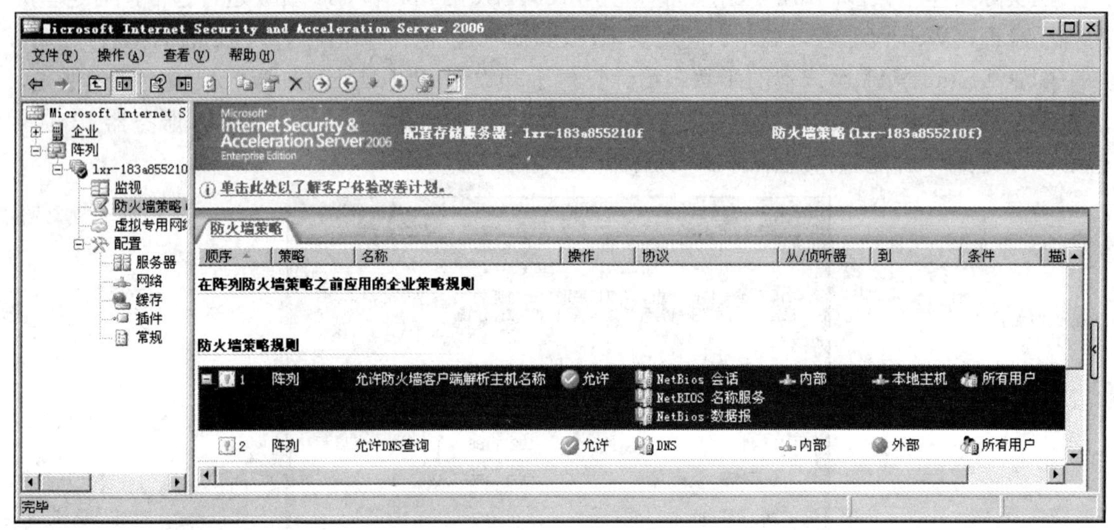

图 4-27　开放 NetBIOS 系列协议

(2) 运行 client 文件夹中的 setup.exe 程序，按照提示即可完成 Microsoft Firewall Client 的软件安装工作。在安装过程中，当出现如图 4-28 所示的界面时，在【连接到此 ISA 服务器 计算机】文本框中输入 ISA 服务器的内网卡 IP 地址或者 ISA 服务器名称。

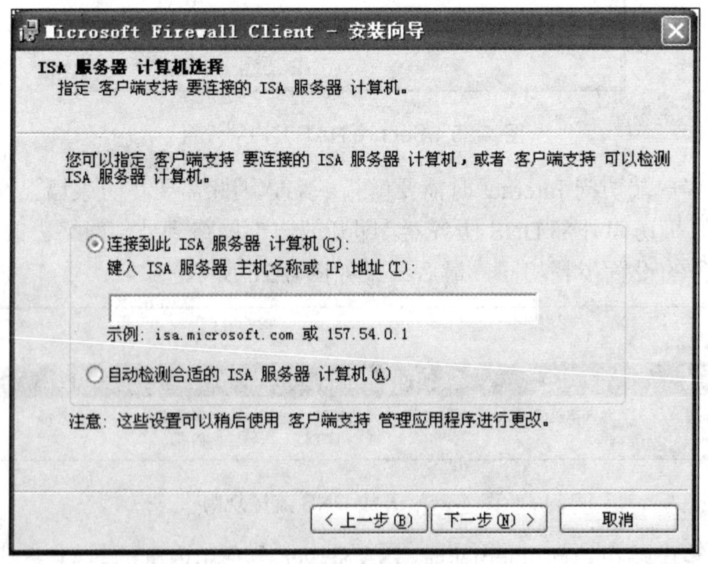

图 4-28　防火墙客户端设置

(3) 防火墙客户端默认也是 Web 代理客户端，Microsoft Firewall Client 成功安装后，系统会自动将 ISA Server 设置为代理服务器，如图 4-29 所示。

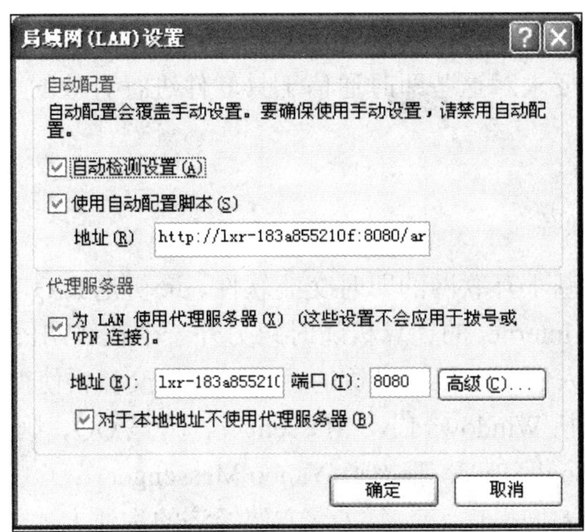

图 4-29　自动配置 IE

(4) 确认 ISA Server 是否启用支持防火墙客户端的功能。在图 4-23 中，打开【防火墙客户端】标签，确认设置是否如图 4-30 所示。

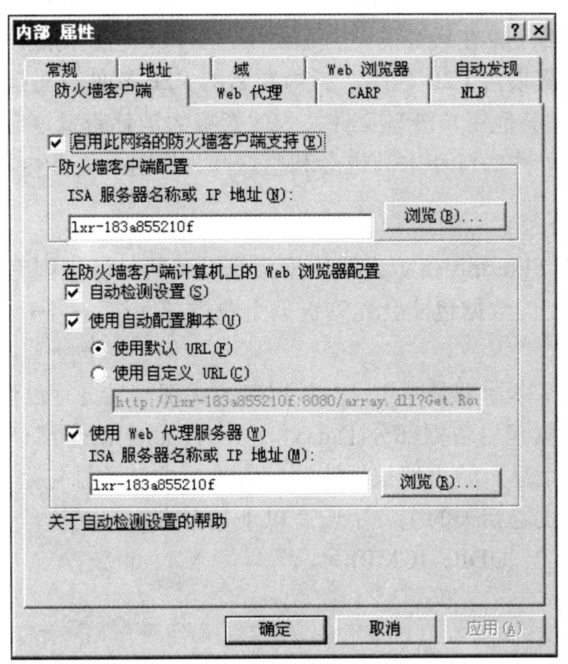

图 4-30　防火墙客户端属性

请注意的是，对于其他应用的(即非 HTTPS、HTTP、FTP 等应用)访问，不是采用 Web 代理客户端的方式，而是将请求传递给 ISA Server 的 1745 连接端口。

任务 3　管控即时通信与 P2P 软件

3.1　任务引入

即时通信工具为人们交流带来极大便利的同时，也带来了许多安全问题，许多病毒和木马会乘虚而入，员工在利用这些工具与外界交流时，也有可能会泄露公司的重要信息，因此许多重视信息安全的企业都会要求对这些即时通信工具软件进行有效的管控。

3.2 相关知识

1. 即时通信与P2P软件

即时通信软件是一种基于互联网的即时交流软件，最初是ICQ，也称网络寻呼机。此类软件使得人们可以运用连上Internet的计算机随时跟另外一个在线网民交谈，甚至可以通过视频看到对方的实时图像，使人们不必担心昂贵的话费而畅快交流，使得工作、交流两不误。国内最常用的即时通信软件包括Windows Live Messenger、腾讯QQ、阿里旺旺等，国外常用的即时通信软件包括ICQ、Google Talk、雅虎通(Yahoo Messenger)等。

即时通信软件虽然为人们提供了一个非常方便经济的沟通方式，然而它带来了一些安全上的威胁，通过企业内部的机密数据也可能会轻易地通过这些软件泄露出去，而且如果员工在上班时沉迷于这些软件进行聊天，也会影响员工的工作效率。如果能有效地管控这些即时通信工具，那么企业既能利用这些工具带来的便利好处，又能防止出现安全问题。

P2P是英文Peer-to-Peer(对等)的简称，是一种网络新技术，依赖网络中参与者的计算能力和带宽，而不是把依赖都聚集在较少的几台服务器上。P2P已经彻底统治了当今的互联网，其中50%～90%的总流量都来自P2P程序，国内知名的P2P软件有迅雷、电驴等。这些软件可以让用户跟Internet上的其他用户分享文件，因此会极大消耗带宽，会造成公司的重要业务系统运行受到影响，而且一些病毒和木马也会利用这些程序进入企业内网。

2. 包过滤防火墙技术

包过滤技术(Packet Filtering)指防火墙依据预先设置的过滤规则有选择地允许网络数据包通过，只有满足过滤规则的数据包才会允许进出企业内部网络，不满足过滤规则的数据包则不允许通过。

包过滤技术实现的基本原理是基于IP数据包的头部信息进行过滤。包(又称分组)是网络层的数据单位，每个数据包由数据部分(Data)和包头(Header)两个部分组成，其中包头部分含有重要的与过滤有关的信息，防火墙根据这些信息来决定该数据包是否能通过防火墙，IP数据包头部分包含的与包过滤相关的主要字段有以下几个方面。

(1) IP协议类型(TCP、UDP、ICMP)。

(2) IP源地址。

(3) IP目标地址。

(4) IP选择域的内容。

(5) TCP或UDP源端口号。

(6) TCP或UDP目标端口号。

(7) ICMP消息类型。

包过滤技术是防火墙最常用的技术，它具有性能高、实现容易等优点，但该技术也是安全防护能力最弱的防火墙技术。

3. 应用层防火墙技术

应用层防火墙，又被称为应用层网关或代理服务器，是运行于内部网络与外部网络之间的主机上的一种应用。当用户需要访问代理服务器另一侧的主机时，对符合安全规则的连接，代理服务器将代理主机响应，并重新向主机发出一个相同的请求。当此连接的请求得到回应并建立起连接之后，内部主机同外部主机之间的通信将通过代理程序将相应的连接通过映射来实现。

应用层防火墙可以分析每个应用层协议的数据包，也可以对数据驱动式的网络攻击进行防范。应用层防火墙必须配置相应应用层协议的过滤器才能对该协议起作用，因此应用受到诸多限制，虽然可以通过编制特定服务的过滤器，但要求比较高，普通用户无法实现。

现在一些应用层防火墙专门针对某种应用程序，典型的就是 Web 应用防火墙(Web Application Firewall，WAF)。Web 应用防火墙可以对各种针对 Web 系统的入侵进行有效防御。

3.3　任务实施

ISA Server 2006 默认并没有开放让内部的用户访问 Internet，因此默认是所有即时通信与 P2P 软件均无法通过 ISA Server 防火墙，不过一般公司都会开放让内部用户可以访问 Web 站点，即开放 HTTP(TCP 连接端口 80)和 HTTPS(TCP 连接端口 443)，因此现在很多即时通信软件会利用这两个端口来登录其服务器，因此增加了管控的难度。

1. 管控 Windows Live Messenger

微软的 Windows Live Messenger(前身为 MSN Messenger)是国内一款非常流行的即时通信软件。如果用户计算机的身份是 ISA Server 的 Web 代理客户端或防火墙客户端，该聊天软件会自动利用 Internet Explorer 的代理服务器作为自身的代理服务器与外界通信，即只要 ISA Server 开放了 HTTP 和 HTTPS 协议，Windows Live Messenger 就能与外界通信。

因为 Windows Live Messenger 客户端可以利用 HTTP 和 HTTPS 协议登录消息服务器，一般企业都会允许登录外部网站，即不可能在 ISA 防火墙上关闭 80(HTTP)和 443(HTTPS)两个端口，所以要阻断 Windows Live Messenger 与外界的通信就比较麻烦。

ISA Server 提供的 HTTP 过滤器功能提供了更细粒度的协议过滤，下面介绍通过签名字符串来阻断 Windows Live Messenger 2009 登录消息服务器。

(1) 双击上一个任务已经建立的开放 HTTP 流量的规则，打开【允许内部与本地主机访问外部网络属性】对话框。

(2) 如图 4-31 所示，单击【协议】标签的【筛选】按钮，选择【配置 HTTP】，打开【为规则配置 HTTP 策略】对话框。

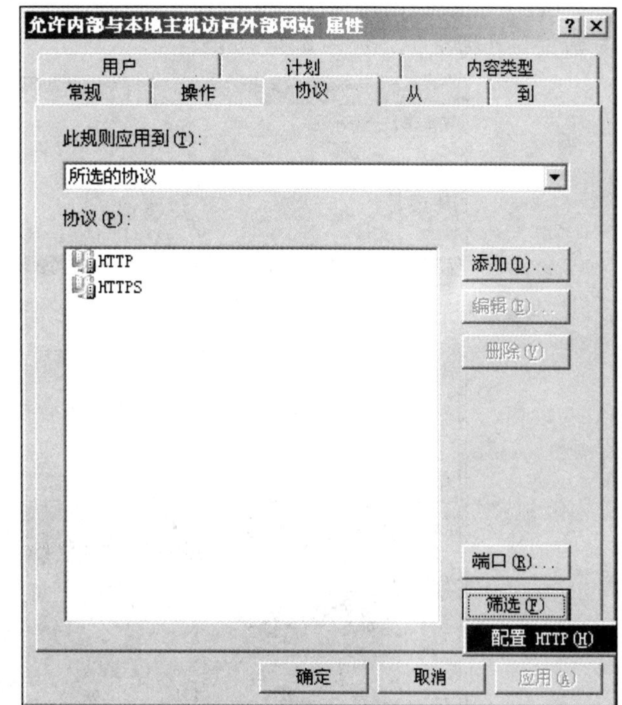

图 4-31　筛选协议

(3) 选择【签名】标签，单击【添加】按钮，在弹出的【签名】对话框中，输入如图 4-32 所示的信息，而后单击【确定】按钮。

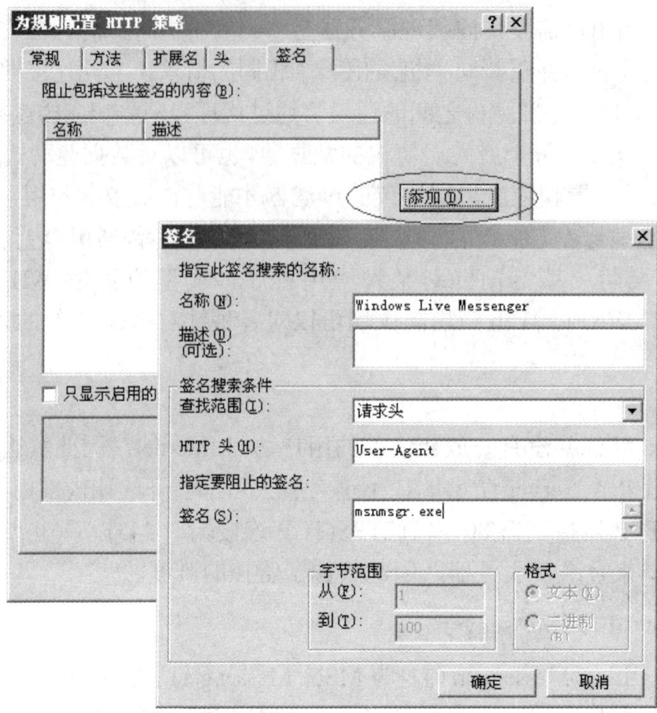

图 4-32　添加 MSN 签名

(4) Windows Live Messenger 2009 的签名信息需要利用 WireShark 等网络嗅探软件分析登录数据包获得数据，如图 4-33 所示。

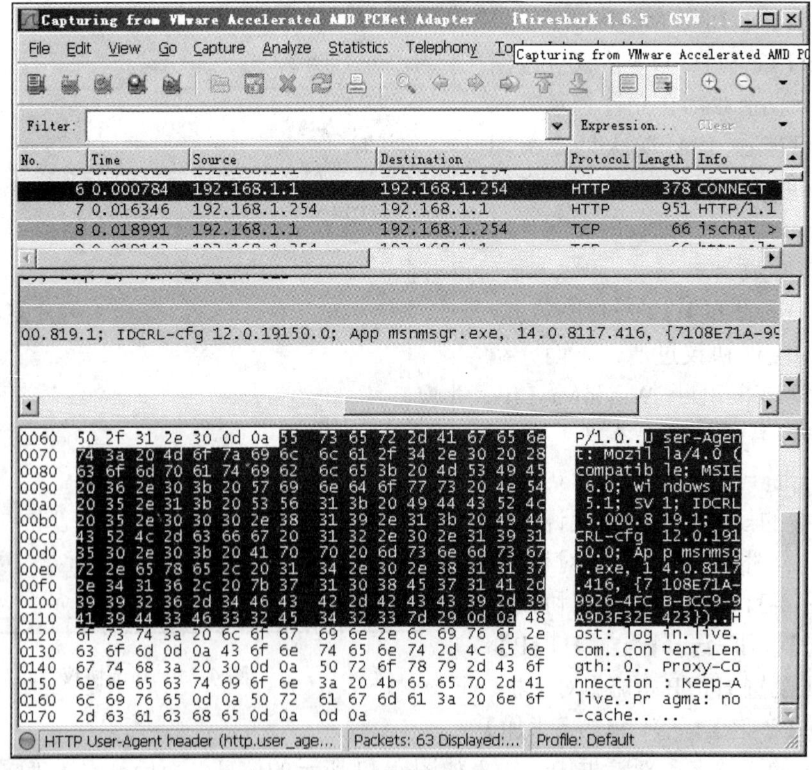

图 4-33　分析 MSN 通信数据包

2. 管控腾讯 QQ

腾讯 QQ(www.qq.com)可以说是国内使用人数最多的一款即时通信软件，为了更好地满足广大网民的需要，QQ 在如何逃避防火墙的拦截方面采取了很多措施。在防火墙内部的 QQ 客户端可以通过使用 HTTPS 协议(TCP 端口 443)来登录 QQ 的消息服务器，因此只要开放了 443 端口，QQ 客户端就可以穿过防火墙登录消息服务器。因为 HTTPS 协议的数据包内部已被加密，因此无法采用分析数据包中的内容(例如签名字符串)来阻断 QQ 客户端登录消息服务器，通常采用下面的方法进行管控。

(1) 屏蔽 QQ 消息服务器的 IP 地址。利用这个方法首先要找出 QQ 消息服务器的 IP 地址，然后建立包含这些地址的地址范围或计算机集，再建立访问规则来屏蔽访问这些地址范围或计算机集内的 IP 地址。这个方法比较麻烦，因为 QQ 的消息服务器 IP 地址不止一个，而且不定期会进行更新或添加，所以管理员要定期检测和分析，然后更新 ISA Server 的访问规则。

(2) 利用软件限制策略限制 QQ 客户端软件运行。这个方法首先要求 ISA 客户端已经加入域，然后结合组策略，对 ISA 客户端上的软件进行限制。

腾讯 QQ 客户端可以采用 HTTP 的 CONNECT 方法与 ISA Server 进行通信，因此如果管理员可以确定禁止 HTTP 的 CONNECT 方法不会影响公司其他业务程序运行，那么可以通过禁止 CONNECT 方法来阻断 QQ 客户端软件登录消息服务器，具体步骤为：在图 4-34 中选择【方法】标签，然后在【指定 HTTP 方法要执行的操作】下拉列表框中选择【阻止指定的方法(允许所有其他方法)】。然后单击【添加】按钮，在弹出的【方法】对话框中，如图所示，在【方法】文本框中输入“CONNECT”，然后单击【确定】按钮即可，这样 QQ 客户端就无法登录消息服务器进行验证。

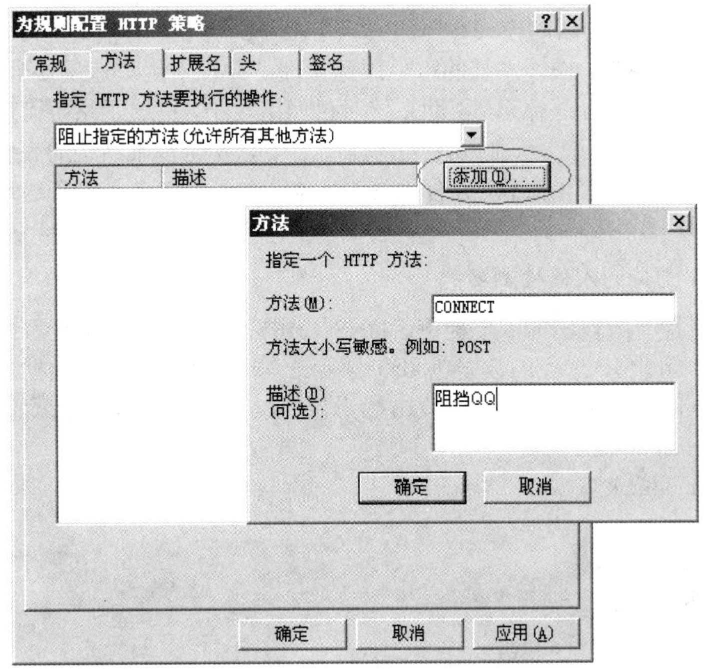

图 4-34　禁止 QQ 的方法

3. 管控 P2P 软件

eMule、BT 等 P2P 软件所使用的连接端口并不固定，不过如果 ISA Server 防火墙只开放 HTTP、HTTPS、FTP 这些协议，那么这些软件默认地无法与外界通信。如果要开放，则必须查知相应的 P2P 服务器的连接端口，再针对此端口来开放，但是 ISA Server 没有内置的任何 P2P 协议，因此必须另外自行新增，然后再建立访问规则来开放这些协议。

模块 2　入 侵 检 测

任务 1　启用 ISA 入侵检测功能

1.1　任务引入

ISA Server 的入侵检测功能可以在遭受攻击时以邮件通知、中断连接、中断所选服务、记录入侵行为或执行其他指定的操作来及时发现和阻断入侵。

1.2　相关知识

1. 入侵检测

入侵检测(Intrusion Detection)是对入侵行为的检测。它通过收集和分析网络行为、安全日志、审计数据、其他网络上可以获得的信息以及计算机系统中若干关键点的信息，检查网络或系统中是否存在违反安全策略的行为和被攻击的迹象。入侵检测作为一种积极主动的安全防护技术，提供了对内部攻击、外部攻击和误操作的实时保护，在网络系统受到危害之前拦截和响应入侵。因此被认为是防火墙之后的第二道安全闸门，在不影响网络性能的情况下能对网络进行监测。入侵检测通过执行以下任务来实现：监视、分析用户及系统活动；系统构造和弱点的审计；识别反映已知进攻的活动模式并向相关人士报警；异常行为模式的统计分析；评估重要系统和数据文件的完整性；操作系统的审计跟踪管理，并识别用户违反安全策略的行为。

入侵检测是防火墙的合理补充，帮助系统对付网络攻击，扩展了系统管理员的安全管理能力(包括安全审计、监视、进攻识别和响应)，提高了信息安全基础结构的完整性。它从计算机网络系统中的若干关键点收集信息，并分析这些信息，看看网络中是否有违反安全策略的行为和遭到袭击的迹象。

2. ISA Server 支持的入侵检测功能

ISA Server 支持一般攻击的入侵检测、DNS 攻击的入侵检测、POP 入侵检测、阻止包含 IP 选项的数据包、阻止 IP 片段的数据包和淹没缓解等几种入侵检测与数据包阻止功能。

一般攻击的入侵检测可以检测到的攻击行为包括以下几个内容。

(1) All prots scan attack。

(2) IP half scan attack。

(3) Land attack。

(4) Ping of death attack。

(5) UDP bomb attack。

(6) Windows out-of-band attack。

(7) Port Scan。

DNS 攻击的入侵检测可以检测到以下 DNS 攻击行为。

(1) DNS 主机名溢出。

(2) DNS 长度溢出。

(3) DNS 区域转移。

POP 入侵检测会拦截和分析 POP 流量，检查是否有 POP 缓冲器溢出的攻击行为。

阻止包含 IP 选项的数据包功能可以检测和防止通过修改 IP 数据包头部内 IP 选项进行攻击的入侵行为。

阻止 IP 片段的数据包可以检测和防止通过故意对 IP 数据包进行分段来进行攻击的入侵行为。

淹没缓解可以避免大量异常数据包通过 ISA Server 进入内部网络。

1.3　任务实施

1. 启用入侵检测

一般入侵检测与 DNS 入侵检测的启用与设置可通过以下行为实现，如图 4-35 所示，单击【配置】|【常规】选项，选择【启用入侵检测和 DNS 攻击检测】选项，打开【入侵检测】对话框，如图 4-36 所示，在图 4-36 中选择 ISA Server 支持的各种入侵检测项目。

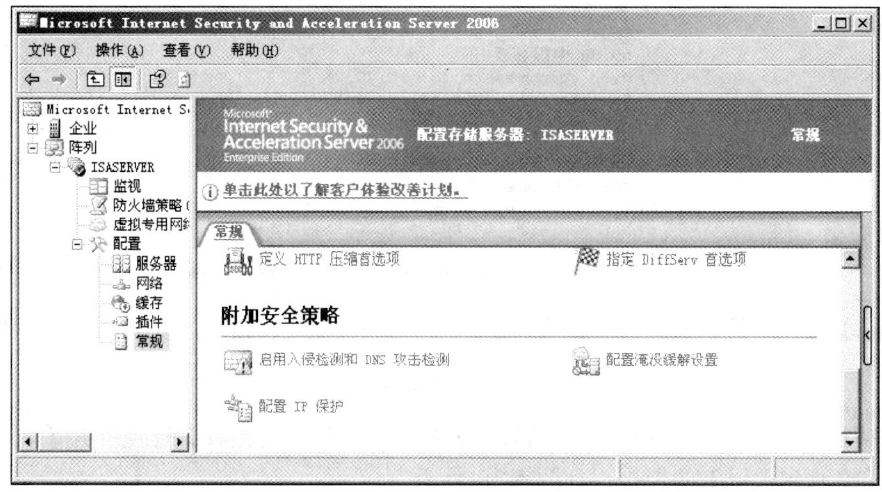

图 4-35　启用入侵检测

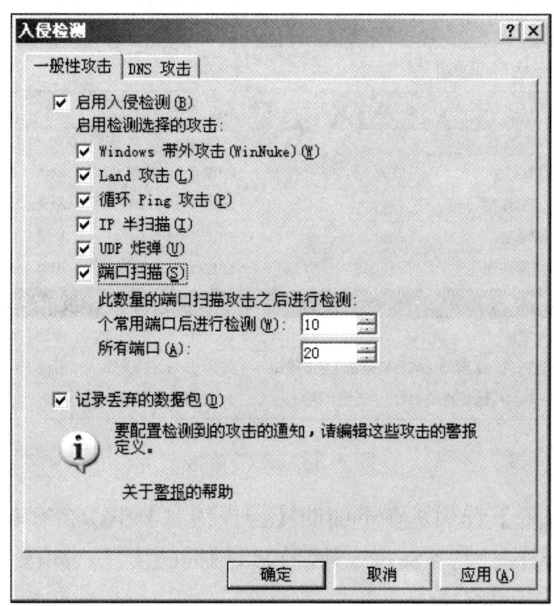

图 4-36　入侵检测选项

2. 查看入侵事件

下面利用 Nmap 扫描器对 ISA Server 的外部端口进行扫描，首先安装 Nmap 扫描器(下载地址：http://nmap.org/download.html)。

(1) 执行扫描命令：nmap -sS 10.70.36.22，如图 4-37 所示。

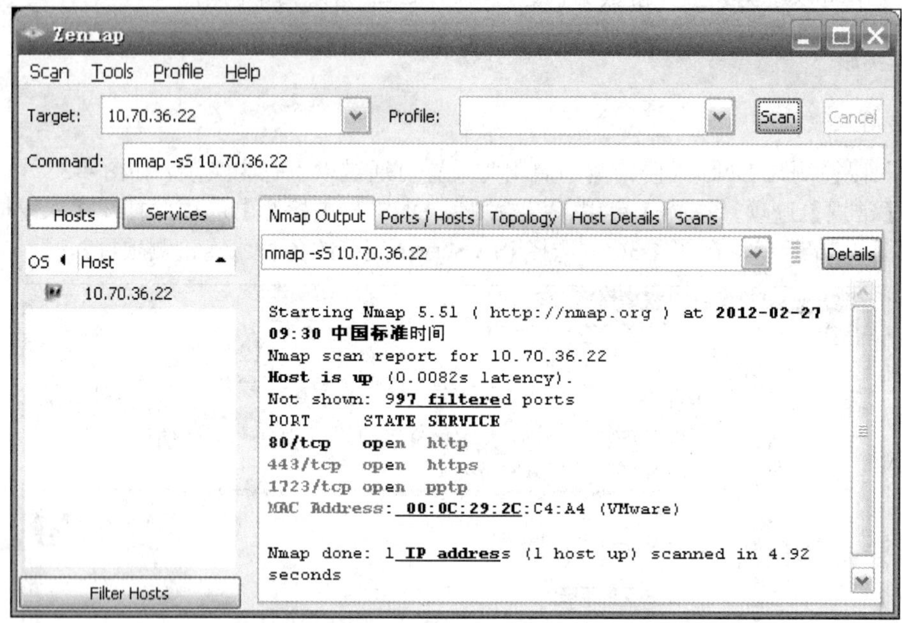

图 4-37　扫描端口

(2) 扫描结束后，打开【ISA 服务器管理】控制台，选择【监视】选项打开【警报】标签，这时出现【检测到入侵】的警报，如图 4-38 所示。

图 4-38　入侵警报

(3) 单击【检测到入侵】选项，在下面的【警报信息】中，会有对该入侵的一个描述，该描述显示了刚才利用 Nmap 对 ISA Server 外部端口扫描的信息，如图 4-39 所示。

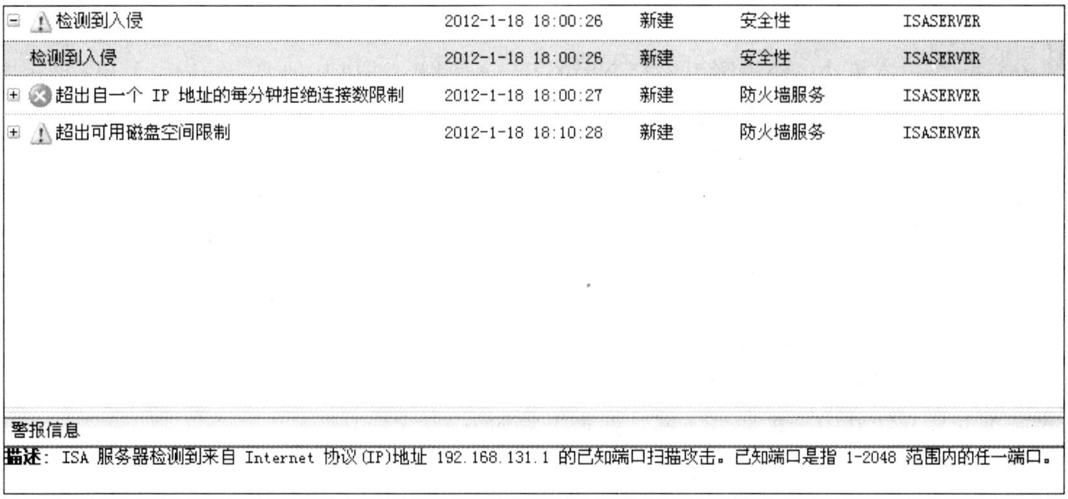

⊟ ⚠ 检测到入侵	2012-1-18 18:00:26	新建	安全性	ISASERVER
检测到入侵	2012-1-18 18:00:26	新建	安全性	ISASERVER
⊞ ✖ 超出自一个 IP 地址的每分钟拒绝连接数限制	2012-1-18 18:00:27	新建	防火墙服务	ISASERVER
⊞ ⚠ 超出可用磁盘空间限制	2012-1-18 18:10:28	新建	防火墙服务	ISASERVER

警报信息

描述：ISA 服务器检测到来自 Internet 协议(IP)地址 192.168.131.1 的已知端口扫描攻击。已知端口是指 1-2048 范围内的任一端口。

图 4-39　入侵检测结果详细信息

任务 2　配置 Snort

2.1　任务引入

Snort 是一款开源的 IDS，功能强大，对于那些既需要较高的网络入侵检测能力同时经费又不充足的企业，Snort 是一款性价比非常高的产品。

2.2　相关知识

1. Snort 概述

Snort 是一款由 Sourcefire 公司开发的开源网络入侵和防御系统，具有小巧灵便、易于配置、检测效率高等特性，Snort 具有实时数据流量分析和 IP 数据包日志分析的能力，具有跨平台特征，能够进行协议分析和对内容的搜索和匹配。Snort 能够检测到不同的攻击行为，如缓冲区溢出、端口扫描和拒绝服务攻击等，并进行实时报警。Snort 遵循通用公共许可证 GPL，只要遵守 GPL 的任何组织和个人都可以自由使用。

Snort 有 3 种工作模式：嗅探器、数据包记录器和网络入侵检测系统。嗅探器模式仅仅是从网络上读取数据包并作为连续不断的数据流显示在终端上；数据包记录器模式把数据包记录到硬盘上；网络入侵检测模式是最复杂的，而且是可配置的，用户可以让 Snort 分析网络数据流，并与预先定义的检测规则进行匹配，然后根据检测结果采取相应的保护措施。

2. Snort 体系结构

Snort 由 4 个软件模块组成。

(1) 数据包嗅探模块。该模块主要功能是采集网络数据包。

(2) 预处理模块。该模块的主要功能是检查原始数据包，分析该数据包内容，数据包只有经过预处理后才能传给检测引擎。

(3) 检测引擎模块。检测引擎模块是 Snort 的核心模块，当数据包从预处理器发送过来后，检测引擎依据预先设置的规则检查数据包，一旦发现数据包中的内容和某条规则相匹配，就通知报警模块。

(4) 报警/日志模块。经检测引擎检查后的 Snort 数据需要以某种方式输出。如果检测引擎中的某条规则被匹配，则会触发一条报警，这条报警信息会记录到日志文件，也可以保存到 SQL 数据库中，也可以传送给第三方工具进行进一步分析。

2.3 任务实施

Snort 可以部署在 Linux 或者 Windows 平台上，用户可以根据企业的实际需要选择相应的平台。WinIDS(http://www.winsnort.com)是由一群志愿者开发的基于 Windows 平台的 Snort 部署方案，用户可以到网站上下载详细的安全指导手册。

下面简要介绍其中一种部署方案，部署平台如下。

(1) 操作系统：Windows XP SP3。

(2) Web 服务器：IIS 6.0。

(3) 数据库：MySQL。

1. 安装 WinIDS

安装 WinIDS 的步骤大致步骤如下。

(1) 安装 WinPcap。

(2) 安装和配置 Snort。

(3) 安装 IIS。

(4) 安装和配置 PHP。

(5) 配置 IIS，确保 PHP 能够正常运行。

(6) 将 Snort 配置为 Windows 的服务。

(7) 安装和配置 MySQL 数据库。

(8) 安装 PHP 的 ADODB 模块。

(9) 安装管理控制台，便于用户可以通过 IE 浏览器图形化管理 Snort。

成功安装后，在 IE 浏览器中输入 http://winids/，将出现如图 4-40 所示的界面。

2. Snort 的维护

Snort 能否及时发现网络入侵事件取决于是否有最新的规则库，Snort 的规则库决定了 Snort 的入侵检测能力。作为管理员，必须及时下载和更新 Snort 的规则库。

更新规则库的途径有以下几种。

(1) 到 Snort 的官方网站(http://www.snort.org/)下载。Sourcefire 公司的漏洞研究小组(Vulnerability Research Team，VRT)发布的规则库是 Snort 的官方认定规则库。这些规则库基于 VRT Certified Rules 协议，允许用户自行研究和修改但禁止商业用途，如果打算用于商业用途，需要付费。

(2) 自行开发。如果用户有相应的研究能力，可以按照 Snort 规则库的规范要求编写规则。

(3) 到技术论坛上与人交流共享。Internet 是一个共享的社区，用户可以到一些技术社区上与人交流，获取更新的 Snort 规则库的知识。

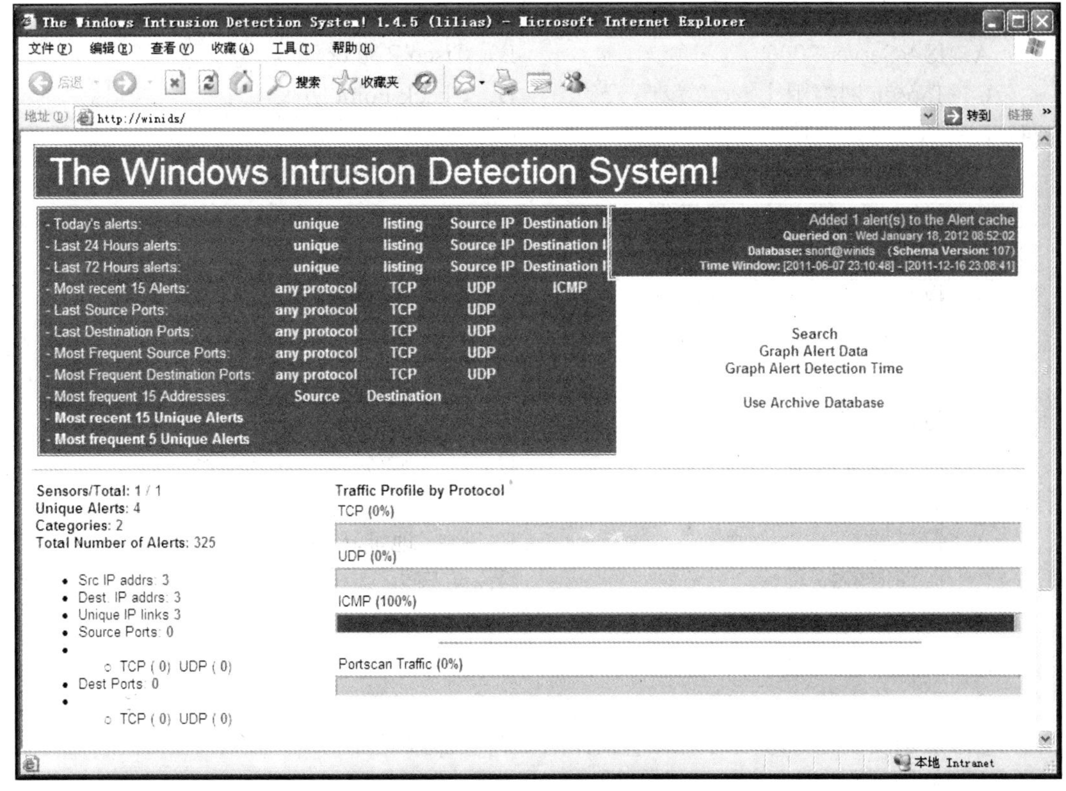

图 4-40　WinIDS 运行界面

项 目 小 结

本项目内容分为防火墙和入侵检测系统两个模块，防火墙和入侵检测系统也是企业构建网络安全体系时必选的两个设备。在本项目中防火墙采用业界知名的软件防火墙 ISA Server 2006，重点介绍防火墙的安装和配置。入侵检测系统采用 Snort，Snort 的配置比较烦琐，对初学者有些困难，因此本项目采用 ISA Server 作为基本的入侵检测功能练习。

思 考 练 习

一、选择题

1．为确保企业局域网的信息安全，防止来自 Internet 的黑客入侵，采用(　　)可以实现一定的防范作用。

A．网络管理软件　　B．邮件列表　　C．防火墙　　D．防病毒软件

2．下列关于防火墙的说法正确的是(　　)。

A．防火墙的安全性能是根据系统安全的要求而设置的

B．防火墙的安全性能是一致的，一般没有级别之分

C．防火墙不能把内部网络隔离为可信任网络

D．一个防火墙是只能用来对两个网络之间的互相访问实行强制性管理的安全系统

3．(　　)不是专门的防火墙产品。

A．ISA Server 2006　　B．Cisco Router

C．Topsec 网络卫士　　D．Check Point 防火墙

4．(　　)不是防火墙的功能。

A．过滤进出网络的数据包　　B．保护存储数据的安全

C．封堵某些禁止的访问行为　　D．记录通过防火墙的信息内容和活动

5．防火墙的作用包括(　　)。

A．提高计算机系统总体的安全性　　B．提高网络的速度

C．控制对网点系统的访问　　D．数据加密

6．(　　)的最大的优点是能隐藏企业内部网络结构，同时解决公有 IP 地址不够用的问题。

A．包过滤技术　　B．状态检测技术

C．代理服务技术　　D．NAT 技术

7．ISA Server 2006 防火墙没有下面(　　)的功能。

A．包过滤　　B．网络地址转换

C．代理服务技术　　D．防病毒

8．入侵检测技术不具有(　　)功能。

A．监视、分析用户及系统活动

B．系统构造和弱点的审计

C．识别反映已知进攻的活动模式并向相关人士报警

D．阻止网络攻击

9．网络扫描器具有(　　)功能。

A．扫描端口　　B．扫描病毒　　C．扫描文件　　D．扫描邮件

10．关于 Snort 的说法，下面不正确的有(　　)。

A．Snort 是一款开源软件

B．Snort 只能安装在 Linux 平台上

C．Snort 可以用于网络入侵检测

D．Snort 可以将数据包存储到数据库中

二、填空题

1．防火墙产品按形态可以分为______________和______________，按照保护对象可以分为______________和______________。

2．如果要允许内部网络主机访问 Internet 网站，需要在 ISA 防火墙上创建从_____________到_____________的协议为_____________的策略规则。

3．ISA 防火墙的______________客户端只能利用浏览器访问 Internet 的 HTTP、HTTPS 与 FTP 资源。

4．将 ISA Server 作为代理服务器时，默认端口号是______________。

5．Snort 有 3 种工作模式：______________、______________和______________。

三、思考题

1．在计算机上利用虚拟机软件构建网络，安装 ISA Server 2006 防火墙，尝试禁止迅雷、电驴等下载软件。

2．在虚拟机中安装 Snort，然后利用扫描软件扫描端口，测试 Snort 是否能发现扫描行为。

项目 5 Windows 安全管理

教学目标

最终目标	能安全管理 Windows 2003 服务器
促成目标	(1) 理解 Windows 用户和组的概念 (2) 掌握 Windows 用户和组的管理方法 (3) 理解 NTFS 权限的基本概念 (4) 掌握文件与文件夹权限设置的方法 (5) 掌握系统安全策略的设置方法 (6) 注重培养学生的职业素养与习惯

引言

Windows Server 2003 作为 Microsoft 推出的服务器操作系统，不仅继承了 Windows XP 的易用性和稳定性，也继承了 Windows 2000 的 C2 安全等级和体系结构。Windows Server 2003 具备作为网络操作系统所需的高性能、高可靠性和高安全性等要素，完全可以满足日趋复杂的企业应用。掌握 Windows 2003 系统的安全管理也成了系统管理员的一项必备的技能。

模块 1　本地账户管理

任务 1　认识本地账户

1.1　任务引入

每个使用过 Windows 系统的人都知道，如果要使用系统提供的各种功能，必须首先输入正确的用户名和密码登录 Windows 系统。为什么一定要输入用户名和密码才能登录系统？为什么有的用户可以使用的功能比别的用户多？

1.2　相关知识

1. *用户账户*

用户在使用 Windows 2003 时首先要输入用户名(用户在计算机内的账户)和密码，然后通过系统的安全机制验证后，就可以登录计算机。如果没有用户账户，用户将无法登录计算机、服务器或网络。如果账户被某些别有用心的人获取，则系统将面临着巨大的安全风险。因此，用户账户的创建和管理是管理员的基本技能之一。

Windows Server 2003 所支持的用户账户分为以下两种类型：域用户账户和本地用户账户。

域用户账户存储在域控制器的 Active Directory 数据库中。用户可以利用域用户账户登录域，并利用它访问网络上的资源，例如，访问域中其他计算机内的文件、打印机等资源。当用户利用域用户账户登录时，这个账户数据会被送到域控制器，并由域控制器检查用户所输入的账户名称与密码是否正确。

本地用户账户创建在本地计算机的“本地安全账户数据库”内，用户可以利用本地用户账户登录该账户所在的计算机，但是这个账户只能够访问这台计算机内的资源，无法访问网络上的资源。如果要访问其他计算机内的资源，则必须输入该计算机内的账户名称与密码。本地用户账户只存在于这台计算机内，它们既不会被复制到域控制器的活动目录，也不会被复制到其他计算机的“本地安全账户数据库”内。当用户利用本地用户账户登录时，由这台计算机利用其中的“本地安全账户数据库”检查账户名称与密码是否正确。

当 Windows Server 2003 安装完毕后，它会自动创建一些内置的账户，其中比较常见的两个为 Administrator(系统管理员)和 Guest(客户)。

Administrator 账户具有对计算机的完全控制权限，并可以根据需要向用户指派用户权利和访问控制权限。如果从安全的角度考虑，不想使用这个默认的名称，那么可以将其改名，但是无法删除这个账户。

Guest 是供用户临时使用的账户，例如提供给偶尔需要登录的用户使用。如果某个用户的账户已被禁用，但还未删除，那该用户也可以使用 Guest 账户。Guest 账户不需要密码。默认情况下，Guest 账户是禁用的，但也可以启用它。可以像任何用户账户一样设置 Guest 账户的权利和权限。

2. *组账户*

组账户是功能相近的用户账户的集合。在 Windows Server 2003 安全策略中，通过为用户和组指派权力和权限来限制它们在系统中执行某些操作的能力。权力是指用户被授予在计算机上执行某些操作(例如备份文件和文件夹或关机)的能力。权限是与对象(通常是文件、文件夹或打印机)相关联的一种规则，它规定哪些用户可以访问该对象以及拥有访问该对象的权限。

通过将具有相同权力或权限的用户加入到同一个组中进行集中管理，而不是对每个用户账户进行单独的授权，可以大大简化管理。

本地组是在本地计算机账户数据库中存放的组，具有相同权限的用户账户可以组织成组。这样管理员不一定为每个用户账户单独定义权限，而是会对一组用户账户设置某个访问权限。通过使用本地组可以在创建该本地组的计算机上分配对资源的访问权限。

在安装 Windows Server 2003 系统时会自动创建一些本地组，这些本地组称为系统内置的本地组。这些组本身已经被赋予了一些权利和权限，属于这些组的用户拥有在本地计算机上执行各项任务的权利和能力。

管理员可以向内置的本地组添加本地用户账户、域用户账户、计算机账户以及组账户。

常见的本地组账户有以下几个。

(1) Administrators：该组的成员具有对服务器的完全控制权限，并且可以根据需要向用户指派用户权利和访问控制权限。管理员账户也是默认成员。

(2) Backup Operators：该组的成员可以备份和还原服务器上的文件，而不管保护这些文件的权限如何。这是因为执行备份任务的权利要高于所有文件权限。他们不能更改安全设置。

(3) Guests：该组的成员拥有一个在登录时创建的临时配置文件，在注销时，该配置文件将被删除。Guest 账户(默认情况下已禁用)也是该组的默认成员。

(4) Network Configuration Operators：该组的成员可以更改 TCP/IP 设置并更新和发布 TCP/IP 地址。该组中没有默认的成员。

(5) Power Users：该组的成员可以创建用户账户，然后修改并删除所创建的账户。他们可以创建本地组，然后在已创建的本地组中添加或删除用户。还可以在 Power Users 组、Users 组和 Guests 组中添加或删除用户。成员可以创建共享资源并管理所创建的共享资源。他们不能取得文件的所有权、备份或还原目录、加载或卸载设备驱动程序，或者管理安全性以及审核日志。

(6) Remote Desktop Users：该组的成员可以远程登录服务器。

(7) Users：该组的成员可以执行一些常见任务，例如运行应用程序、使用本地和网络打印机以及锁定服务器。用户不能共享目录或创建本地打印机。默认情况下，Domain Users、Authenticated Users 以及 Interactive 组是该组的成员。所有添加的本地用户账户都自动属于该组。

1.3 任务实施

1. 利用【计算机管理】查看账户

单击【开始】|【所有程序】|【管理工具】|【计算机管理】命令，在【计算机管理】窗口中，选择【本地用户和组】选项，管理员即可查看服务器上已经建立的本地账户和组，如图 5-1 所示。

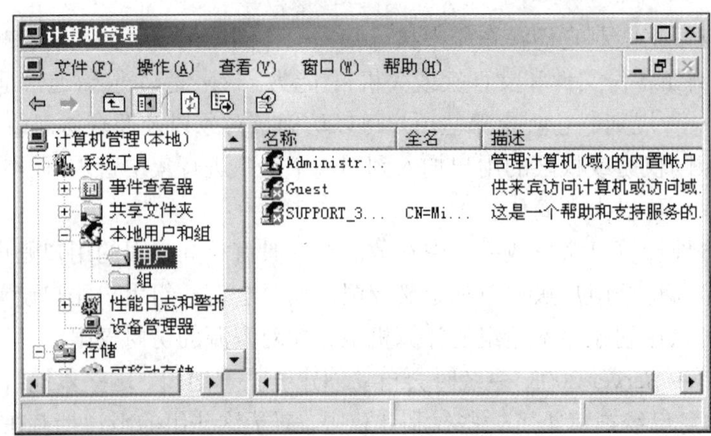

图 5-1　利用【本地用户和组】选项查看本地账户

2. 利用 net user 查看账户

单击【开始】|【附件】|【命令提示符】命令，在【命令提示符】窗口中的光标位置输入 net user，按 Enter 键，即可显示服务器上已经建立的账户，如图 5-2 所示。

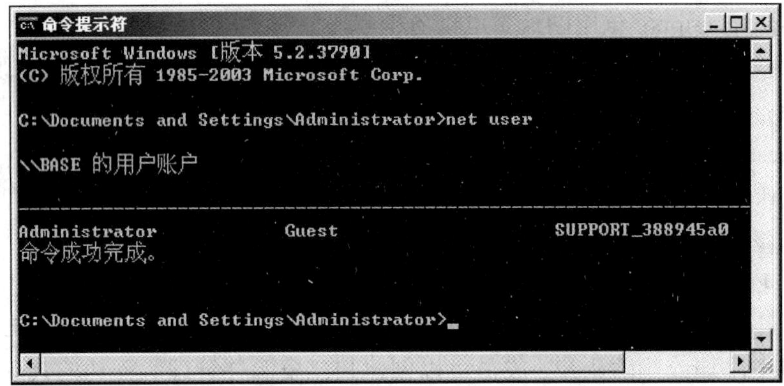

图 5-2　在【命令提示符】窗口中查看本地账户

任务 2　管理本地账户

2.1　任务引入

作为 Windows 系统管理员，需要能够管理本地账户，及时发现和清除非法账户。

2.2　相关知识

1. 密码设置

为了增强计算机的安全性，应该使用具有强保密性的密码。当这已经成为对所有计算机账户的建议时，对网络登录和计算机的管理员账户而言，就显得尤为重要。

强密码应该满足以下几个条件。

(1) 至少有 7 个字符的长度。因为就密码加密的方式而言，最安全的密码应该长达 7 个或 14 个字符。

(2) 包含下列 3 组字符中的每 1 种类型：字母(大写字母和小写字母)、数字、符号(字母和数字以外的其他所有字符)。

(3) 在第 2 到第 6 个位置中至少应有一个符号字符。

(4) 和以前的密码有明显的不同。

(5) 不能包含用户的名字或登录用户名。

(6) 不能是普通的单词或名称。

密码可能是计算机安全方案中最薄弱的环节。因为破解密码的工具和计算机在不断升级，所以具有强保密性并且不易猜出的密码尤为重要。曾经需要几个星期才能破解的网络密码现在几小时就可以被破解。

密码破解软件使用下面 3 种方法之一：巧妙猜测、词典攻击和自动尝试字符的各种可能的组合。只要有足够时间，这种自动方法可以破解任何密码。但是要破解一个保密性很强的密码仍然可能需要几个月的时间。

Windows 密码长度最多为 127 个字符。不过，如果用户所在的网络中还存在运行 Windows 95 或 Windows 98 的计算机，需考虑使用长度不超过 14 个字符的密码。Windows 95 和 Windows 98 支持的最大密码长度为 14 个字符。如果密码过长，用户可能无法从这样的计算机登录网络。

2. 安全标识符(SID)

安全标识符(System Identifier，SID)是 Windows 系统用来标识网络中用户账户、组账户和计算机账户的一个具有唯一性的字符串。系统每次创建用户账户时都会分配一个唯一的 SID，在概率上每个 SID 都不会重复。正因为 SID 有这样的特性，从 Windows 2000 以后的 Windows 系统对 SID 的依赖性较高，包括很多系统应用在内的系统内部进程引用的是账户的 SID 而不是账户的用户名和组名。因为用户的登录名、显示名和归属的组等都可以修改，将一个账户删除后再建立一个同名账户，系统将会分配一个不同的 SID，所以对系统来说这是一个新账户，它也不具有授权给前一个账户的权利和权限。

一个完整的 SID 包括以下内容。

(1) 用户和组的安全描述。

(2) 48bit 的 ID authority。

(3) 修订版本。

(4) 可变的验证值。

例如 Administrator 账户的 SID 是 S-1-5-21-310440588-250036847-580389505-500，其中：第 1 项 S 表示该字符串是 SID；第 2 项是 SID 的版本号，对于 Windows 2003 来说，这个默认是 1；然后是标志符的颁发机构(Identifier Authority)，对于 Windows 2003 内的账户，颁发机构就是 NT，值是 5。然后表示一系列的子颁发机构，前面几项是标志域的，最后一个标志着域内的账户和组。

当使用 Ghost 等软件安装系统时，会产生网络内的计算机具有相同的 SID 的情况，SID 重复会在网络中产生许多严重的问题。用户可以使用工具修改计算机的 SID。

2.3　任务实施

1. 创建用户

(1) 在 Windows Server 2003 服务器上，单击【开始】|【计算机管理】|【本地用户和组】|

【用户】命令，然后单击【操作】|【新用户】命令，打开【新用户】对话框，如图 5-3 所示。

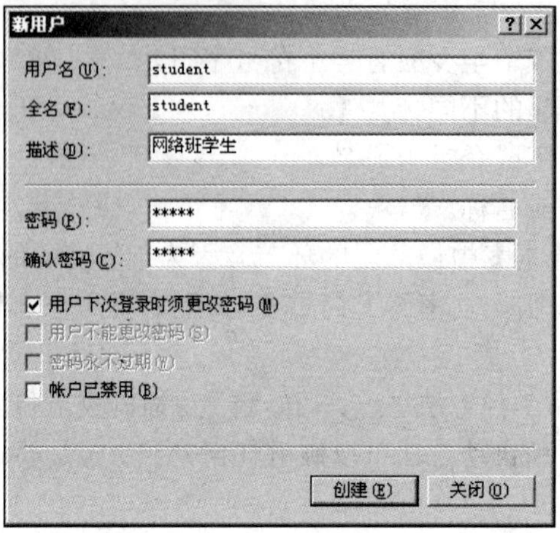

图 5-3 【新用户】对话框

(2) 在【新用户】对话框中输入该用户的相关数据后，单击【创建】按钮即可。与用户相关的数据有以下几个。

① 用户名是登录时所使用的账户名称，用户名不能与被管理的计算机上的其他用户或组名相同。用户名最多可以包含 20 个大写或小写字符，但不能包含下列字符“ /\[ ] : ; | = ， + * ？ <>”，用户名不能只由句点 (.) 和空格组成。

② 全名是用户完整的名称，可不输入。

③ 描述是用来描述此用户的说明文字。

④ 密码与确认密码用来输入用户账户的密码。为了避免在输入时被旁人看到密码，因此画面上的密码只会以星号来显示。用户必须再一次输入密码以确认所输入的密码是否正确。在【密码】和【确认密码】文本框中，可以输入不超过 127 个字符的密码。但是，如果网络中包含运行 Windows 95 或 Windows 98 的计算机，应考虑使用不超过 14 个字符的密码。如果密码过长，可能无法从这些计算机登录网络。在输入密码时尽可能考虑使用强密码和合适的密码策略，以便有利于保护计算机免受攻击。

(3) 新用户账户中与密码设置有关的选项中还包括以下内容。

① 用户下次登录时需更改密码：强制用户在首次登录时改变密码，提高用户账户的安全性。系统默认情况下，该选项被选中。

② 用户不能更改密码：用户不能修改密码，常用于 Guest 等账户。系统默认情况下，不选择此项。

③ 密码永不过期：设置密码永久有效，如果在账户策略中设置了密码期限，这里的设置拥有优先权。系统默认情况下，不选择此项。

④ 账户已停用：设置账户停止使用，不能登录到计算机。此项设置经常用于临时用户账户或者是当前暂时不用的用户账户。系统默认情况下，不选择此项。

2. 管理本地用户账户

系统在运行过程中，经常需要对用户账户进行管理和维护。主要包括用户账户的改名、更改用户密码、用户账户的暂时禁用、删除用户账户等管理任务。

(1) 重命名本地用户账户。打开【计算机管理】窗口，在【控制台】树中，选择【用户】选项，右击要重命名的用户账户，在弹出的快捷菜单中单击【重命名】命令，输入新的用户名，然后按 Enter 键。

(2) 重置本地用户账户的密码。打开【计算机管理】窗口，在【控制台】树中，选择【用户】选项，右击要为其重置密码的用户账户，在弹出的快捷菜单中单击【设置密码】命令，阅读警告消息，如果要继续，单击【继续】按钮，在【新密码】文本框和【确认密码】文本框中，输入新密码，然后单击【确定】按钮。

(3) 禁用或激活本地用户账户。打开【计算机管理】窗口，在【控制台】树中，选择【用户】选项，右击要更改的用户账户，在弹出的快捷菜单中单击【属性】命令，如果要禁用所选的用户账户，选择【账户已禁用】复选框，如果要激活所选的用户账户，则取消选择【账户已禁用】复选框。

禁用某个用户账户后，将不允许该用户登录，但账户还是出现在详细信息窗格中，图标上会显示一个红色的×号。用户账户被激活后，该用户就可以正常登录了。

(4) 删除本地用户账户。对于确定不再使用的用户账户，可以将其从系统中删除。打开【计算机管理】窗口，在【控制台】树中，选择【用户】选项，右击要删除的用户账户，在弹出的快捷菜单中单击【删除】命令，用户账户将永久地从系统中删除。

3. 创建本地组

在 Windows Server 2003 服务器上，单击【开始】|【计算机管理】|【本地用户和组】|【组】命令，然后单击【操作】|【新建组】命令，弹出【新建组】对话框，在【组名】文本框中，输入新组的名称，在【描述】文本框中，输入新组的说明，然后依次单击【创建】按钮和【关闭】按钮，如图 5-4 所示。

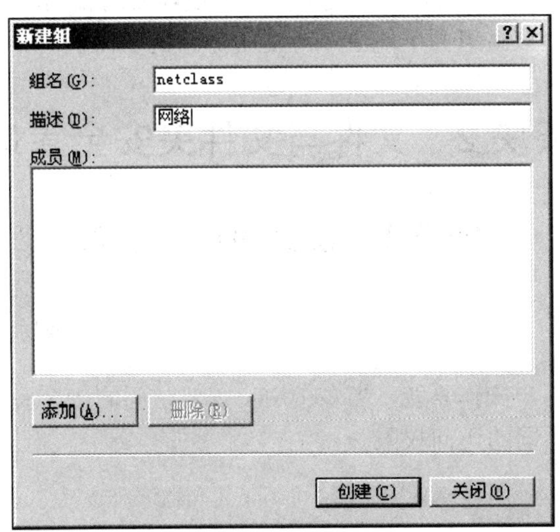

图 5-4　新用户组

本地组名不能与被管理的本地计算机上的其他组名或用户名相同，组名也不能只由句点(.)和空格组成。

4. 向工作组添加和删除用户

打开【计算机管理】窗口，在【控制台】树中，选择【组】选项，右击要在其中添加成员

的组，在弹出的快捷菜单中单击【添加到组】|【添加】命令，在【选择用户】对话框中，在【输入对象名称来选择】文本框中，输入要添加到组的用户账户或组账户的名称，然后单击【确定】按钮，如图 5-5 所示。

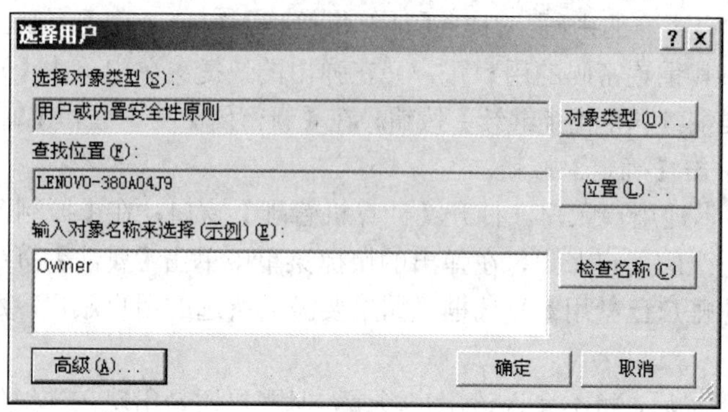

图 5-5　向组中添加用户

如果要从本地组删除一个用户，双击需要删除用户的组名，选择【成员】中的用户账户，单击【删除】按钮即可。

5. 删除本地组

对于不需要使用的用户组账户，可以随时将其删除，删除组的操作方法如下。

打开【计算机管理】窗口，选择【控制台】树中的【组】选项，右击要删除的组，在弹出的快捷菜单中单击【删除】命令。

不能删除系统内置的本地组，而且删除本地组只是删除这个组，而不删除该组中的用户账户、计算机账户或组账户。组被删除后不能恢复，即使以后用相同的组名创建一个新组，也必须为新组设置新的权限，该新组并不能继承分配给原组的权限。

模块 2　文件与文件夹安全管理

任务 1　设置 NTFS 权限

1.1　任务引入

Windows 是一个多用户操作系统，当多个用户需要访问同一个资源(文件或文件夹)时，需要针对不同的用户设置不同的访问权限。

1.2　相关知识

Windows Server 2003 支持 FAT16、FAT32、NTFS 等文件系统格式，其中 NTFS 是推荐使用的文件系统格式，因为它能支持几种其他文件系统所不支持的特性，例如可以通过 NTFS 权限设置用户对文件和文件夹的使用权限。

权限是一种控制用户访问资源以满足安全需要的机制。利用 Windows Server 2003 系统的 NTFS 权限可以指定哪些用户和组有权访问文件和文件夹，以及用户可以对文件或文件夹进行什么操作。NTFS 权限只用于 NTFS 分区，而不适用于其他格式分区。无论用户是在本地计算机还是通过网络访问该文件或文件夹，NTFS 的安全性都是有效的。Windows Server 2003 提供了两种类型的 NTFS 权限：NTFS 文件权限和 NTFS 文件夹权限。

1. NTFS 文件权限

标准的 NTFS 文件权限共有 5 个，即以下几个。

(1) 读取：显示文件数据、属性、所有者和权限。

(2) 写入：覆盖文件、改变文件的属性、显示所有者和权限。拥有这个权限的用户不能更改文件内的数据，只能将文件整个覆盖。

(3) 读取和运行：显示文件数据、属性、所有者和权限，运行应用程序。

(4) 修改：修改文件内容、删除文件、改变文件名以及拥有写入和读取及运行的所有权限。

(5) 完全控制：用于 NTFS 文件的所有权限，还可以改变文件的权限和获得文件的所有权。

2. NTFS 文件夹权限

标准的 NTFS 文件夹权限共有 6 个，即以下几个。

(1) 读取：显示文件夹的名称、属性、所有者和权限，查看文件夹内的文件名称、子文件夹的名称等。

(2) 写入：在文件夹内增加文件和文件夹，改变文件夹的属性，显示文件夹的所有者和权限。

(3) 列出文件夹目录：具有读取权限，还可以进入子文件夹，即使用户没有权限访问该文件夹，也可以进入子文件夹。

(4) 读取和运行：具有读取和列出文件夹目录的权限。只是列出文件夹目录的权限是由文件夹来继承，而读取和运行的权限是由文件夹和文件同时继承。

(5) 修改：可以删除子文件夹、更改文件夹的名称，以及具有写入和读取及运行的所有权限。

(6) 完全控制：具有 NTFS 文件夹的所有权限。还拥有修改权限和取得所有权的权限。

3. 权限的应用规则

如果用户同时属于多个组，它们分别对某个资源(如某个文件)拥有不同的使用权限，则该用户对该资源的有效权限是什么呢？

(1) NTFS 权限具有累加性。用户对某个资源的有效权限是其所有权限的总和，例如，某用户 A 同时属于 Teachers 和 Managers 组，并且其权限分别见表 5-1，则用户 A 最后的有效权限为这 3 个权限的累加，也就是【写入+读取+运行】，其实这个累加后的权限就相当于【修改】权限。

表 5-1　用户权限表

用户或组	权限
用户 A	写入
Teachers 组	读取
Managers 组	读取和运行
用户 A 最后的有效权限	修改

(2)【拒绝】权限会覆盖所有其他的权限。虽然用户对某个资源的有效权限是其所有权限来源的累加，但是只要其中一个权限被设为拒绝访问，则用户将无法访问该资源。以刚才的例子为例，假如 Teachers 组的权限被设为【拒绝访问】，则用户 A 最后的有效权限为【拒绝访问】，

也就是无权访问该资源。

(3) 文件的权限高于文件夹的权限。如果针对某个文件夹设置了 NTFS 权限，同时也对该文件夹内的文件设置了 NTFS 权限，则以文件的权限设置为优先。假设 Readme.txt 文件存放在 D:\Test 文件夹下，若用户 A 对此文件拥有【更改】的权限，那么即使用户 A 对文件夹 D:\Test 只有【读取】的权限，那该用户还是可以更改 Readme.txt 文件的内容。

(4) NTFS 权限的继承。当用户设置文件夹的权限后，在该文件夹下添加的子文件夹与文件默认会自动继承该文件夹的权限。用户也可以设置让子文件夹或文件不要继承父文件夹的权限，这样该子文件夹或文件的权限将改为用户直接设置的权限。

1.3 任务实施

一个新的 NTFS 磁盘，系统会自动设置其默认的权限值。如图 5-6 所示就是磁盘 E 的默认权限，其中有一部分权限会被其下的文件夹、子文件夹或文件继承，用户可以更改这些默认值，但不是任何用户都可以设置 NTFS 权限，只有 Administrators 组内的成员、文件或文件夹的所有者、具备完全控制权限的用户，才有权设置这个文件或文件夹的 NTFS 权限。

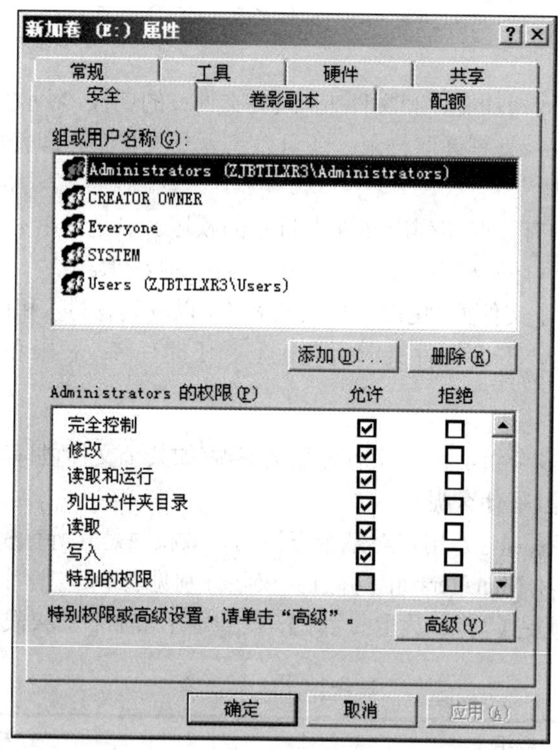

图 5-6 NTFS 权限

下面通过例子来说明如何设置文件和文件夹的权限，假设登录的账户是 Administrator。

1. 设置文件夹的权限

要给用户指派文件夹的 NTFS 权限时，只要右击文件夹，然后在弹出的快捷菜单中单击【属性】命令，在弹出的【属性】对话框中，选择【安全】选项卡即可出现文件夹的权限。图 5-7 所示是 E:\Test 的默认权限设置，这些设置是从父文件夹(即 E 盘)继承的，图中灰色打钩表示这些权限是继承的。

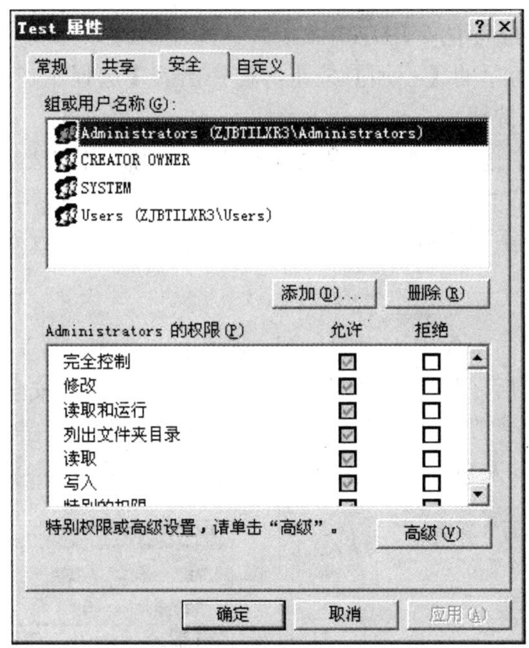

图 5-7　文件夹权限

如果要更改权限时，只需选择权限右方的【允许】或【拒绝】复选框即可。不过，虽然可以更改从父文件夹继承的权限，例如添加权限，或者通过选择【拒绝】复选框删除权限，但是不能直接将灰色的对钩删除。

如果不想继承上一级的权限，例如，希望 E:\Test 文件夹不要继承 E 的权限，可以在如图 5-8 所示的【Test 的高级安全设置】对话框中，取消选择其中的复选框。该对话框可以通过单击图 5-7 中的【高级】按钮弹出。

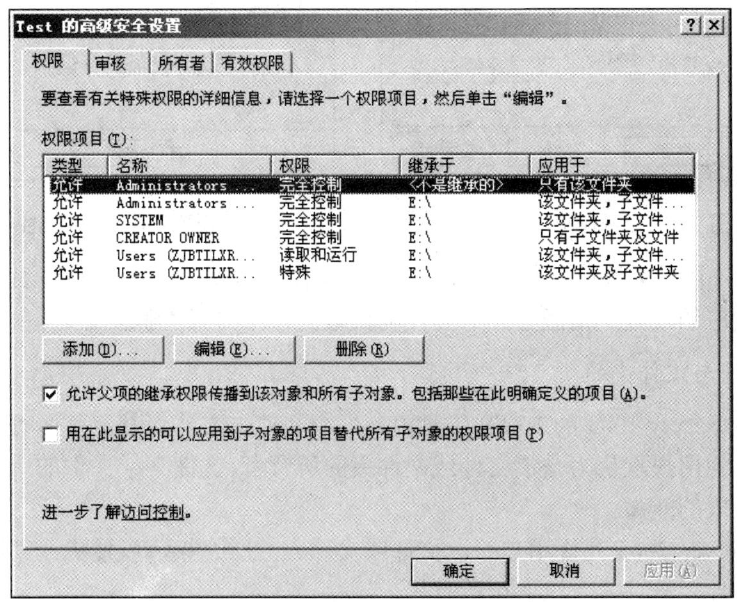

图 5-8　取消继承上一级权限

假设现在要给小王和小李两个用户指派权限，操作步骤如下。

(1) 先单击图 5-8 中所示的【添加】按钮，在弹出的【选择用户或组】对话框中，分别单击【高级】、【立即查找】按钮。

(2) 在【搜索结果】中选择【小王】和【小李】两个用户，完成后依次单击【确定】按钮。

(3) 出现如图 5-9 所示的对话框后，就会发现在上面的【组或用户名称】里面多了小王和小李两个用户，因为这两个用户的权限不是继承来的，所以可以直接添加、删除和修改。

2. 设置文件的权限

文件权限的设置方法与文件夹权限的设置方法相同。选中文件后右击，在弹出的快捷菜单中单击【属性】命令，然后在弹出的文件属性对话框中，选择【安全】选项卡，如图 5-10 所示。图中的文件已经有一些默认的权限设置，这些设置是从它所在的文件夹继承来的，图中 Users 组的权限中，打钩和灰色的地方表示这些权限是继承的。

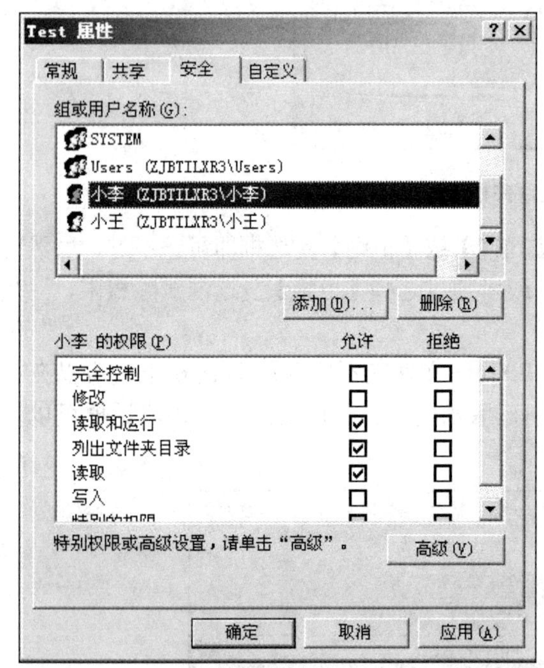

图 5-9 指派权限

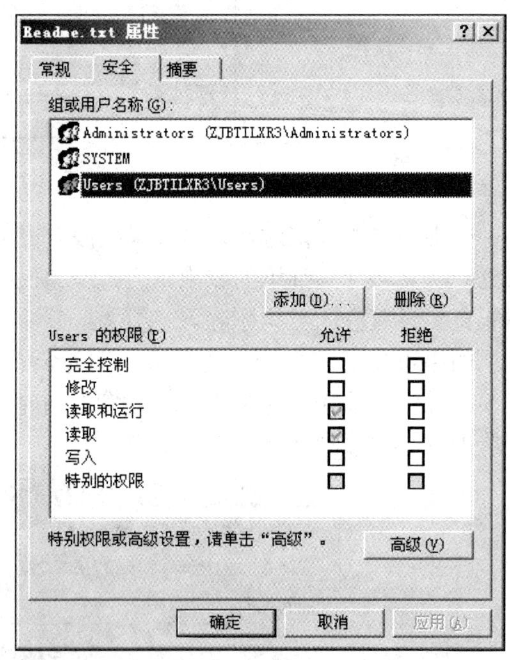

图 5-10 设置文件权限

单击图中的【添加】按钮，可以添加用户或组账户。选择某个用户账户或组账户后，可以为该账户指派相应的权限，指派方式与文件夹权限的指派方式类似。

3. 获取文件与文件夹的所有权

在 Windows Server 2003 的 NTFS 磁盘内，每个文件与文件夹都有其所有者。系统把创建该文件或文件夹的用户默认为是该文件或文件夹的所有者。文件夹或文件的所有者具有更改该文件或文件夹权限的能力。

Windows Server 2003 允许用户夺取文件或文件夹的所有权，以便更改其所有者。用户必须具备以下的条件之一，才可以取得所有权。

(1) 对该文件或文件夹拥有【取得所有权】的特殊权限。

(2) 系统管理员，也就是属于 Administrators 组的用户。无论系统管理员对文件或文件夹拥有何种权限，它永远具有【取得所有权】的权限。

(3) 具备【取得文件或其他对象的所有权】权利的用户。

(4) 具备【还原文件及目录】权利的用户。

任何用户在变成文件夹或文件的新所有者后，他就具有更改该文件夹或文件权限的能力，但是并不会影响该用户的其他权限，同时文件或文件夹的所有权被夺取后，也不会影响原所有者的其他已有权限。

假如管理员要让用户小王获取文件 E:\Test\Readme.txt 的所有权，操作方法如下。

(1) 单击图 5-10 中的【高级】按钮，在弹出的【Readme.txt 的高级安全设置】对话框中选择【所有者】选项卡，如图 5-11 所示。

(2) 单击【其他用户或组】按钮，选择用户【小王】，依次单击【确定】按钮，这样小王就成为了该文件的所有者。

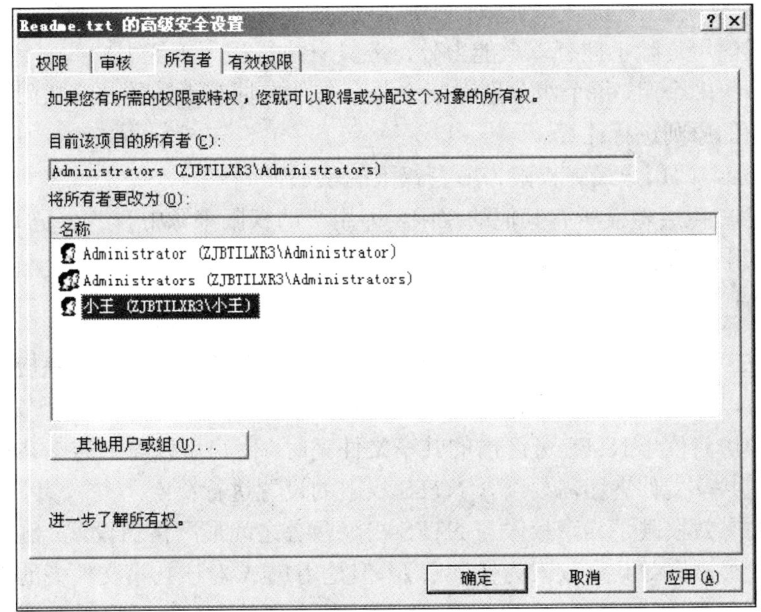

图 5-11　高级安全设置

任务 2　管理共享文件夹

2.1　任务引入

企业经常需要将 Windows Server 2003 配置为一台文件服务器，以便企业员工通过共享文件夹的方式上传和下载相关文件，管理员要正确设置共享文件夹的访问权限，防止产生信息泄露等安全问题。

2.2　相关知识

1. 共享权限

当用户将计算机内的文件夹设置为【共享文件夹】后，用户就可以通过网络访问该文件夹内的文件、子文件夹等数据，不过用户还必须拥有适当的共享权限，才可以进行访问。共享权限类型有 3 种：读取、修改和完全控制。

1) 读取权限

拥有该权限的用户具有以下能力。

(1) 可以查看该共享文件夹内的文件、子文件夹名称。

(2) 可以查看文件内的数据、允许程序。

(3) 可以遍历子文件夹。

2) 修改权限

拥有该权限的用户除了拥有读取权限的所有能力外，还有以下能力。

(1) 向该共享文件夹内添加文件、子文件夹。

(2) 修改文件内的数据。

(3) 删除文件与子文件夹。

3) 完全控制权限

拥有该权限的用户除了拥有以上能力外，还具有执行程序等能力。

如果用户属于多个组，每个组分别对某个共享文件夹拥有不同的共享权限，则该用户的有效权限按照下面的原则进行计算。

(1) 权限累加，即用户最终权限为所有权限的累加。

(2)【拒绝】权限会覆盖所有其他的权限，即用户的权限来源中有一个是【拒绝访问】，则该用户的最终权限为【拒绝访问】。

2. 共享权限与 NTFS 权限

因为非 NTFS 磁盘分区格式不支持本地安全权限设置，所以共享文件夹应该设置在 NTFS 分区内，这样可以针对共享文件夹内的文件或文件夹设置 NTFS 权限，便于安全控制。

当网络用户访问位于 NTFS 分区内的共享文件夹时，用户可以看到这些共享文件夹，但是能不能访问这些共享文件夹还需要结合 NTFS 权限的设置进行决定。

用户最后的有效权限是共享权限与 NTFS 权限两者之间最严格的设置。例如，如果用户 A 对共享文件夹的最后有效共享权限为【读取】，但是用户 A 对该共享文件夹的最后有效 NTFS 权限是【完全控制】，则经过累加后，用户 A 对该共享文件夹的最后有效权限还是【读取】。

共享权限仅作用于当用户从网络远程访问的时候，如果用户从本地登录系统访问该文件夹，即使该文件夹处于共享状态，共享权限仍然不对该用户起作用。

2.3 任务实施

文件服务器有 3 个共享文件夹：A-fat32、B-fat32、C-fat32，建有 3 个用户 aaa、bbb、ccc，密码均为 123，要求 aaa 只能访问 A-fat32，bbb 只能访问 B-fat32，ccc 只能访问 C-fat32。

(1) 在文件服务器上建立 3 个用户：aaa、bbb、ccc。

(2) 在文件服务器上建立 3 个共享文件夹：A-fat32、B-fat32、C-fat32。

(3) 在共享文件夹 A-fat32 的共享权限设置中，只允许 aaa 访问，如图 5-12 所示。共享文件夹 B-fat32、C-fat32 的共享权限也按照此方法设置。

(4) 单击客户端计算机的【开始】|【运行】命令，在【运行】对话框的【打开】下拉列表框中，输入访问共享文件夹 A-fat32 的 UNC 路径(假设文件服务器的 IP 地址：10.70.19.117)，如图 5-13 所示，单击【确定】按钮。

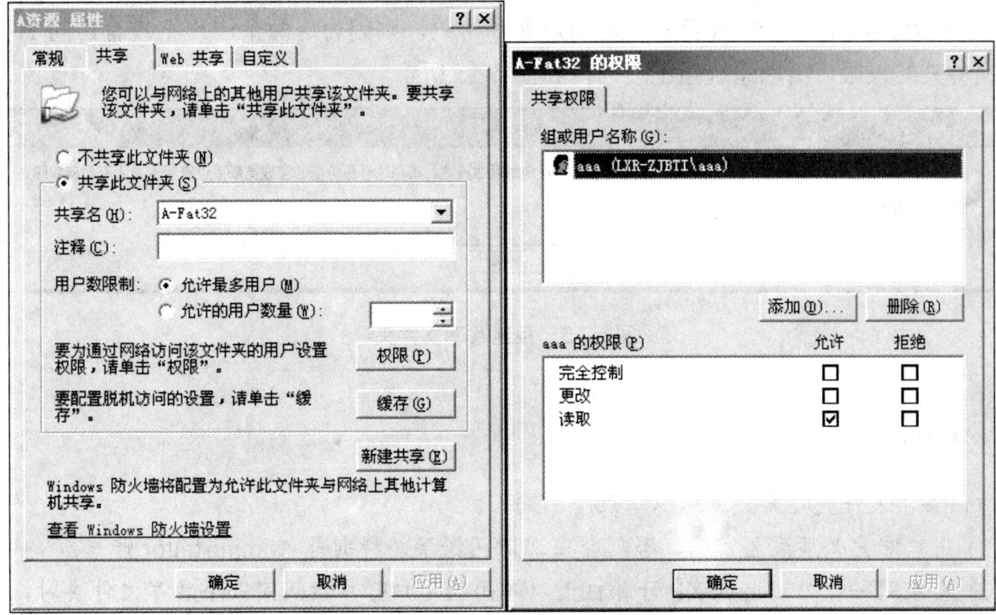

图 5-12 共享权限设置

图 5-13 访问共享文件夹

(5) 在弹出的对话框中输入账户 aaa 的用户名和密码，aaa 即可访问 A-fat32 共享文件夹，如图 5-14 所示。

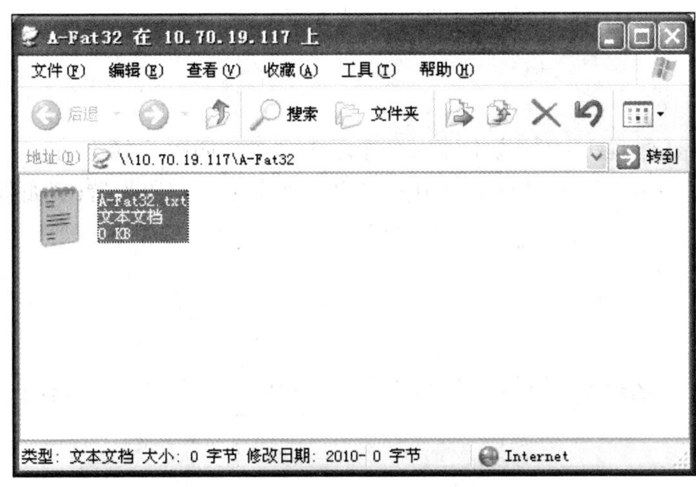

图 5-14 共享文件

(6) 如果输入账户 bbb 或者 ccc 的用户名和密码，则因为这两个用户不具有访问 A-fat32 共享文件夹的权限，所以系统拒绝访问，如图 5-15 所示。

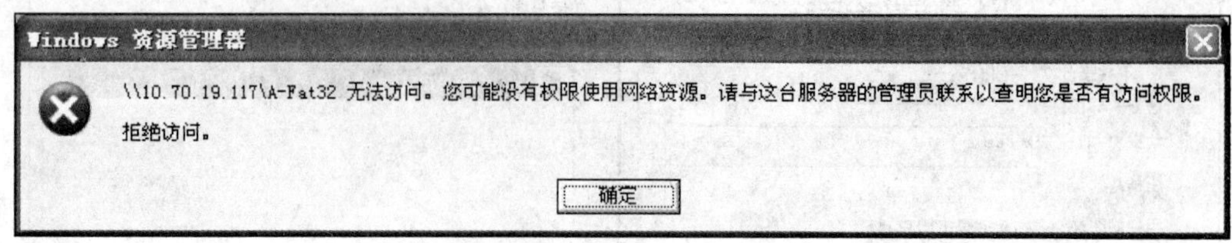

图 5-15　拒绝共享文件夹

特别提示

访问共享文件夹时需要注意以下几个问题。

(1) 用户账户必须设置密码，否则会出现访问错误，特别是 Administrator 账户。

(2) 当在同一台 Windows XP 计算机上以不同的用户账户访问同一个共享文件夹时，需要先断开上一个用户访问产生的连接，否则系统会自动以上一个用户账户访问。

(3) 设置用户账户的密码时，应取消选中【用户下次登录时需修改密码】复选框。

模块 3　安全策略设置

任务 1　设置账户策略

1.1　任务引入

账户的安全性是服务器安全最重要的一道关卡，用户账户特别是系统管理员账户如果被破解，则服务器将完全被人控制，而账户密码设置又是保护用户账户的最重要措施。系统管理员可以通过本地安全策略中的账户策略加强用户账户的安全。

1.2　相关知识

单击【开始】|【管理工具】|【本地安全策略】命令，如图 5-16 所示，账户策略包含两个子集：一个是密码策略，用于域或本地用户账户，确定用户密码设置(例如强制执行和有效期限)；另一个是账户锁定策略，用于域或本地用户账户，确定某个账户被系统锁定的情况和时间长短。

1. 密码策略

如图 5-16 所示，选择【密码策略】选项后，可以在图 5-16 中的右方设置多项与用户账户、密码有关的策略。

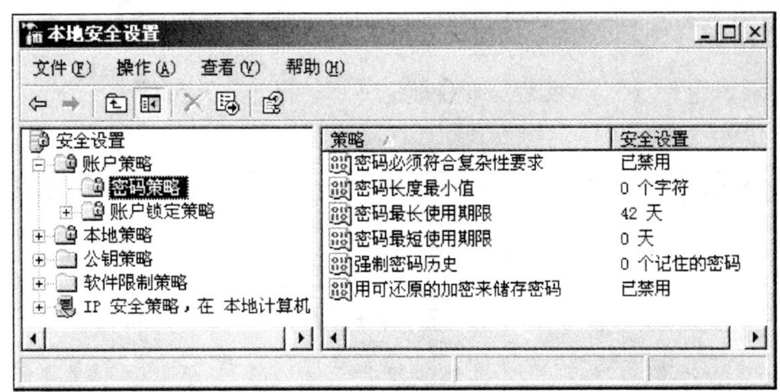

图 5-16　密码策略

(1) 密码必须符合复杂性的要求：该安全设置确定密码是否符合复杂性要求。

如启用该策略，则密码必须符合以下最低要求。

① 不包含全部或部分的用户账户名。

② 长度至少为 6 个字符。

③ 至少包含来自以下 4 个类别中的 3 个类别的字符：英文大写字母(从 A 到 Z)、英文小写字母(从 a 到 z)、10 个数字(从 0 到 9)、非字母字符(例如!、$、#、%)。

这样用户更改或创建密码时，系统会强制执行复杂性要求。因此如果用户设置了像 87335922 这样的密码，系统会认为是无效的。

(2) 密码长度最小值。该安全设置确定用户账户的密码可以包含的最少字符个数。可以设置为 1～14 个字符之间的某个值，或者通过将字符数设置为 0，可设置不需要密码。默认值为 0。

(3) 密码最长使用期限。该安全设置确定系统要求用户更改密码之前可以使用该密码的时间(单位为天)。可将密码的过期天数设置在 1～999d 之间，或将天数设置为 0，可指定密码永不过期。如果密码最长使用期限在 1～999d 之间，那么密码最短使用期限必须小于密码最长使用期限。如果密码最长使用期限设置为 0，则密码最短使用期限可以是 1～998d 之间的任何值。默认值是 42d。

使密码每隔 30～90d 过期一次是一种安全最佳操作，通过这种方式，攻击者只能够在有限的时间内破解用户密码并访问用户的网络资源。

(4) 密码最短使用期限。该安全策略设置确定用户可以更改密码之前必须使用该密码的时间(单位为 d)。可以设置 1～998d 之间的某个值，或者通过将天数设置为 0，允许立即更改密码。默认值是 0。

密码最短使用期限必须小于密码最长使用期限，除非密码最长使用期限设置为 0(表明密码永不过期)。如果密码最长使用期限设置为 0，那么密码最短使用期限可设置为 0～998d 之间的任意值。

(5) 强制密码历史。重新使用旧密码之前，该安全设置确定与某个用户账户相关的唯一新密码的数量。该值必须为 0～24 之间的一个数值。该策略通过确保旧密码不能继续使用，从而使管理员能够增强安全性。默认值为 0。

(6) 用可还原的加密来存储密码。该安全设置确定操作系统是否使用可还原的加密来存储密码。如果应用程序使用了要求知道用户密码才能进行身份验证的协议，则该策略可对它提供支持。使用可还原的加密存储密码和存储明文版本密码本质上是相同的。因此，除非应用程序有比保护密码信息更重要的要求，否则不必启用该策略。默认值为已禁用。

2. 账户锁定策略

如图 5-17 所示，选择【账户锁定策略】选项后，可以在图 5-17 中的右方设置账户锁定的方式。

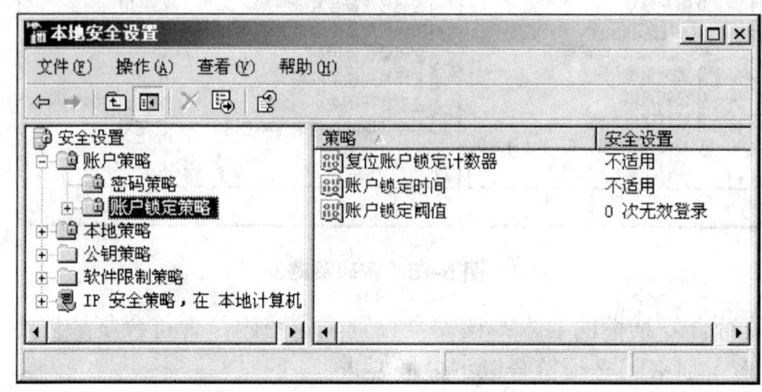

图 5-17 账户锁定策略

1) 账户锁定阈值

该安全设置确定造成用户账户被锁定的登录失败尝试的次数。无法使用锁定的账户，除非管理员进行了重新设置或该账户的锁定时间已过期。登录尝试失败的范围可设置为 0～999 之间。如果将此值设为 0，则将无法锁定账户。对于使用 Ctrl+Alt+Delete 键或带有密码保护的屏幕保护程序锁定的工作站或成员服务器计算机上，失败的密码尝试计入失败的登录尝试次数中。默认值是 0。

2) 账户锁定时间

该安全设置确定锁定的账户在自动解锁前保持锁定状态的分钟数。有效范围从 0～99 999 min。如果将账户锁定时间设置为 0，那么在管理员明确将其解锁前，该账户将被锁定。如果定义了账户锁定阈值，则账户锁定时间必须大于或等于重置时间。默认值无，因为只有当指定了账户锁定阈值时，该策略设置才有意义。

3) 复位账户锁定计数器

该安全设置确定在登录尝试失败计数器被复位为 0(即 0 次失败登录尝试)之前，尝试登录失败之后所需的分钟数。有效范围为 1～99 999min 之间。如果定义了账户锁定阈值，则该复位时间必须小于或等于账户锁定时间。默认值无，因为只有当指定了账户锁定阈值时，该策略设置才有意义。

1.3 任务实施

1. 设置密码必须符合复杂性要求

暴力破解和密码字典攻击是黑客常用的破击用户账户、密码的方法，如果账户、密码设置复杂性不够，往往很容易被人破解。管理员可以通过设置密码策略，强制用户账户的密码必须符合复杂性要求。

(1) 单击【开始】|【管理工具】|【本地安全策略】命令，弹出【本地安全设置】窗口，单击【账户策略】|【密码策略】命令，双击右侧的【密码必须符合复杂性要求】，打开属性对话框如图 5-18 所示，选择【已启用】单选按钮，然后单击【确定】按钮。

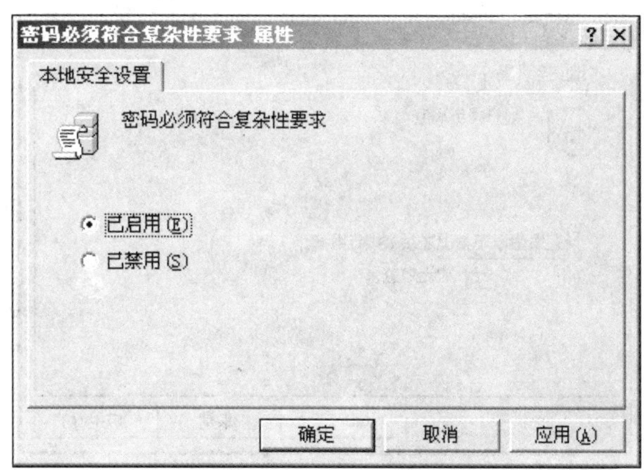

图 5-18　启用密码策略

(2) 打开【命令提示符】窗口，输入命令“net user test 123456 /add”，新建一个用户 test，密码为 123456，因为这个密码不符合复杂性要求，所以无法创建成功，系统会给出提示，如图 5-19 所示。

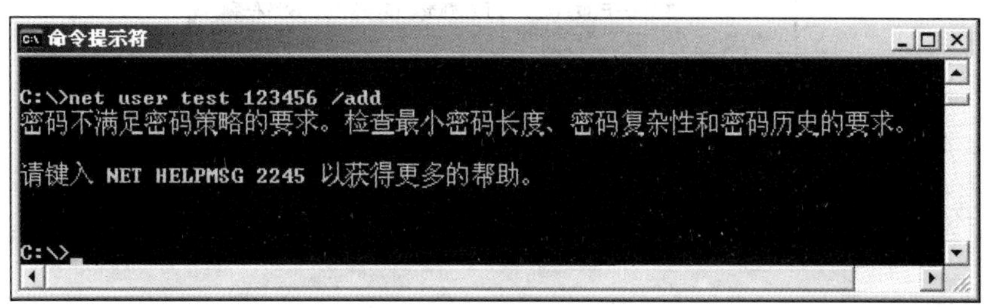

图 5-19　策略结果

(3) 将密码改为“123.com”(当然这个密码也不可靠)，重新输入命令，如图 5-20 所示，成功创建新用户。

图 5-20　用户创建成功

2. 设置账户锁定阈值

(1) 单击【开始】|【管理工具】|【本地安全策略】命令，弹出【本地安全设置】窗口，单击【账户策略】|【账户锁定策略】命令，双击右侧的【账户锁定阈值】，打开属性对话框如图 5-21 所示，设置无效登录的次数，如果有某个用户尝试登录的次数超过这个值，系统会自动锁定这个账户。

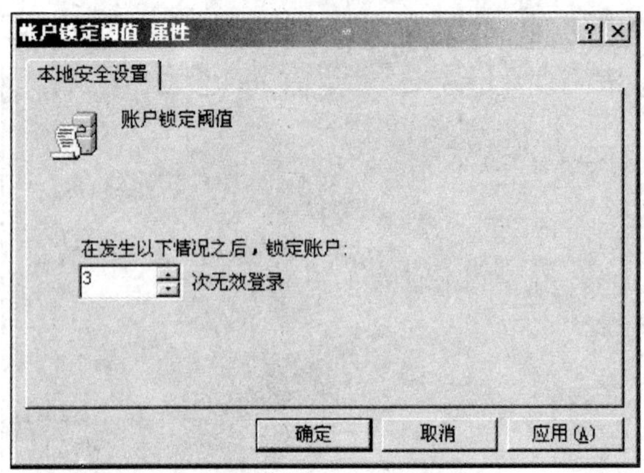

图 5-21　账户锁定阈值设定

(2) 使用刚刚建立的 test 账户登录系统 3 次(3 次均输入错误密码)，当第 4 次尝试登录时，系统会弹出如图 5-22 所示的消息框，提示账户已经锁定。

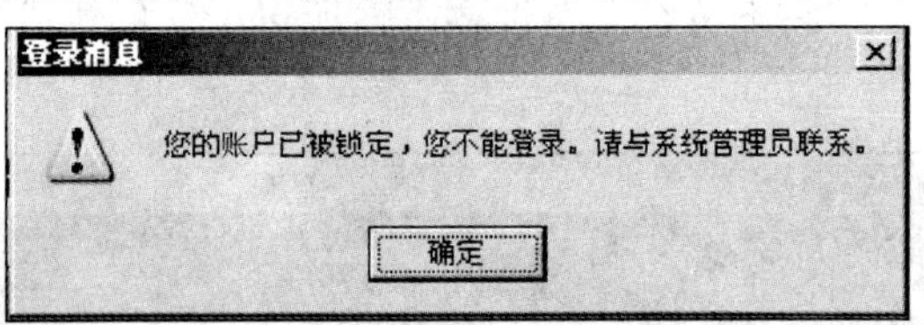

图 5-22　账户锁定提示信息

(3) 以系统管理员的账户登录系统，查看 test 账户的属性，发现显示【账户已锁定】，如图 5-23 所示。

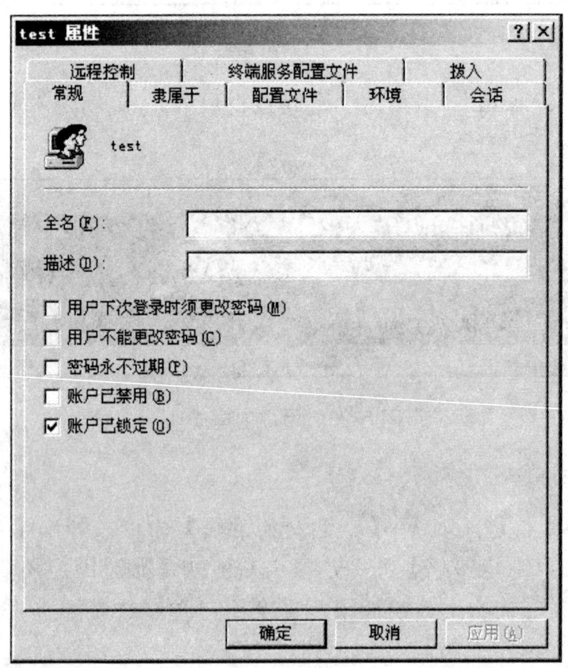

图 5-23　账户锁定

(4) 账户被锁定后，必须由系统管理员解除锁定，或者等待账户锁定时间和复位账户锁定计数器时间到期以后，才能解除锁定。

任务 2　设置本地策略

2.1　任务引入

Windows Server 2003 是一个安全策略设置非常丰富的系统，管理员除了可以利用账户策略加强账户的安全性外，还可以利用本地策略加强系统的安全性并对发生的安全事件进行审计。

2.2　相关知识

本地策略设置的内容较多，下面主要介绍一些常用的设置。

1. 审核策略

执行审核策略前，必须决定要审核的事件类别。为事件类别选择的审核设置将定义审核策略。通过为特定的事件类别定义审核设置，可以创建一个适合组织安全需要的审核策略。可被选来进行审核的事件类别有：审核账户登录事件、审核账户管理、审核目录服务访问、审核登录事件、审核对象访问、审核策略更改、审核特权使用、审核过程跟踪、审核系统事件等，如图 5-24 所示。

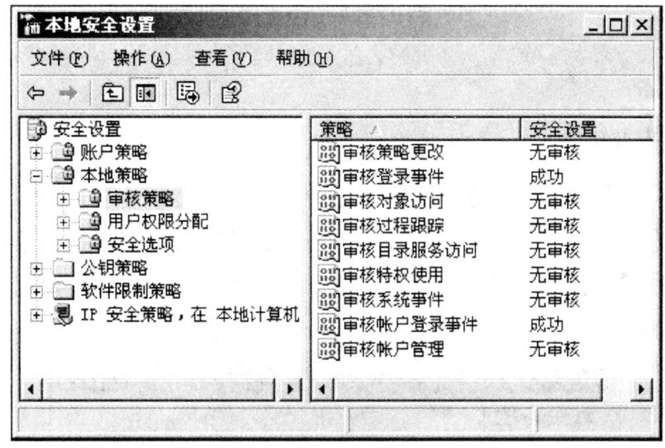

图 5-24　审核策略

2. 用户权限分配

可以通过选择如图 5-25 所示的【用户权限分配】选项，将执行特色任务的权限分配给用户或组。

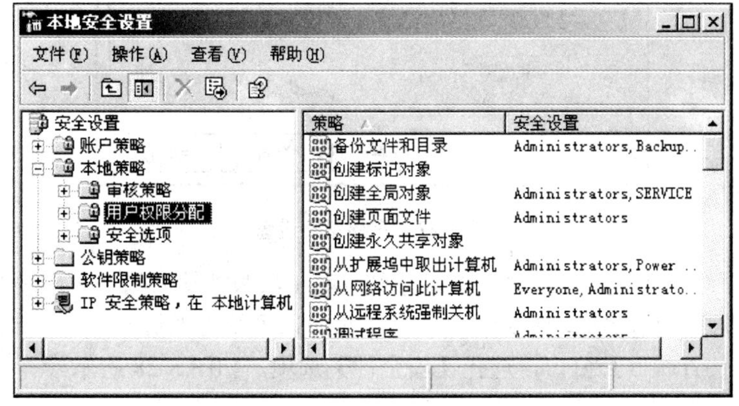

图 5-25　用户权限分配

3. 安全选项

用户可以通过选择如图 5-26 所示的【安全选项】选项，启用计算机的一些安全设置。

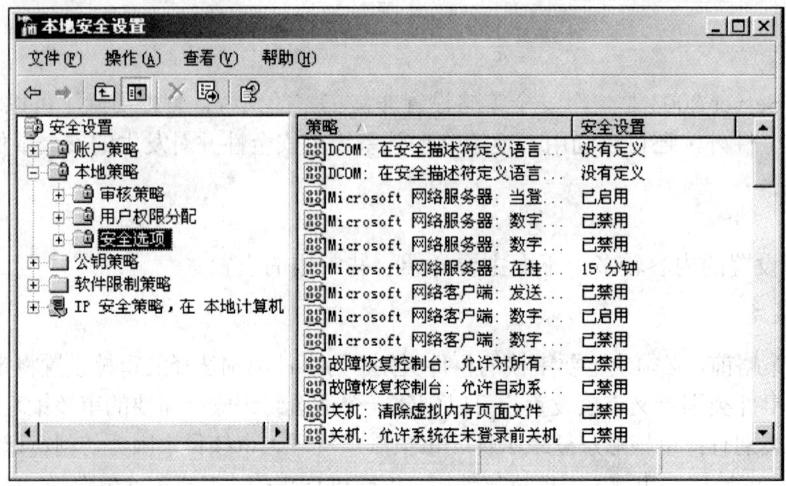

图 5-26　安全选项

2.3　任务实施

1. 审核账户登录事件

(1) 单击【开始】|【管理工具】|【本地安全策略】命令，弹出【本地安全设置】窗口，单击【本地策略】|【审核策略】命令，双击右侧的【审核账户登录事件】，打开属性对话框如图 5-27 所示，选择【成功】复选框是指如果账户登录成功，系统就会记录这个事件；选择【失败】复选框是指如果账户登录失败，系统就会记录这个事件。

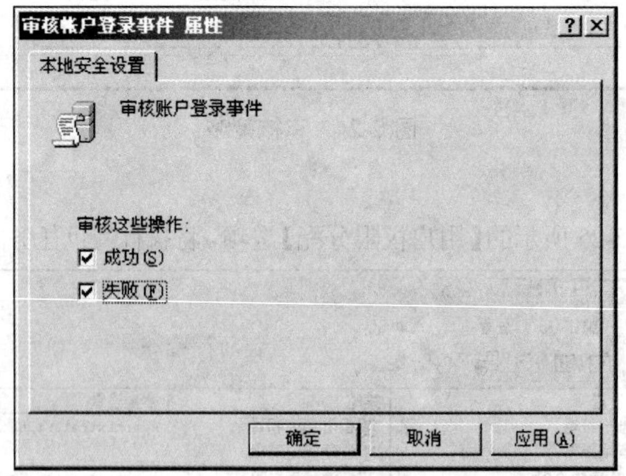

图 5-27　审核策略设置

(2) 利用前面任务创建的 test 账户登录系统，第 1 次故意输入错误密码使得无法成功登录系统，第 2 次输入正确密码成功登录系统，然后重新以系统管理员账户登录系统，打开【管理工具】中的【事件查看器】窗口，选择【安全性】选项，如图 5-28 所示。

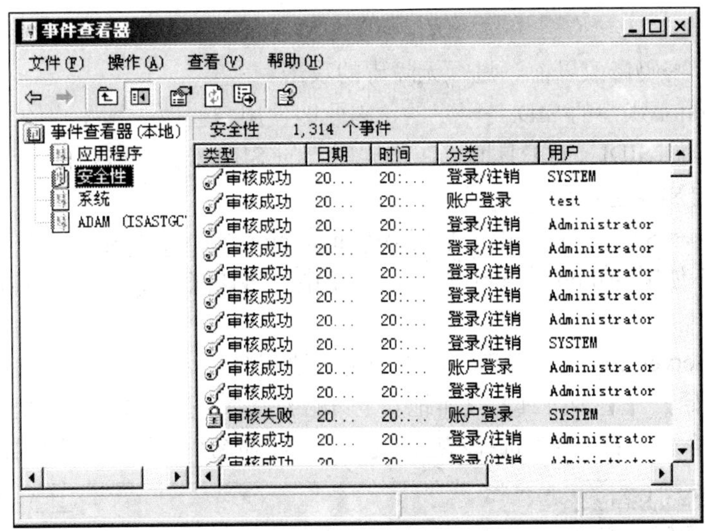

图 5-28　审核结果

(3) 双击图 5-28 中所示的【审核失败】，打开【事件属性】对话框，如图 5-29 所示，显示这是 test 账户登录失败的一次事件。

(4) 双击图 5-28 中的【审核成功—账户登录—test】，打开【事件属性】对话框，如图 5-30 所示，【事件属性】对话框中，显示 test 账户成功登录，并有相关详细信息，根据这些信息，管理员可以掌握哪些账户曾经登录过服务器。

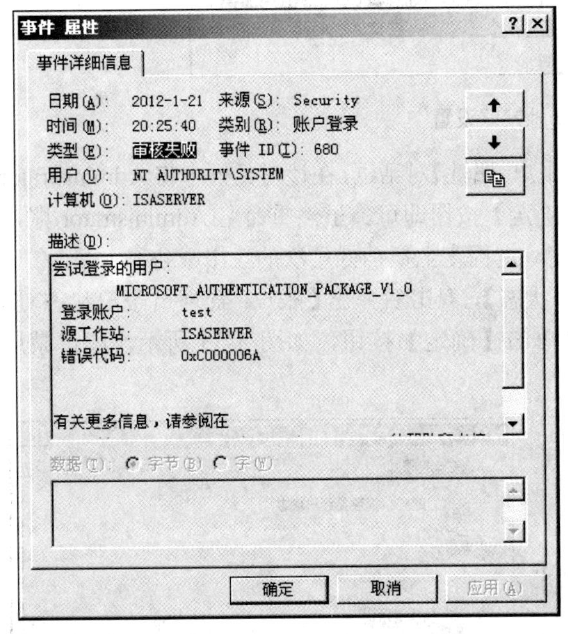

图 5-29　审核失败事件详细信息

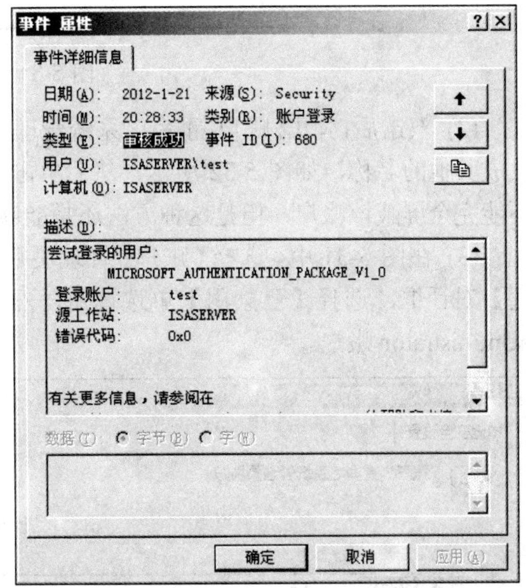

图 5-30　审核成功事件详细信息

2. 保护 Administrator 账户

Administrator 账户是计算机上权限极高的账户，也是黑客攻击的焦点。Administrator 的安全威胁主要来自以下几个方面。

(1) 默认情况下，无论有多少次失败登录尝试，Administrator 账号都不会被锁定。所以攻击者可以在该账户密码修改以前，进行无障碍的攻击。

(2) Administrator 账户的 SID 是一定的，因此即使用户修改了该账户的名称，攻击者还是可以找到该账户。如 SIDUser 工具即可以根据用户的 SID 来获得账户的名称。有些攻击工具还可以使用账号的 SID 进行登录。

(3) 在 Windows Server 2003 中，禁用 Administrator 账户可在高安全环境中用于保护网络的安全，同时在不使用 Administrator 账户的环境中，将该账户禁用，也可减少管理员维护该账户的管理负担。

在 Windows Server 2003 中，管理员可以利用本地策略对 Administrator 账户重命名或禁用。

(1) 单击【开始】|【管理工具】|【本地安全策略】命令，弹出【本地安全设置】窗口，单击【本地策略】|【安全选项】命令，选择右边的【账户：重命名系统管理员账户】，如图 5-31 所示。

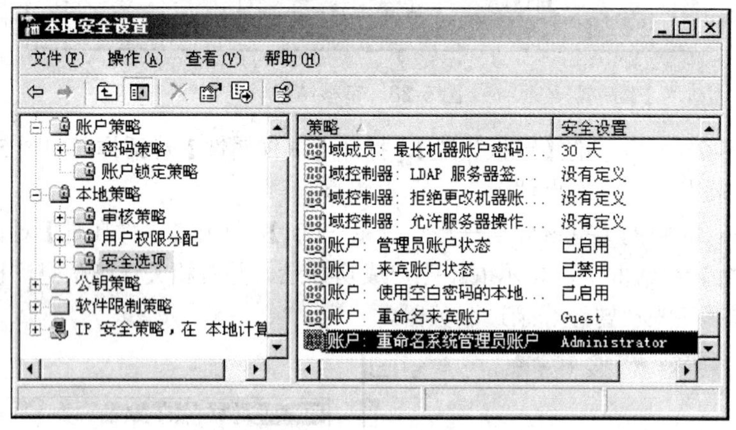

图 5-31　本地策略设置

(2) 双击后，弹出【账户：重命名系统管理员账户 属性】对话框，在该对话框中将 Administrator 改成其他的名称，如图 5-32 所示，然后单击【确定】按钮即可。虽然重命名 Administrator 账户不能完全屏蔽该账户，但是这种方法还是能够在一定程度上抵挡低层次的攻击威胁。

(3) 在图 5-31 中，选择【账户：管理员账户状态】，双击后弹出【账户：管理员账户状态 属性】对话框，选择【已禁用】单选按钮，然后单击【确定】按钮，如图 5-33 所示，即可禁用 Administrator 账户。

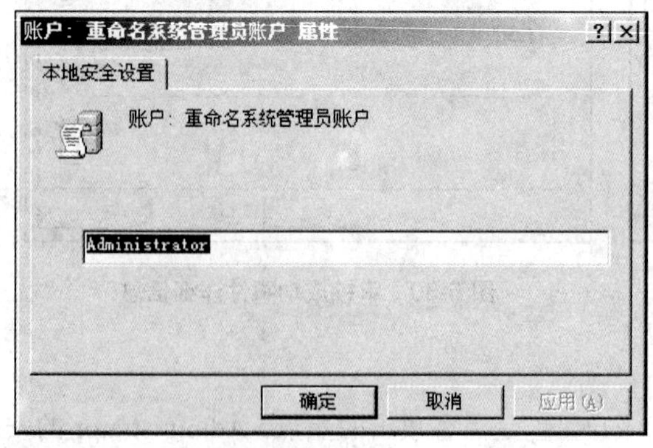

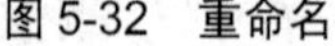
图 5-32　重命名

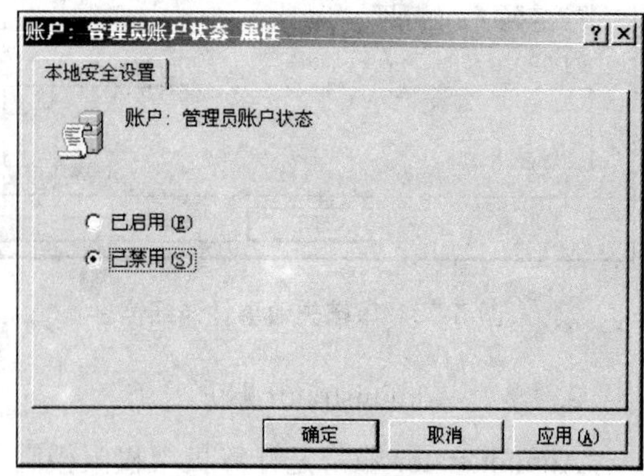

图 5-33　禁用账户

任务 3　应用安全模板

3.1　任务引入

为服务器配置安全策略是一件比较复杂的任务，Windows 系统已经为用户预先设置了一些安全模板，系统管理员可以利用这些模板设置服务器系统的安全策略。

3.2　相关知识

安全模板是 Windows Server 2003 安全管理的重要组成部分。由于实现较高的安全性有很多方面的因素要考虑，需要修改的设置也非常多，所以如果每次管理员都一条一条地修改策略，那么效率肯定非常低，而且还可能漏掉一些关键的策略。鉴于以上这些情况，Windows Server 2003 使用安全模板作为解决方案，可以说，实行安全策略最有效的方式是借助于安全模板。

安全模板是存储计算机安全设置的文件，显然将所有的安全设置集中在一处进行安全管理更为有效也更为合理。每个安全模板都是以文本文件存储，扩展名为.inf。用户可以对模板中部分和全部的属性进行复制、粘贴、导入或导出操作。

Windows Server 2003 默认提供了多个安全模板，可应用于多种场合的多种计算机角色。默认情况下，这些预定义的安全模板存储在 Windows 的安装好的系统目录下的 Security\Templates 文件夹中，默认只有管理员可以修改这些安全模板。

安全模板除了作为安全策略设置的存储载体，还可以将一些标准配置的安全模板与计算机当前的安全配置进行对比分析。这样管理员可以清晰地了解现有组策略的安全弱点，并据此调整安全策略的设置。Windows Server 2003 提供的安全配置和分析管理单元即是进行安全分析的工具。

3.3　任务实施

1. 编辑安全模板

(1) 单击【开始】|【运行】命令，打开【运行】对话框输入“mmc”，按 Enter 键。然后在弹出的【控制台】窗口中单击【文件】|【添加/删除管理单元】命令，在弹出的【添加/删除管理单元】对话框中，单击【添加】按钮，弹出【添加独立管理单元】对话框，在该对话框中，选择【安全模板】选项(图 5-34)，单击【添加】按钮，依次单击【关闭】、【确定】按钮。

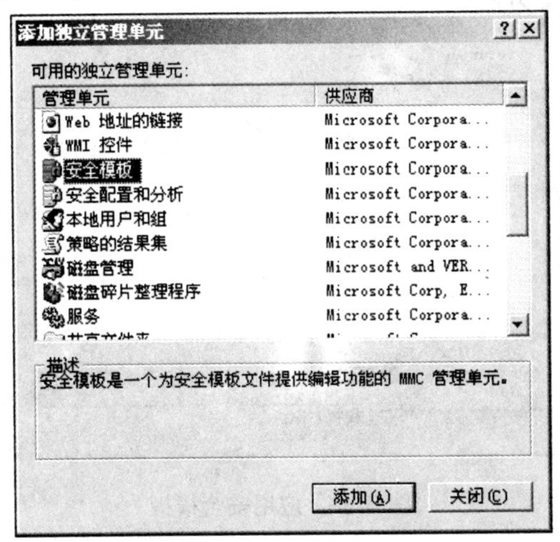

图 5-34　选择安全模板

(2) 在【安全模板】管理单元中，可以选择要修改的安全模板(图 5-35)，单击要修改的区域，修改方式与前面介绍的相同。

(3) 完成修改后，右击已修改的安全模板的名称，在弹出的快捷菜单中单击【保存】命令。

2. 应用安全模板

(1) 单击【开始】|【管理单元】|【本地安全策略】命令，弹出【本地安全设置】窗口，在该窗口中单击【操作】|【导入策略】命令，如图 5-36 所示。

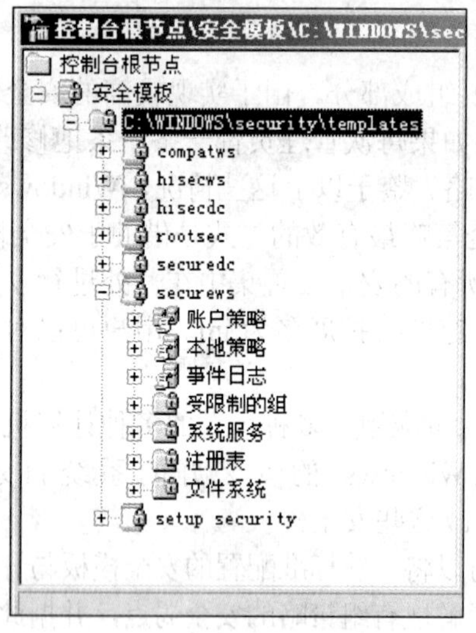

图 5-35 编辑安全模板

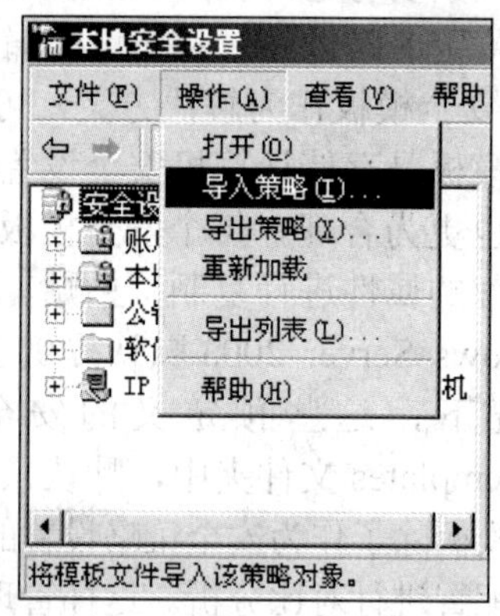

图 5-36 应用安全模板

(2) 在打开的【策略导入来源】对话框中，选择相关模板，单击【打开】按钮，即可将安全模板应用于本地安全策略，如图 5-37 所示。

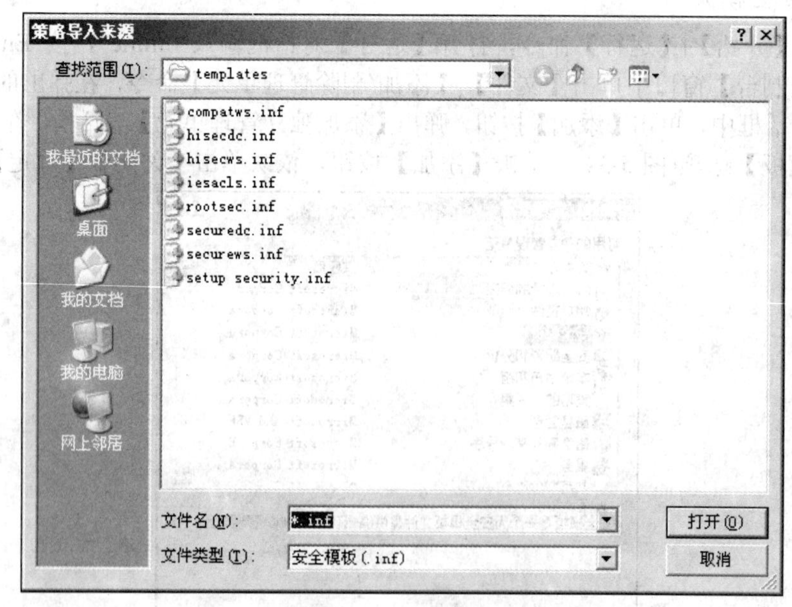

图 5-37 应用安全模板

项目小结

Windows Server 2003 作为服务器操作系统在中、小企业有着广泛应用，如何安全管理该服务器系统是网络管理员的一项重要职责。本项目分为账户管理、文件管理和安全策略设置 3 部分，账户管理可以防止服务器上有非法账户存在，利用 NTFS 功能可以有效管理服务器上的文件，安全策略可以有效提高服务器的安全性。

思考练习

一、选择题

1．Windows Server 2003 的默认的系统管理员账户是(　　)。

A．Administrator　　B．Administrators

C．guest　　D．users

2．供用户临时使用的账户是(　　)。

A．Administrator　　B．Administrators

C．guest　　D．users

3．下列可以包含在用户名中的字符是(　　)。

A．“@”　　B．“]”　　C．“=”　　D．“？”

4．Administrator 属于(　　)组。

A．Administrators　　B．Users　　C．Power Users　　D．Guests

5．(　　)是功能相近的用户账户的集合。

A．组账户　　B．域　　C．用户集　　D．工作组

6．Windows Server 2003 推荐使用的文件系统格式是(　　)。

A．FAT12　　B．FAT32　　C．NTFS　　D．FAT12

7．(　　)是一种控制用户访问资源以满足安全需要的机制。

A．备份　　B．审核　　C．复制　　D．权限

8．用户对某个资源的有效权限是其所有权限的(　　)。

A．交叉　　B．可能冲突　　C．相减　　D．总和

9．用户对某个资源的有效权限中一个权限被设为(　　)，则用户将无法访问该资源。

A．【禁止】　　B．【拒绝】　　C．【不允许】　　D．【反对】

10．Windows 2003 用(　　)来存储计算机的安全设置。

A．注册表　　B．批处理文件　　C．安全模板　　D．安全配置

二、填空题

1．Windows Server 2003 所支持的用户账户分为____________和____________两种类型。

2．管理员可以向内置的本地组添加____________、____________、____________以及____________。

3．标准的 NTFS 文件权限有____________、____________、____________、____________和____________ 5 个。

4．应用于所在的计算机的本地策略包含______________、______________和______________3个子集。

三、思考题

1．查阅相关技术资料，分析如何利用注册表添加和删除用户账户。

2．分析访问网络共享文件夹出现错误的各种原因。

3．希望某个用户可以访问共享文件夹，但不能访问共享文件夹中的某个子文件夹，该如何实现？

4．如何利用本地安全策略防止恶意用户猜测用户账户口令？

教学目标

最终目标	能安全管理数据及存储数据的磁盘
促成目标	(1) 理解系统文件的重要性 (2) 掌握系统文件的备份及恢复 (3) 理解用户文档备份的重要性 (4) 掌握用户文档的备份及恢复 (5) 掌握磁盘管理的策略 (6) 对重要数据进行必要的加密

引言

计算机里面重要的数据、档案或历史记录，不论是对企业用户还是对个人用户，都是至关重要的，一旦不慎丢失，都会造成不可估量的损失，轻则辛苦积累起来的心血付之东流，严重的会影响企业的正常运作，给科研、生产造成巨大的损失。为了保障生产、销售、开发的正常运行，企业用户应当采取先进、有效的措施，对数据进行备份，防患于未然。只有经过了科学的备份，在因各种原因(如误删、病毒感染等)而丢失的数据才能有效地恢复。

模块 1　文件备份与恢复

任务 1　系统文件备份与恢复

1.1　任务引入

每个使用过 Windows 系统的人都知道，有的时候计算机因为感染病毒，导致系统盘上的系统文件被删除或者篡改，或者注册表的数据被删除或者篡改。这种情况发生后，轻则系统运行出现这样那样的问题，重则系统瘫痪而无法运行。如何来认识系统文件？如何来认识注册表？如何实现系统文件和注册表被破坏后的恢复呢？

1.2　相关知识

1. 系统文件认识

广义上来说和操作系统运行有关的文件都是系统文件，比如系统盘上的文件、注册表文件等。常说的系统文件指的是和操作系统运行密切相关的主要文件，一般在安装操作系统过程中自动创建并放在对应的系统文件夹中的文件，这些文件直接影响系统的正常运行，多数都不允许随意改变。它的存在对维护计算机系统的稳定具有重要作用。常见的系统文件及作用如下。

1) config.sys

config.sys 是包含在 DOS(Disk Operating System，磁盘操作系统)中的一个文本文件命令，它告诉操作系统，计算机如何初始化。多数情况下，config.sys 命令制定内存设备驱动和程序，以控制硬件设备，开启或进制系统特征，以及限制系统资源。config.sys 在 Autoexec.bat(自动批处理程序)文件执行前载入。

2) autoexec.bat

DOS 在启动时会自动运行 Autoexec.bat 文件，一般在里面装载每次必用的程序，如：Path(设置路径)、Smartdrv(磁盘加速)、Mouse(鼠标启动)、Mscdex(光驱连接)、Doskey(键盘管理)、Set(设置环境变量)等。

3) io.sys

io.sys 提供标准硬件的输入/输出接口和 DOS 的中断调用，在计算机启动过程中，此文件会根据用户通过输入设备的信号执行相应的操作。大家常挂在嘴边的“开机按‘F8’键进入安全模式”就是来自于这个文件的作用。

4) Boot.ini

当用户在计算机中安装了多系统(如 Windows 2003 和 Windows XP)之后，每次启动计算机时都会出现一个系统引导菜单，在此选择需要进入的系统后按“Enter”键即可。这个引导程序就是 Boot.ini，在安装 Windows 2000(XP)时程序自动被安装，使用它可以轻松地对计算机中的多系统进行引导，还可以通过该引导文件，设置个性化的启动菜单。

系统主要依赖 Boot.ini 文件来确定计算机在重启(引导)过程中显示的可供选取的操作系统类别。Boot.ini 在默认状态下被设定为隐含和系统文件属性，并且被标识为只读文件。

双击 Boot.ini 文件，通常能看到如图 6-1 所示的内容。

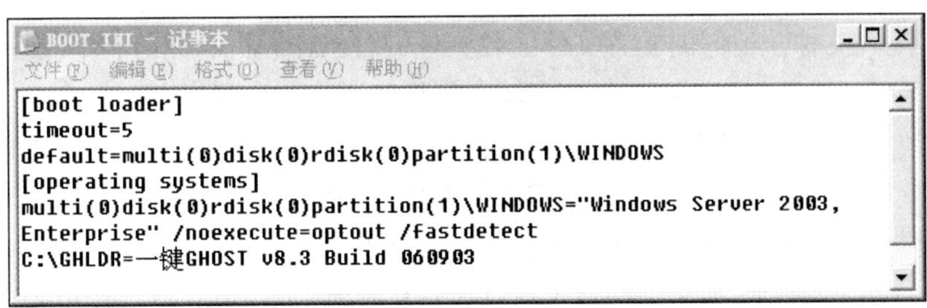

图 6-1　Boot.ini 文件内容

在图 6-1 中可以看到该计算机所安装的系统等信息，其中“Timeout”指定在选择默认的操作系统之前 Windows 等待的时间。

2. 注册表认识

注册表(Registry，繁体中文版 Windows 称之为登录)是 Microsoft Windows 中的一个重要的数据库，用于存储系统和应用程序的设置信息。

注册表是一个树状分层的数据库，包含计算机中每个用户的配置文件、有关系统硬件的信息、安装的程序及属性设置等各种计算机软、硬件配置数据。注册表中存放着各种参数，直接控制着 Windows 的启动、硬件驱动程序的装载以及一些 Windows 应用程序的运行，在整个 Windows 系统中起着核心作用。用户可以通过注册表调整软件的运行性能、检测和恢复系统错误、定制桌面等。系统管理员还可以通过注册表来完成系统远程管理等.

概括起来，注册表包括如下一些主要内容。

(1) 软、硬件的有关配置和状态信息。注册表中保存的应用程序的初始条件、首选项等信息。

(2) 整个计算机系统的设置和各种许可，文件扩展名与应用程序的关联关系，硬件部件的描述、状态和属性等。

(3) 性能记录和其他底层的系统状态信息。

注册表在 Windows 系统中起到中介的作用，负责系统同软件、硬件、用户之间的沟通。如在 Windows Server 2003 中运行一个应用程序的时，系统会从注册表中取得相关信息，如数据文件的类型、保存文件的位置、菜单的样式、工具栏的内容、相应软件的安装日期、用户名、版本号、序列号等。用户可以定制应用软件的菜单、工具栏和外观，相关信息即存储在注册表中。利用注册表的这些特性，许多软件的试用版都可限制用户的使用次数或时间。注册表会自动记录用户操作的结果。当用户改变了窗口的位置、大小和状态后，下一次打开同一窗口时，窗口会保持同样的位置和大小。这是因为在关闭窗口时，窗口的位置、状态(如最大化)、大小等信息也同时被保存在注册表中。在下一次打开窗口时，系统会从注册表取相应的参数，然后按照这些参数配置打开窗口。同样，桌面的图标、任务栏的大小和位置也由注册表控制，当改变它们的大小和位置时，注册表会记录下它们在关机之前的位置。在下次启动时，再从注册表取得相应的数据，并按照注册表中的信息显示这些对象。

打开注册表编辑器，可以看到 5 大分支。

(1) HKEY_LOCAL_MACHINE：包含本地计算机的系统信息，用于任何用户。包括硬件和应用程序信息。如总线类型、系统内存、设备驱动程序和计算机专用的各类软件设置信息。

(2) HKEY_USERS：包含所有登录用户的信息。这些信息告诉系统当前用户使用的图标、激活的程序组、开始菜单的内容以及颜色、字体等。远程访问服务器的用户在服务器中注册表的该项下没有配置文件，他们的配置文件加载到他们自己计算机的注册表中。

(3) HKEY_CLASSES_ROOT：包含启动应用程序所需的全部信息。

(4) HKEY_CURRENT_USER：包含当前登录用户的配置信息，包括环境变量、个人程序。

(5) HKEY_CURRENT_CONFIG：包含有关本地计算机在系统启动时使用的硬件配置文件的信息。例如要加载的设备驱动程序或显示时使用的分辨率等。

由于修改注册表时会危及系统的安全，所以可以事先都把注册表数据备份到一个比较安全的地方，万一系统的注册表坏了，导致系统出现各种问题的时可以进行快速修复。这里要说明的是必须以管理员的身份登录才能执行注册表备份和还原。

3. Ghost 备份介绍

Ghost 原意为幽灵，即死者的灵魂，以其生前的样貌再度现身于世间。现在提到的 Ghost，更多的是系统盘，即装机系统，Ghost 使系统安装及恢复变得更简单。在微软的视窗操作系统广为流传的基础上，为避开微软视窗操作系统原始完整安装的费时和重装系统后驱动应用程序再装的麻烦，大家把自己做好的干净系统用 Ghost 来备份和还原。这个操作易用，流程被一键 Ghost、一键还原精简等进一步简化，它的易用很快得到大家的喜爱。

可以使用 Ghost 进行系统备份，有整个硬盘(Disk)和分区硬盘(Partition)两种方式。在菜单中选择【Local】(本地)选项，在右面弹出的菜单中有 3 个子项，其中 Disk 表示备份整个硬盘(即克隆)、Partition 表示备份硬盘的单个分区、Check 表示检查硬盘或备份的文件，查看是否可能因分区、硬盘被破坏等造成备份或还原失败。分区备份作为个人用户来保存系统数据，特别是在恢复和复制系统分区时具有实用价值。

单击【Local】|【Partition】|【To Image】命令，弹出硬盘选择窗口，开始分区备份。单击该窗口中白色的硬盘信息条，选择硬盘，进入窗口，选择要备份的分区(若没有鼠标，可用键盘进行操作：Tab 键进行切换，Enter 键进行确认，方向键进行选择)。在弹出的窗口中选择备份储存的目录路径并输入备份文件名称，注意备份文件的名称带有 gho 的后缀名。接下来，程序会询问是否压缩备份数据，并给出 3 个选择：No 表示不压缩，Fast 表示压缩比例小而执行备份速度较快，High 就是压缩比例高但执行备份速度相当慢。最后单击【Yes】命令即开始进行分区硬盘的备份。Ghost 备份的速度相当快，不用久等就可以完成，备份的文件以 gho 后缀名储存在设定的目录中。

如果硬盘中备份的分区数据受到损坏，用一般数据修复方法不能修复，以及系统被破坏后不能启动，都可以用备份的数据进行完全的复原而无需重新安装程序或系统。要恢复备份的分区，就在界面中单击【Local】|【Partition】|【From Image】命令，在弹出窗口中选择还原的备份文件，再选择还原的硬盘和分区，单击【Yes】按钮即可。

这里要说明的是，只要原先备份后的“.gho”文件没有被删除，那么就算系统盘数据都没了，甚至被格式化了，也是能快速恢复系统的。

1.3 任务实施

1. 使用 Ghost 软件备份和还原系统

(1) 首先正确安装 Ghost 系统，这个安装过程可以在 Windows 环境下进行，安装完成后 Windows 系统就会重新启动，在启动菜单中【Ghost】系统菜单项。启动 Ghost 之后，会出现如图 6-2 所示的画面。

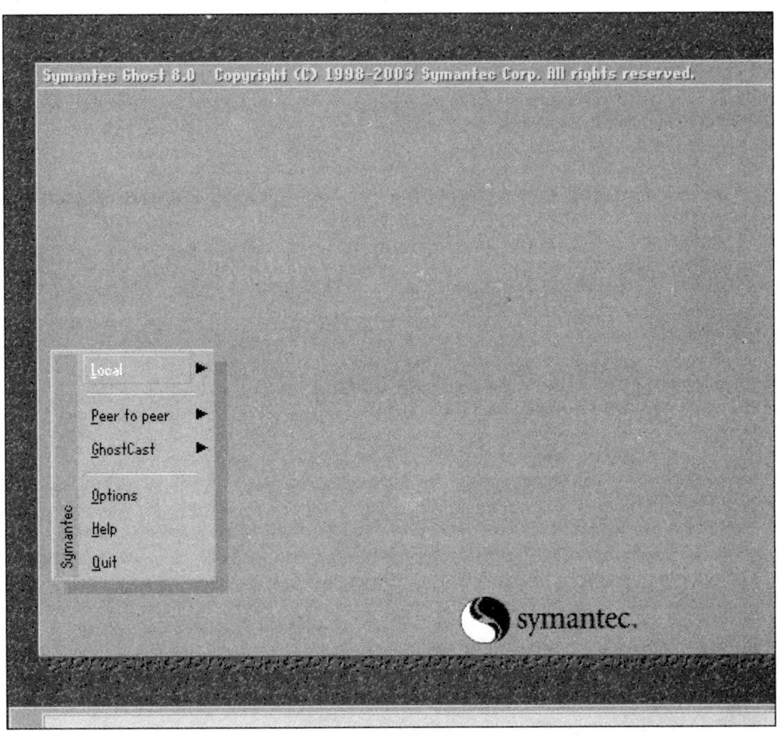

图 6-2 Ghost 主界面

在主菜单中，有以下几项。

① Local：本地操作，对本地计算机上的硬盘进行操作。

② Peer to Peer：通过点对点模式对网络计算机上的硬盘进行操作。

③ GhostCast：通过单播/多播或者广播方式对网络计算机上的硬盘进行操作。

④ Option：使用 Ghsot 时的一些选项，一般使用默认设置即可。

⑤ Help：一些简洁的帮助。

⑥ Quit：退出 Ghost。

注意：

当计算机上没有安装网络协议的驱动时，Peer to Peer 和 GhostCast 选项将不可用。

(2) 启动 Ghost 之后，单击【Local】|【Partion】命令，对分区进行操作。展开里面的功能，会看到如下选项。

① To Partion：将一个分区的内容复制到另外一个分区。

② To Image：将一个或多个分区的内容复制到一个镜像文件中。一般备份系统均选择此操作。

③ From Image：将镜像文件恢复到分区中。当系统备份后，可选择此操作恢复系统。

(3) 接着开始备份系统，单击【Local】|【Partion】|【To Image】命令，对系统所在分区进行备份，会弹出选择硬盘的对话框，在该对话框中选择硬盘。

如果硬盘两块就显示两块，同理有 3 块就显示 3 块，在笔者的计算机中有 1 块，故显示 1

块，接着单击【OK】按钮，进入分区选择的对话框。选择要备份或者还原的分区，比如 C 盘，为了能够正确地区分，笔者建议在系统里事先命名好盘符名称，比如 C 盘作为系统盘的话就可以命名为“SYS”。

(4) 选定好安装系统的分区后，单击【OK】按钮，进入镜像文件存储路径的界面，如图 6-3 所示。

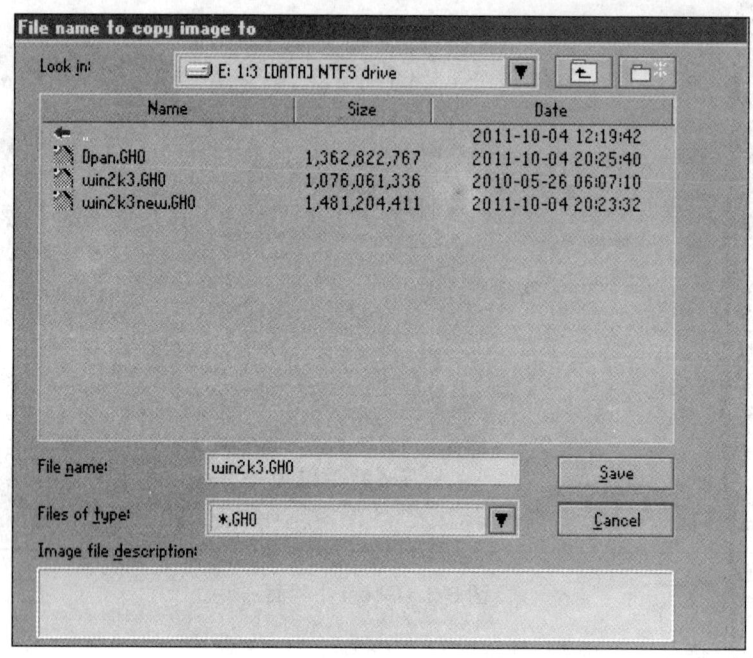

图 6-3　存储路径选择对话框

(5) 选择好存储路径后，在图 6-3 中的 File Name 文本框中，输入镜像文件存储的名称，接着单击【Save】按钮，出现【镜像文件压缩状态】的选择对话框。

(6) 在出现的【镜像文件压缩状态】对话框中，有“No(不压缩)、Fast(快速压缩)、High(高压缩比压缩)”，压缩比越低，保存速度越快。一般选择【Fast】选项即可。接着就开始制作镜像文件了，完成后就会在所选择的存储路径目录里找到生成的镜像文件。

(7) 制作好镜像文件，就可以在系统崩溃后进行还原，这样又能恢复到制作镜像文件时的系统状态。下面介绍镜像文件的还原。

(8) 同样要还原首先进入 Ghost 系统，出现 Ghost 主菜单后，单击【Local】|【Partition】|【From Image】命令，然后按“Enter”键。接着弹出【定位镜像文件】的对话框。

(9) 定位好镜像文件后，然后单击【open】按钮，沿着向导下去还原对应的系统盘符就可以来了。

2. 使用系统自带的工具备份和还原系统文件

可以使用系统自带的工具进行备份和还原系统，方法为，单击【开始】|【程序】|【附件】|【系统工具】|【备份】命令，就会出来备份和还原向导，如图 6-4 所示。

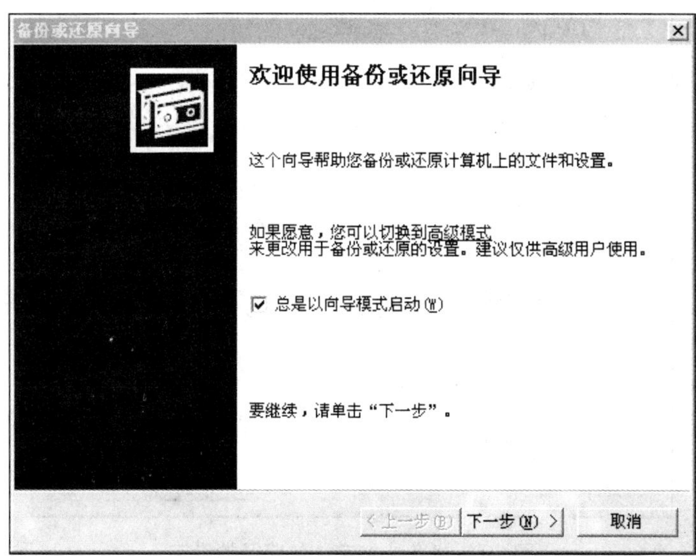

图 6-4　备份和还原向导

在图 6-4 中，单击【下一步】按钮，会出现备份或还原的选项，如果是备份，就选择【备份文件和设置】选项，接着就出来选择要备份的项目选项。在要备份的选项中，选择【让我选择要备份的的内容】选项。然后单击【下一步】按钮，进入要备份的内容具体选项，如图 6-5 所示。在图 6-5 中，左边就是选择要备份的内容，如果系统是安装在 C 盘，那就选定 C 盘，然后单击【下一步】按钮，就进入备份文档存放的路径的设定，如图 6-6 所示。设定好存放路径，然后单击【下一步】按钮，再单击【完成】按钮，就开始进行备份，如图 6-7 所示。备份结束就会生成备份文件在设定的路径。

以上介绍了如何备份，如果想还原，只要在备份或还原选项中，选择【备份文件和设置】选项，则进入还原界面，如图 6-8 所示，选定好备份文件，沿着向导操作下去就可以还原，在此不再赘述。

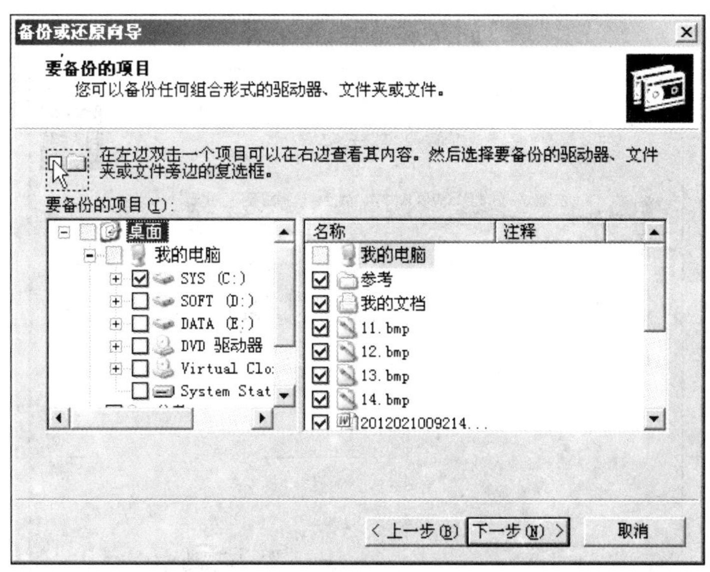

图 6-5　具体选择要备份的内容

备份或还原向导
备份类型、目标和名称
您的文件和设置储存在指定的目标。
选择备份类型(S):
文件
选择保存备份的位置(P):
E:\
浏览(W)...
键入这个备份的名称(Y):
Backup
< 上一步(B)
下一步(N) >
取消

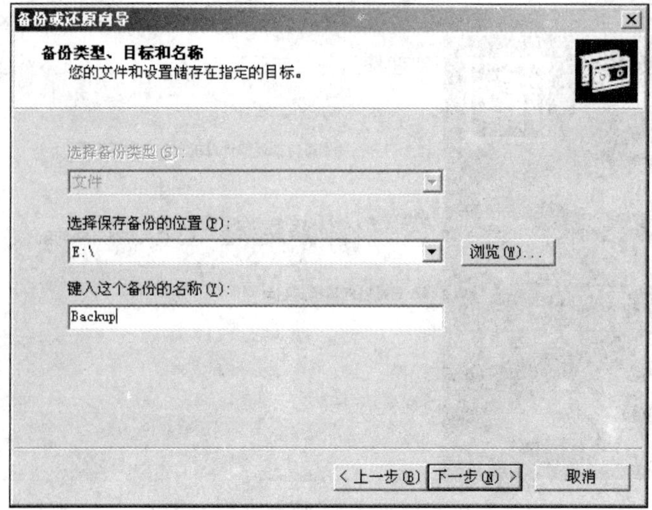

图 6-6　备份文档存放的路径的设定

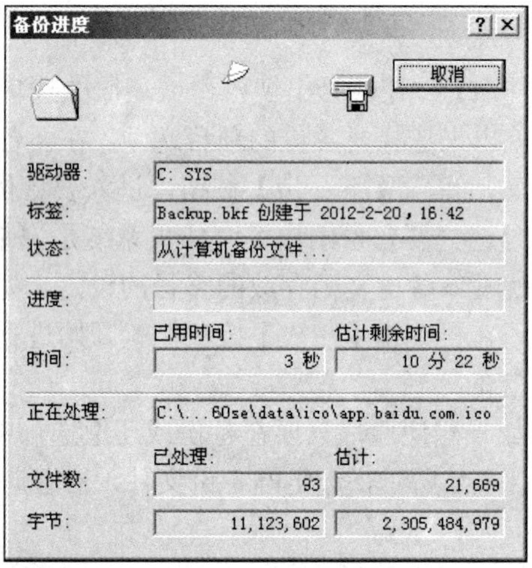

备份进度
取消
驱动器:
C: SYS
标签:
Backup.bkf 创建于 2012-2-20，16:42
状态:
从计算机备份文件...
进度:
已用时间:
估计剩余时间:
时间:
3 秒
10 分 22 秒
正在处理:
C:\...60se\data\ico\app.baidu.com.ico
已处理:
估计:
文件数:
93
21,669
字节:
11,123,602
2,305,484,979

图 6-7　开始进行备份

备份或还原向导
还原项目
您可还原任何组合形式的驱动器、文件夹或文件。
双击左边的一个项目以查看其内容。然后，选择想要还原的驱动器、文件夹或文件旁边的复选框。
浏览(R)...
要还原的项目(M):
文件
备份识别标签
Backup.bkf 创建于 2012-2-20，...
E:\
Backup.bkf 创建于 2012-2-20，...
E:\
< 上一步(B)
下一步(N) >
取消

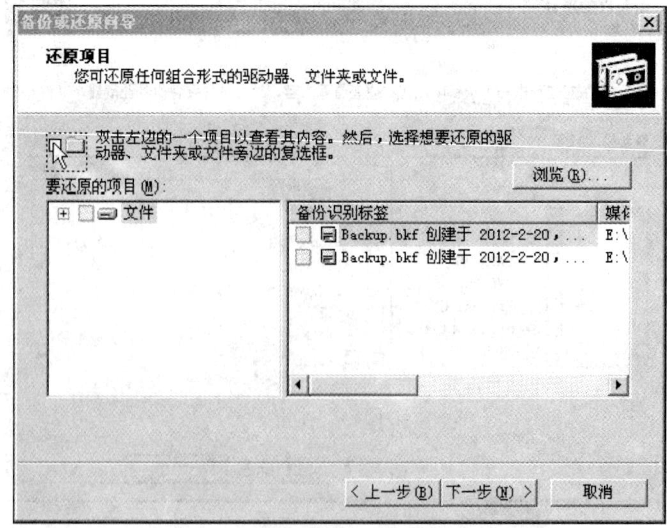

图 6-8　选择备份文件进行还原

3．备份和还原注册表文件

注册表是系统的核心文件，包含了计算机中所有的软、硬件和系统配置信息等重要内容，注册表的备份步骤如下：执行【开始】|【运行】命令，在弹出的【运行】对话框中，输入“regedit.exe”，打开注册表编辑器，如图 6-9 所示。选择要备份的内容，然后右击，在弹出的快捷菜单中单击【导出】命令，打开【导出注册表文件】对话框，在【文件名】文本框中输入名字，然后选择合适的地方存储就可以单击【保存】按钮了。

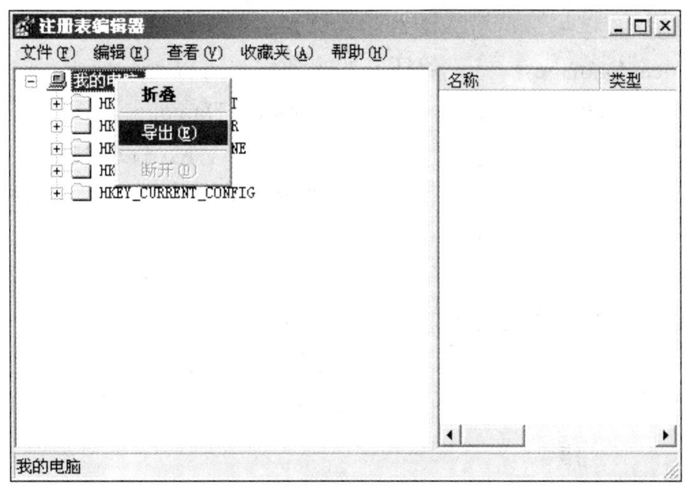

图 6-9　注册表备份

注册表的恢复与上述步骤基本一样，单击【导入】命令便可。

任务 2　用户文档备份及恢复

2.1　任务引入

使用过计算机的人都知道，有时候存放在计算机中的文档等资料，由于各种原因会出现问题，比如人为的不小心删除、被恶意病毒删除及篡改等，这些情况的发生都是用户不愿意看到的，这些情况的发生后该怎么办？如果涉及的文档是非常重要的文档，那可能会带来非常大的麻烦。如何减少数据丢失、篡改对工作带来的影响？这是在这个信息时代面临的重要问题。

2.2　相关知识

1．用户数据备份重要性

防止用户数据丢失的第一道防线是实行数据备份，备份就像锻炼身体，虽然重要，但却常常被忽视，数据备份的观念在一些企业中，甚至是在网络管理员中仍然得不到足够的重视。进行系统数据维护时，如果实行了数据备份，那么即使出现操作失误，把有用的数据或者重要的内容删掉了，那么也不至于让之前花了很长时间辛辛苦苦建立起来的数据付之东流，只要及时地通过系统备份和恢复方案就可以实现数据的安全性和可靠性了；又或者是系统发生灾难，原始数据丢失或遭到破坏，利用备份数据就可以把原始数据恢复出来，使系统能够继续正常工作。可见，数据备份是何等的重要，数据备份是为了以后能够顺利地将被破坏了或丢失了的数据库安全地恢复的基础性工作，可以这么说，没有数据库的备份，就没有数据库的恢复，企业应当把数据备份的工作列为一项不可忽视的系统工作，为其系统选择相应的备份设备和技术，进行经济可靠的数据备份，从而避免可能发生的重大损失。

2. 数据失效原因分析

造成数据失效的原因大致可以分为4类：自然灾害、硬件故障、软件故障(计算机病毒即属于软件故障)、人为原因(包括误操作和恶意破坏)。其中，软件故障和人为原因是数据失效的主要原因。

从表现形式上看，数据失效可分为两种：一种是失效后的数据彻底无法使用，这种失效被称为物理损坏(Physical Damage)；另一种是失效的数据仍可以部分使用，但从整体上看，数据之间的关系是错误的，这种失效被称为逻辑损坏(Logical Damage)。

常见的几种物理损坏包括：电源故障、存储设备故障、网络设备故障、自然灾害、操作系统故障、数据丢失等。物理损坏造成的后果比较明显，容易发现，相对来说容易排除。

常见的几种逻辑损坏包括以下几个方面。

(1) 数据不完整：系统缺少完成业务所必需的数据。

(2) 数据不一致：系统数据是完全的，但不符合逻辑关系。

(3) 数据错误：系统数据是完全的，也符合逻辑关系，但数据是错误的，与实际不符。

(4) 逻辑损坏隐蔽性强：往往带有巨大的破坏性，是造成损失的主要原因。

3. 数据备份及类型介绍

备份是指将系统中数据的副本按一定策略储存到安全的地方。还原是备份的反向过程。备份的目的是在系统故障或误操作后，能利用备份信息还原数据尽可能减小损失。在Windows系统中提供了很好的备份工具：Ntbackup.exe。

完成相关备份后会形成备份标记，备份标记是文件的一个属性，又称存档属性，它有两个状态：已备份和未备份。当文件创建后或修改后就会自动处于未备份状态，代表此文件需要备份。

对于备份类型有如下5种。

(1) 常规(正常)备份：有时也叫完全备份，备份全部选中的文件夹，并不依赖文件的存档属性来确定备份哪些文件。

(2) 差异备份：差异备份是针对完全备份的，备份上一次的完全备份后发生变化的所有文件。

(3) 增量备份：增量备份是针对于上一次备份(无论是哪种备份)，备份上一次备份后所有发生变化的文件。

(4) 副本备份：复制所有选中的文件，但不将这些文件标记为已经备份。

(5) 每日备份：对当天创建或修改的文件进行备份。

各种备份相关备份标记区别见表6-1。

表6-1 各种备份后形成的备份标记

备份类型	备份前	备份后
常规备份	不检查标记	清除标记
增量备份	检查标记	清除标记
差异备份	检查标记	不清除标记
副本备份	不检查标记	不清除标记
每日备份	不检查标记，检查文件的修改日期是否为当天。	不清除标记

2.3　任务实施

使用系统的模拟用户数据的备份和还原并观察备份标记。

模拟用户数据的备份和还原备份的具体步骤如下。

(1) 在 C 盘创建一个文件夹：doc，在文件夹下创建 file1.txt，查看存档属性。查看到属性如图 6-10 所示。在图 6-10 中看到，备份前 file1.txt 的文档属性是 A，这是未备份的含意。

地址(D) C:\doc

名称	大小	类型	修改日期	属性
file1.txt	1 KB	文本文档	2012-2-24 14:28	A

图 6-10　备份前文档属性

(2) 使用备份工具对 doc 文件夹进行常规备份，备份结束后再查看 file1.txt 的存档属性。方法为启动备份程序，选中 doc 文件夹，如图 6-11 所示。接着单击【下一步】按钮，进入【备份文件存储】的对话框，设定好存储路径后，继续单击【下一步】按钮，进入【额外备份】选项的入口，在该入口中，单击【高级】按钮，则进入【备份类型】选择对话框，如图 6-12 所示。在图 6-12 中，选择【正常备份类型】按钮，接着沿着向导下去，就会出现【备份进度】的对话框，如图 6-13 所示，之后单击【关闭】按钮。完成后，去看 file1.txt 的存档属性，发现备份标记已经清除，表示备份过了，如图 6-14 所示。

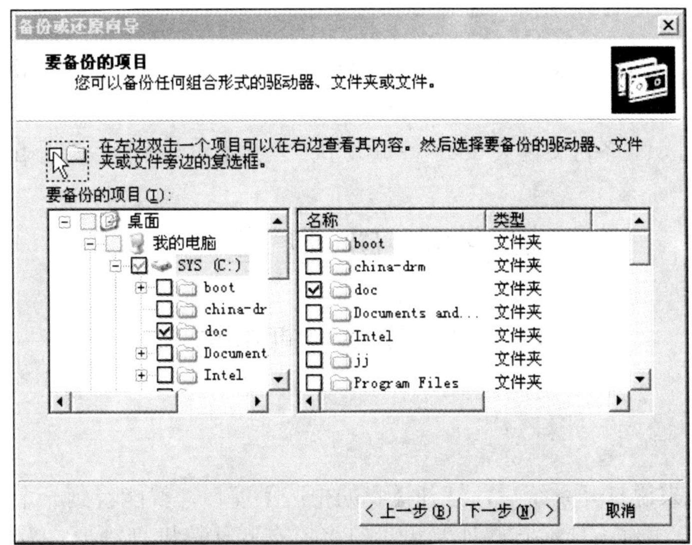

图 6-11　选中要备份的文件夹

备份或还原向导

备份类型

可选择适合您的需要的备份类型。

选择要备份的类型(T):

正常

正常
副本
增量
差异
每日

图 6-12　选择【备份类型】对话框

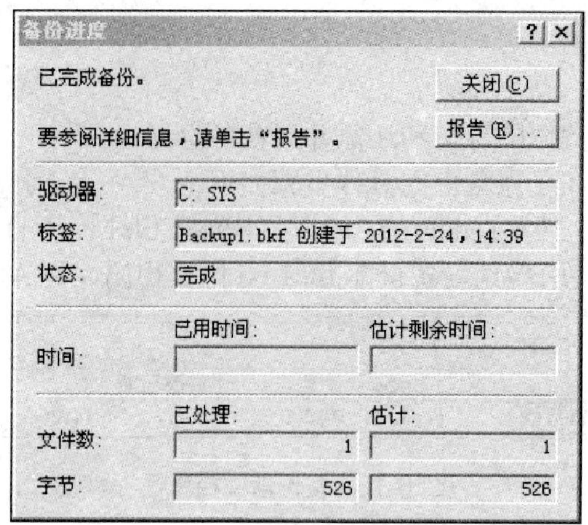

图 6-13 【备份进度】对话框

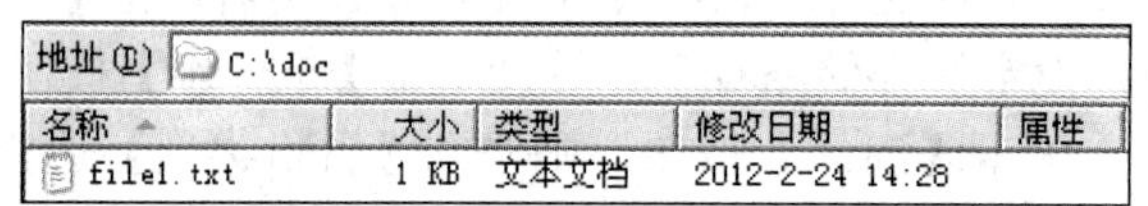

图 6-14 执行正常备份后的文档属性

(3) 在文件夹下创建 file2.txt，查看存档属性，此时看到的属性是有 A 标记的，表示该文档未备份。

(4) 使用备份工具，备份文件夹 doc，备份类型为增量备份。备份后查看 file2.txt 的存档属性。

(5) 在文件夹下创建 file3.txt，查看存档属性。

(6) 使用备份工具，备份文件夹 doc，备份类型为差异备份。备份后查看 file3.txt 的存档属性。

模块 2 磁 盘 管 理

任务 1 磁盘管理的内容

1.1 任务引入

对计算机用户来说打开系统后，打开【我的电脑】窗口，就能看到一个个盘，如 C 盘、D 盘、E 盘等，有没有想过为什么有些计算机盘符多？有些计算机盘符少？为什么有些盘容量多有些盘容量少？为什么有时某个盘明明还有空间，但却写不进数据了？等等。这些情况其实是和磁盘管理有关系的。

1.2 相关知识

1. *磁盘概念*

磁盘设备包括磁盘驱动器、适配器及盘片，它们既可以作为输入设备，也可作为输出设备或称载体。控制软盘读和写，即输入或输出是由磁盘驱动器及其适配器来完成的，从功能上来说，一台磁盘设备与一台录放机的作用是相同的，一盘录音带可反复地录音，那么软盘片或硬盘片，或称信息载体，也可以反复地被改写。现在常说的磁盘往往是指计算机上的硬盘，很多数据是存储在硬盘上的。硬盘(港台称之为硬碟，英文名为 Hard Disc Drive，HDD，全名，温彻斯特式硬盘)是计算机主要的存储媒介之一，由一个或者多个铝制或者玻璃制的碟片组成。这些碟片外覆盖有铁磁性材料。绝大多数硬盘都是固定硬盘，被永久性地密封、固定在硬盘驱动器中。

2. *磁盘管理的认识*

磁盘管理是一项计算机使用时的常规任务，它是以一组磁盘管理应用程序的形式提供给用户的，它们位于“计算机管理”控制台中，它包括查错程序和磁盘碎片整理程序以及磁盘整理程序，还有调整分区大小、磁盘配额、升级为动态磁盘等很多操作，不管何种操作都是为了满足一些特定的要求。

1.3　任务实施

1. *磁盘清理*

方法为依次单击【开始】|【管理工具】|【计算机管理】按钮，而后弹出【计算机管理】对话框，选择【磁盘管理】命令，如图 6-15 所示。选中要清理的磁盘，比如 C 盘，然后右击，在弹出的快捷菜单击【磁盘清理】按钮，弹出【SYS(C:)的磁盘清理】对话框，如图 6-16 所示。在图 6-16 所示的【磁盘清理】选项卡中选中要清理的文件内容，比如一些“临时文件”等，这样做的目的是为了释放空间。接着单击【确定】按钮就开始进行磁盘清理了。大家观察一下，磁盘清理前后，磁盘空闲的空间发生了怎样的变化，并思考为什么。

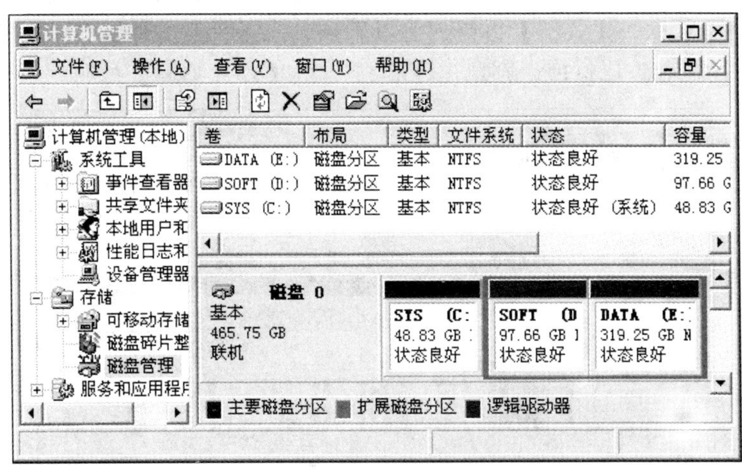

图 6-15　磁盘管理界面

2. *磁盘碎片整理*

磁盘碎片应该称为文件碎片，是因为文件被分散地保存到整个磁盘的不同地方，而不是连续地保存在磁盘连续的簇中形成的。当应用程序所需的物理内存不足时，一般操作系统会在硬盘中产生临时交换文件，用该文件所占用的硬盘空间虚拟成内存。虚拟内存管理程序会对硬盘频繁读写，产生大量的碎片，这是产生硬盘碎片的主要原因。其他如 IE 浏览器浏览信息时生成的临时文件或临时文件目录的设置也会造成系统中形成大量的碎片。文件碎片一般不会在系统中引起问题，但文件碎片过多会使系统在读文件的时候来回寻找，造成系统性能下降，严重的还会缩短硬盘寿命。另外，过多的磁盘碎片还有可能导致存储文件的丢失。碎片整理程序把这些碎片收集在一起，并把它们作为一个连续的整体存放在硬盘上。

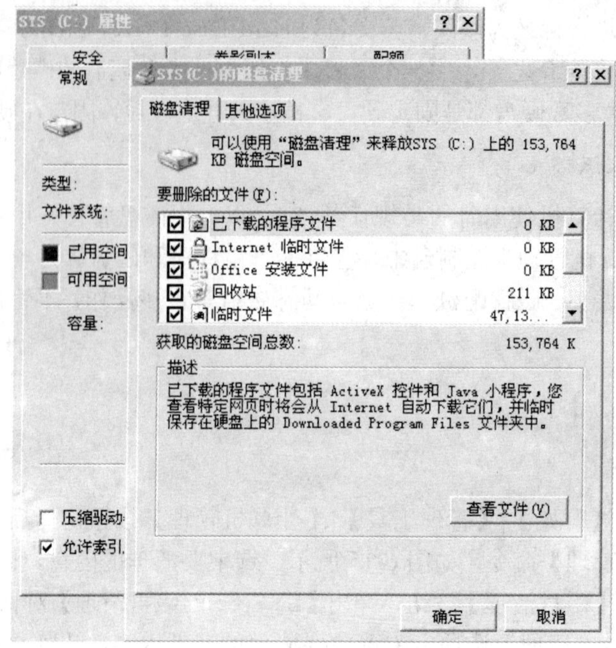

图 6-16　磁盘清理

碎片整理的方法为在图 6-15 中的左边一栏，单击【磁盘碎片整理程序】命令，然后选一个盘，如 E 盘，接着单击【分析】按钮就可以看到当前磁盘的文件分布基本情况，如图 6-17 所示。如果要进行磁盘碎片整理，则单击图 6-17 中的【碎片整理】按钮。

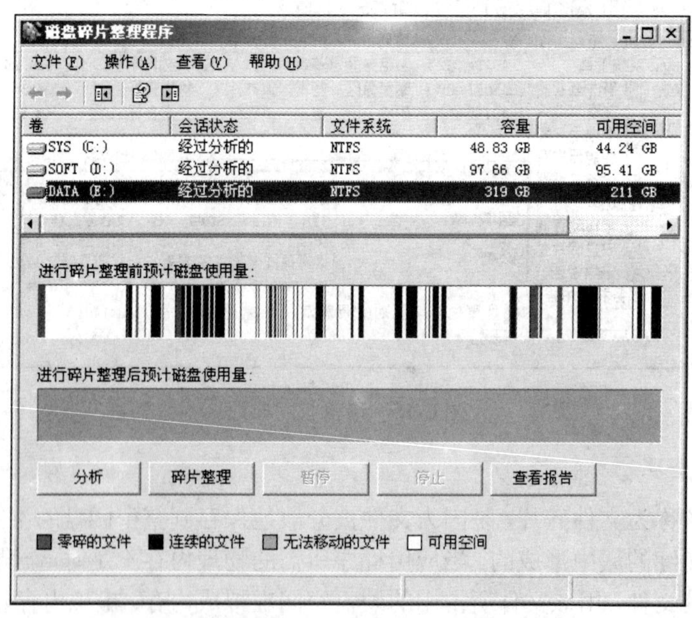

图 6-17　分析当前磁盘文件分布情况

3. 磁盘分区

分别使用系统自带的磁盘管理工具和第三方软件 PQmagic 对磁盘进行重新分区、格式化分区。并在小组之间进行讨论两种分区方法的优缺点，同时思考什么是主分区、扩展分区、逻辑分区。

任务 2　磁盘配额启用

2.1　任务引入

在 Windows 系统中有很多账户，如果用户设置允许了账户往磁盘写入数据，那么在默认情况下各个账户对于磁盘空间的使用大小是一样的。每个用户都可以往这个磁盘写入数据，直到磁盘空间写满为止。但是这并不是管理者所希望看到的，管理者希望各个账户有规范地使用磁盘空间的大小，而不是无序、无规范状态。比如规定 aaa 账户最多允许往 E 盘写入 10M，bbb 账户最多允许写入 20M 等诸如此类的要求。为了达到这些目的，可以从技术上给予限制，从而规范各账户使用磁盘空间的大小。这个技术就是磁盘配额技术。

2.2　相关知识

在 Windows Server 2003 为服务器操作系统的计算机网络中，系统管理员有一项很重要的任务，即为访问服务器资源的客户机设置磁盘配额，也就是限制他们一次性访问服务器资源的卷空间数量。这样做的目的在于防止某个客户机过量地占用服务器和网络资源，导致其他客户机无法访问服务器和使用网络。

磁盘配额对于普通的 Windows 用户不太重要，不过对于整个网络的系统管理员来说，此项操作却是至为重要的。因为一旦网络中的客户机很多，并且频繁访问服务器资源以及使用网络的话，无论服务器的运算能力多强，或者是网络所能承受的通信量多大，也难于满足所有用户的需求。所以系统管理员必须对网络中的客户机进行磁盘配额的设置。在 Windows 2003 中，磁盘配额按照卷跟踪控制磁盘空间使用。

简单的说磁盘配额是对磁盘进行配额，比如 D 盘、E 盘等，配额的目的是规范账户使用该磁盘，启用配额的条件是该磁盘的文件系统为 NTFS 格式。

2.3　任务实施

启用磁盘配额举例。

现举例来说明，比如对 E 盘进行配额，目的是规范 aaa 用户和 bbb 用户使用该磁盘，允许 aaa 用户最多使用 10M，当使用到 9M 的时候发出警告，bbb 用户最多允许写入 20M，当使用到 18M 的时候发出警告。可以参考如下的步骤。

(1) 首先看看 E 盘是否为 NTFS 文件格式，选中 E 盘，右击，在弹出的快捷菜单中选择【属性】命令，打开【DATA(E:)属性】对话框，如图 6-18 所示。

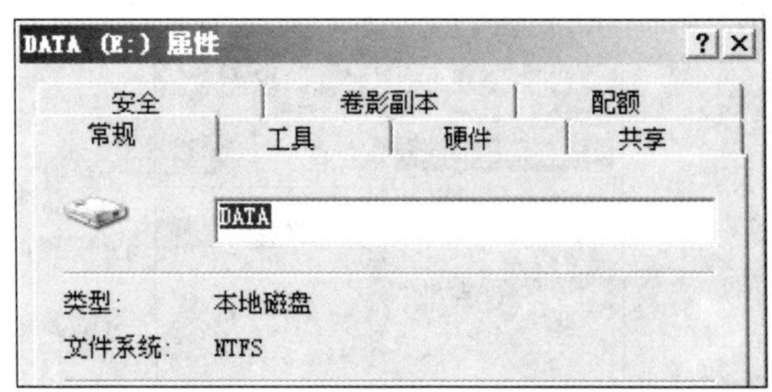

图 6-18　查看磁盘的文件系统属性

发现该磁盘文件系统是 NTFS 格式，因此可以进行配额，接着选择上面的【配额】选项卡，如图 6-19 所示。

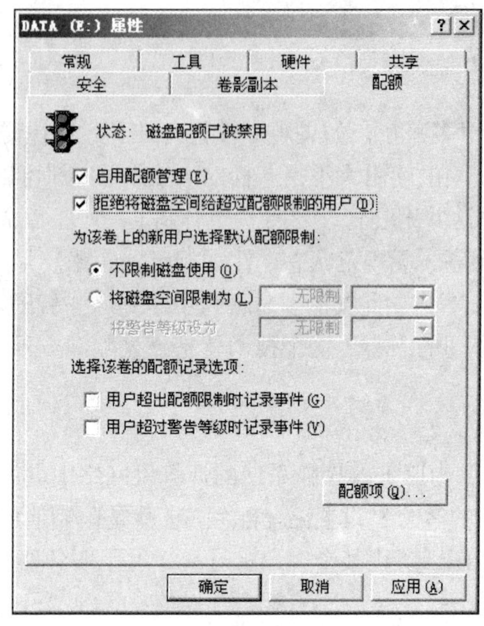

图 6-19 配额项属性

在上图中，选择【启用配额管理】和【拒绝将磁盘空间给超过配额限制的用户】复选框，在这里，如果想自定义用户的配额，则在【为该卷上的新用户选择默认配额限制】一栏选择【不限制磁盘使用】单选按钮，如果希望以后所有新建的用户都启用同一种磁盘配额模式，则在【为该卷上的新用户选择默认配额限制】一栏里选择【将磁盘空间限制为】单选按钮，并输入限制数据以及警告等级限制。下面的【选择该卷的配额记录选项】一栏，可以视情况选择。这里在【为该卷上的新用户选择默认配额限制】一栏里，选择【不限制磁盘使用】单选按钮，因为是对已经存在的 aaa 用户和 bbb 用户启用配额。

(2) 接着单击【配额项】按钮，出来如图 6-20 所示的【DATA(E:)的配额项】对话框。

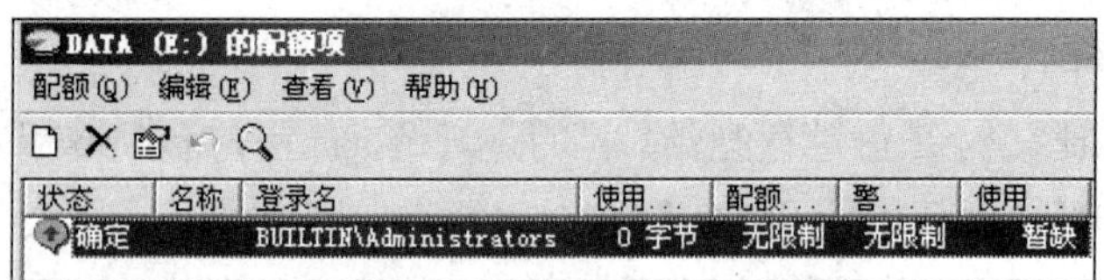

图 6-20 【DATA(E:)配额项】对话框

(3) 在图 6-20 中，发现还没有启用配额的选项，接着从【配额】菜单进入，选择【新建配额】选项，如图 6-21 所示。

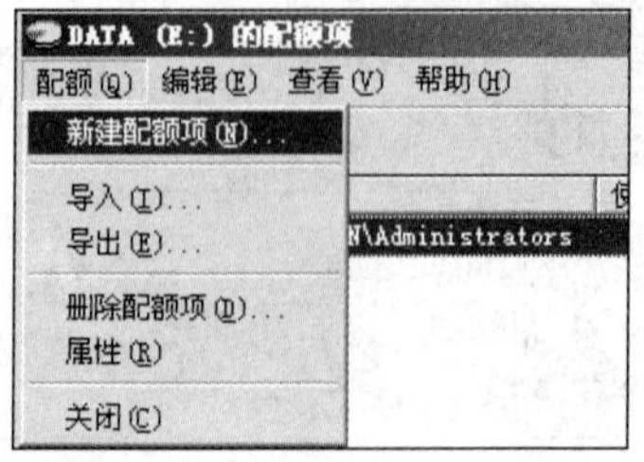

图 6-21 新建配额项菜单

(4) 接着会弹出【选择用户】对话框，如图 6-22 所示。

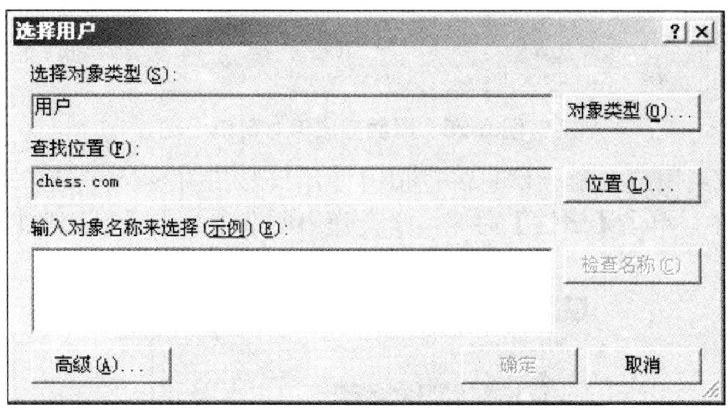

图 6-22　【选择用户】对话框

(5) 在图 6-22 中，单击【高级】按钮，然后再单击【立即查找】按钮，选中查找出来的 aaa 用户，然后单击【确定】按钮，如图 6-23 所示，就添加完毕了。

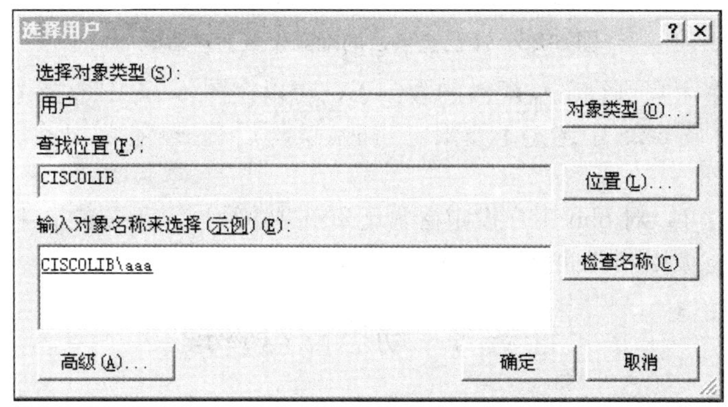

图 6-23　用户添加完毕

(6) 在图 6-23 中单击【确定】按钮，则弹出【添加新配额项】对话框，如图 6-24 所示，在图 6-24 所示的【设置所选用户的配额限制】一栏中，选择【将磁盘空间限制为】单按选钮，并且输入对应的限制大小和警告大小。

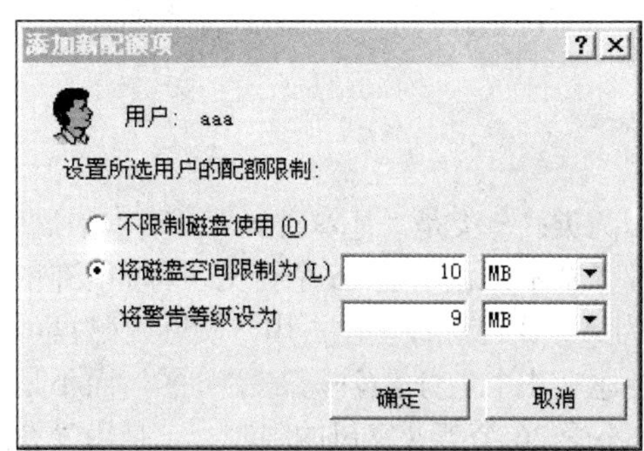

图 6-24　设置添加新配额项信息

(7) 单击【确定】按钮，则配额完成，在配额项信息中就会发现有了 aaa 用户的配额限制信息，如图 6-25 所示。

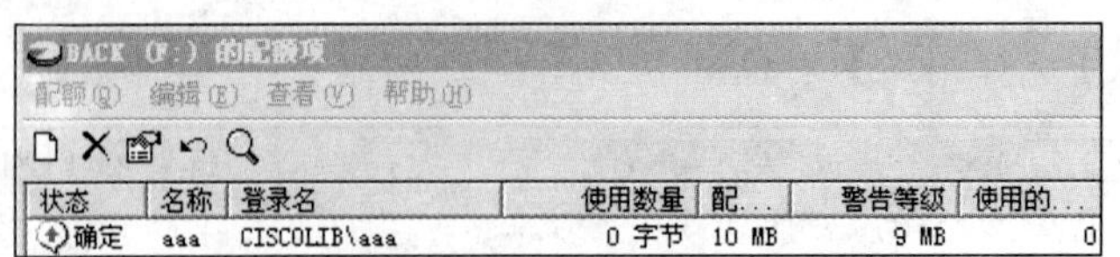

图 6-25　配额完成信息窗口

(8) 如果想修改某用户的配额信息，也很方便，只要在图 6-25 中选中对应的记录后右击，在弹出的快捷菜单中，单击【属性】命令，就会弹出所选项目的【已选项目的配额设置】对话框，如图 6-26 所示。

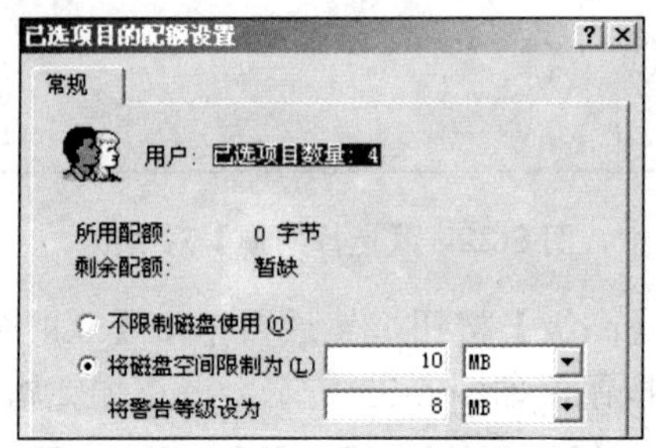

图 6-26　【已选项目的配额设置】对话框

如果不想对某个用户进行磁盘配额的限制了，可以在图 6-24 中选择【不限制磁盘使用】单选按钮，也可以在图 6-25 中选定不要限定的记录，然后右击，在弹出的快捷菜单中单击【删除】按钮便可。

用同样的方法，可以对 bbb 用户设定磁盘配额选项。经过磁盘配额后不管以本地或者网络方式写入该磁盘都将被限制在允许的范围之内了。

任务 3　动态磁盘管理

3.1　任务引入

用过计算机的人可能会遇到过这样的情况：在装某个软件时，它规定必须安装在磁盘的某个分区上，而恰恰此分区的磁盘空间不够了，怎么办？一般可能会想到某些改变磁盘分区大小的软件，比如 PQmagic 等，或者重新分区，用第三方软件来解决是一个比较好的方法，不过如果采用系统自带的功能那就更好了，那就是把“基本磁盘”升级为“动态磁盘”。

3.2　相关知识

1. 动态磁盘

磁盘的使用方式可以分为两类：一类是“基本磁盘”，“基本磁盘”非常常见，平时使用的磁盘类型基本上都是“基本磁盘”，“基本磁盘”受 26 个英文字母的限制，也就是说磁盘的盘符只能是 26 个英文字母中的一个，因为 A、B 已经被软驱占用，实际上磁盘可用的盘符只有 C～Z 24 个，另外，在“基本磁盘”上只能建立 4 个主分区(注意是主分区，而不是扩展分区)；另一种磁盘类型是“动态磁盘”。“动态磁盘”不受 26 个英文字母的限制，它是用“卷”来命名的。“动态磁盘”的最大优点是可以将磁盘容量扩展到非邻近的磁盘空间。正是这个特点可以帮助用户解决上面的那个问题。Windows Server 2003 系统支持的“卷”包括简单卷、跨区卷、带区卷、镜像卷、Raid 5 卷。

2. RAID 技术

RAID 是英文 Redundant Array of Inexpensive Disks 的缩写，中文简称为廉价磁盘冗余阵列。简

单地说，RAID 是一种把多块独立的硬盘(物理硬盘)按不同的方式组合起来形成一个硬盘组(逻辑硬盘)，从而提供比单个硬盘更高的存储性能和提供数据备份技术。组成磁盘阵列的不同方式成为RAID级别(RAID Levels)。数据备份的功能是在用户数据一旦发生损坏后，利用备份信息可以使损坏数据得以恢复，从而保障了用户数据的安全性。在用户看来，组成的磁盘组就像是一个硬盘，用户可以对它进行分区，格式化等。总之，对磁盘阵列的操作与单个硬盘一模一样。不同的是，磁盘阵列的存储速度比单个硬盘高很多，而且可以提供自动数据备份。虽然 RAID 包含多块硬盘，但是在操作系统下是作为一个独立的大型存储设备出现的。RAID 技术用于存储系统的好处主要有以下 3 种：①通过把多个磁盘组织在一起作为一个逻辑卷提供磁盘跨越功能；②通过把数据分成多个数据块(Block)并行写入/读出多个磁盘以提高访问磁盘的速度；③通过镜像或校验操作提供容错能力。最初开发 RAID 的主要目的是节省成本，当时几块小容量硬盘的价格总和要低于大容量的硬盘。目前来看 RAID 在节省成本方面的作用并不明显，但是 RAID 可以充分发挥多块硬盘的优势，实现远远超出任何一块单独硬盘的速度和吞吐量。除了性能上的提高，RAID 还可以提供良好的容错能力，在任何一块硬盘出现问题的情况下都可以继续工作，不会受到损坏硬盘的影响。RAID 技术的两大特点：一是速度，二是安全。由于这两项优点，RAID 技术早期被应用于高级服务器中的 SCSI 接口的硬盘系统中，随着近年计算机技术的发展，PC 的 CPU 的速度已进入 GHz 时代。IDE 接口的硬盘也不甘落后，相继推出了 ATA66 和 ATA100 硬盘。这就使得 RAID 技术被应用于中、低档甚至个人 PC 上成为可能。RAID 通常是由在硬盘阵列塔中的 RAID 控制器或计算机中的 RAID 卡来实现的。

3.3　任务实施

Windows Server 2003 支持 RAID 5 卷，下面演示如何在 Windows Server 2003 虚拟机中配置 RAID 5 卷。

1. 为虚拟机添加硬盘

先把事先准备好的虚拟机系统关闭，如图 6-27 所示，在图 6-27 中单击【Edit virtual machine settings】命令进入虚拟机设置界面，接着单击【Add】按钮进入硬件添加界面，如图 6-28 所示。选择【Hard disk】选项，单击【next】按钮进入硬盘添加向导，如图 6-29～图 6-32 所示。用同样的方法，再添加两块，完成添加后，就可以看到系统信息显示的所添加的硬盘了，如图 6-33 所示，在图 6-33 可以看到添加的硬盘信息。

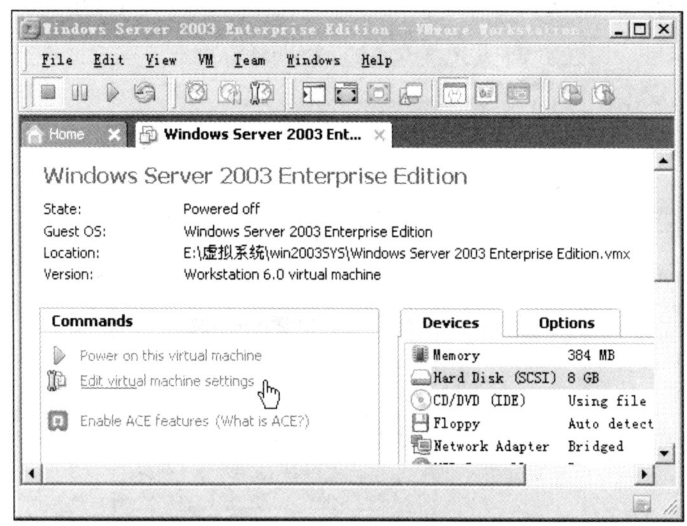

图 6-27　处于关闭状态的虚拟机

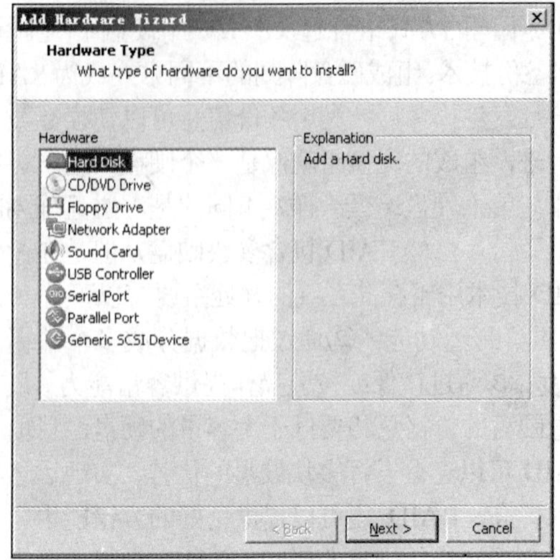

图 6-28　硬件添加界面

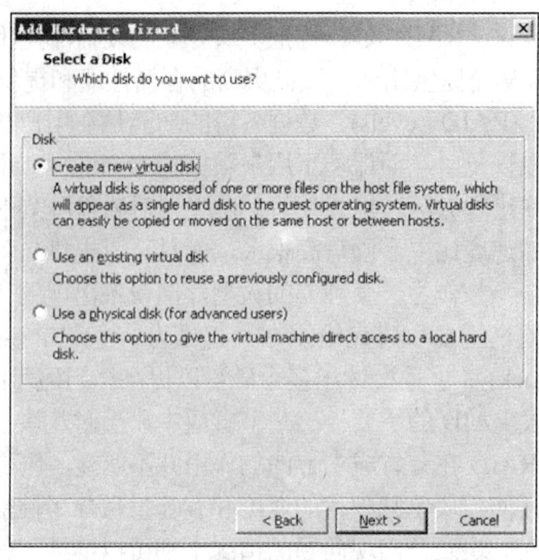

图 6-29　选择创建一块新的虚拟硬盘

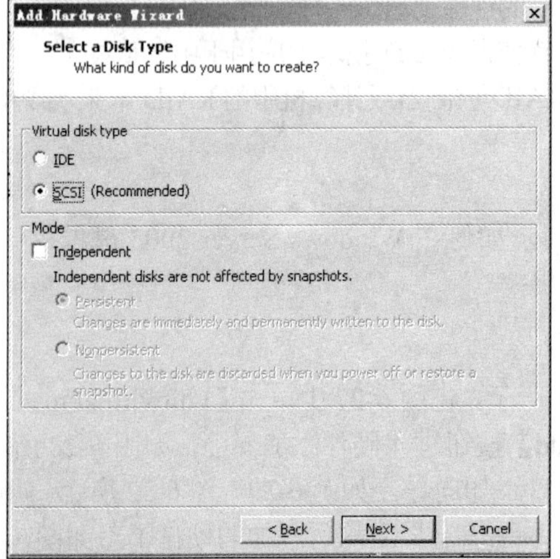

图 6-30　选择虚拟硬盘类型为 SCSI 型

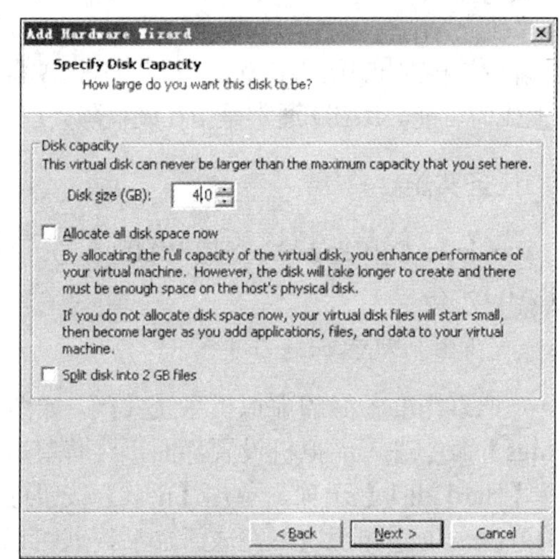

图 6-31　设定虚拟硬盘的大小

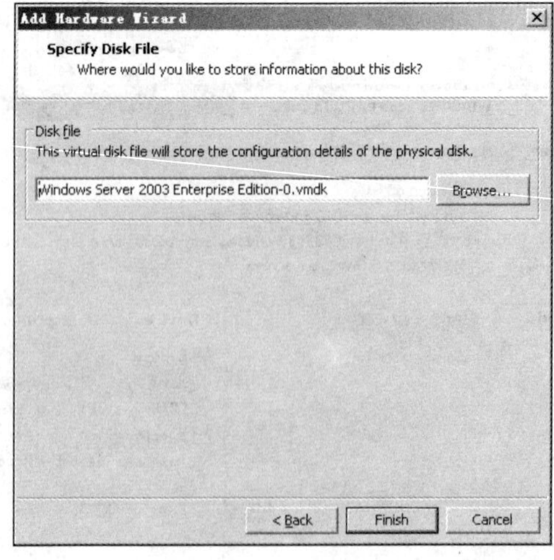

图 6-32　添加完成

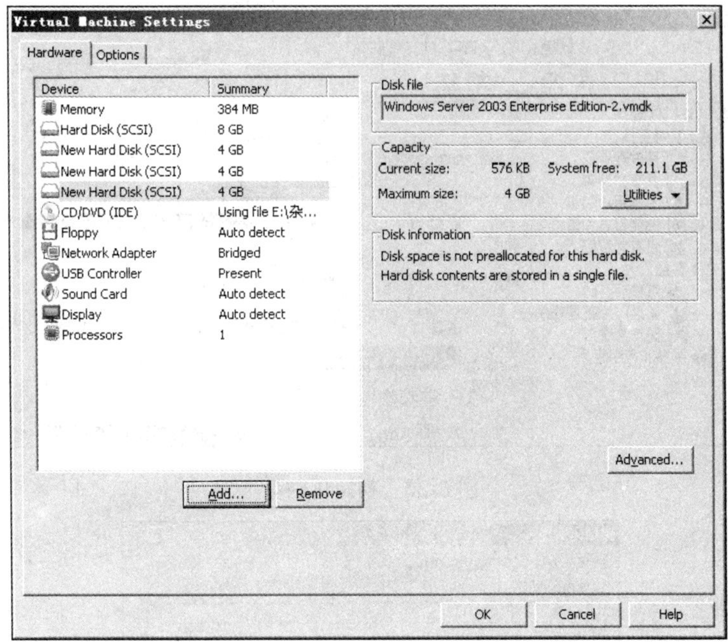

图 6-33　添加 3 块虚拟硬盘后系统信息列表

2. 配置动态磁盘

(1) 完成硬盘的添加后，启动系统，在磁盘管理器查看到添加的 3 块硬盘，如图 6-34 所示。可以看到有 3 块未初始化的硬盘，选中其中一块右击，在弹出的快捷菜单中单击【初始化磁盘】按钮，如图 6-35 所示，接着会弹出【初始化磁盘】的对话框，如图 6-36 所示。选定要初始化的磁盘后单击【确定】按钮就完成了初始化，完成后结果如图 6-37 所示。

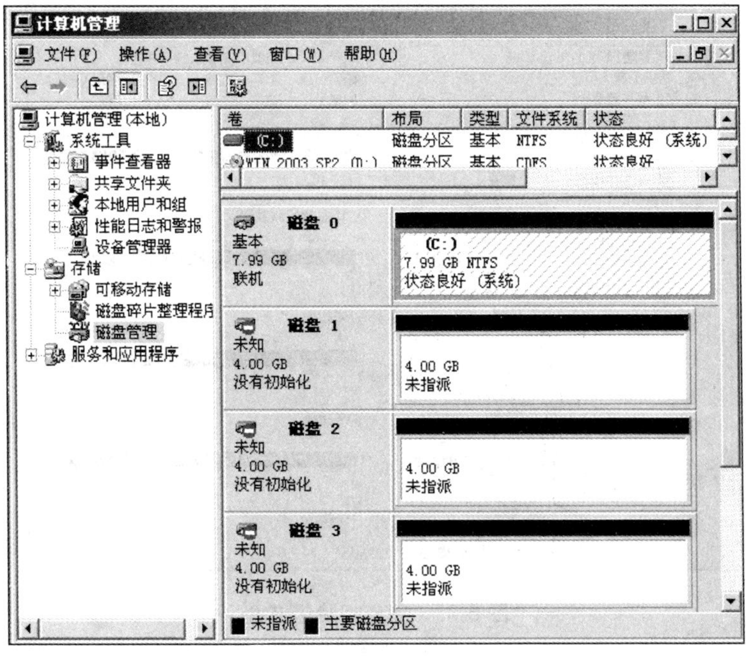

图 6-34　磁盘管理器查看到的硬盘信息

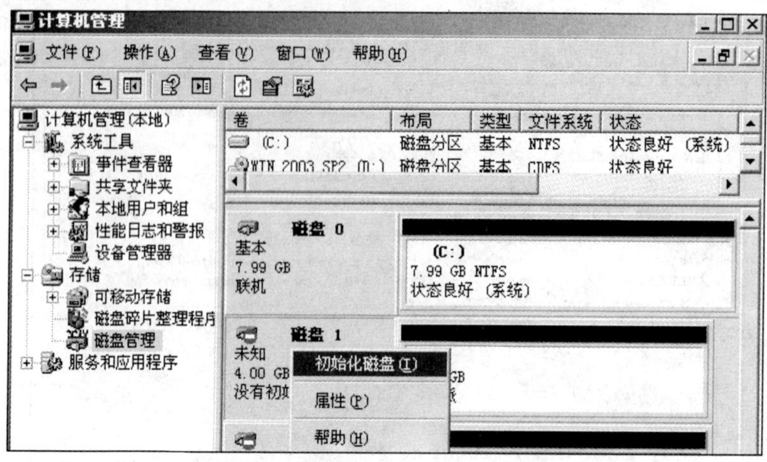

图 6-35　初始化磁盘

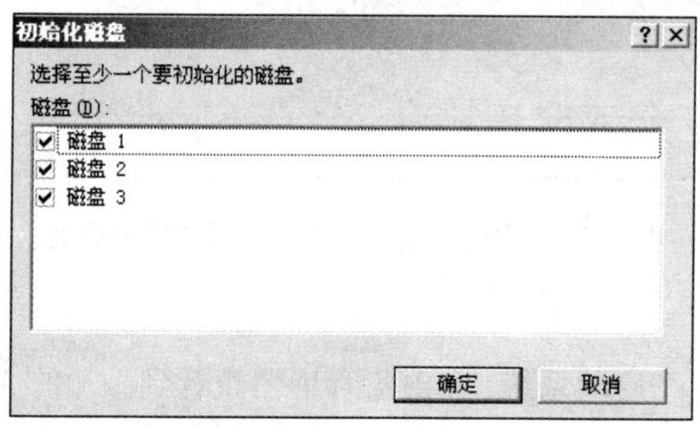

图 6-36　选定要初始化的磁盘

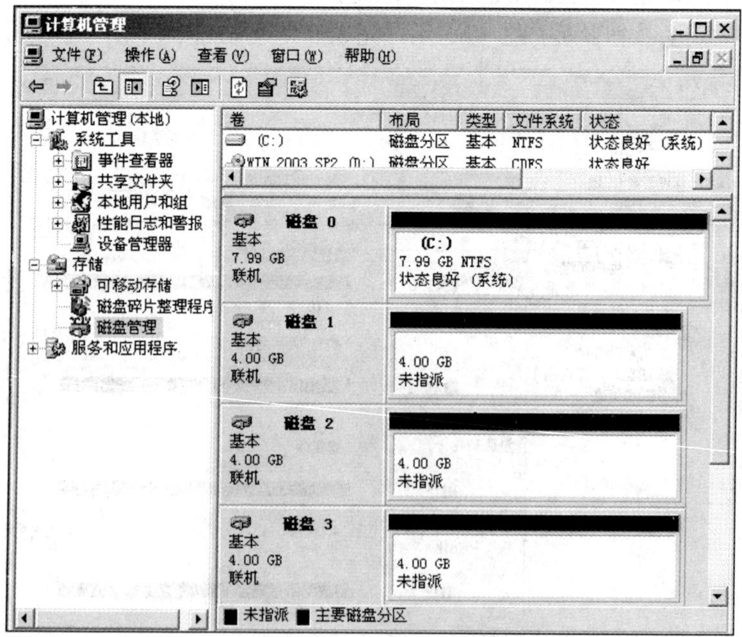

图 6-37　完成初始化磁盘

(2) 完成初始化磁盘后，就可以把磁盘升级为动态磁盘，方法为选中一个磁盘右击，在弹出的快捷菜单中单击【转化到动态磁盘】命令，如图 6-38 所示。接着在弹出的【升级磁盘】对话框中，选择要升级的磁盘，单击【确定】按钮就完成了升级，如图 6-39 所示，在图 6-39 中可以看到 3 个磁盘的类型变成了动态磁盘。

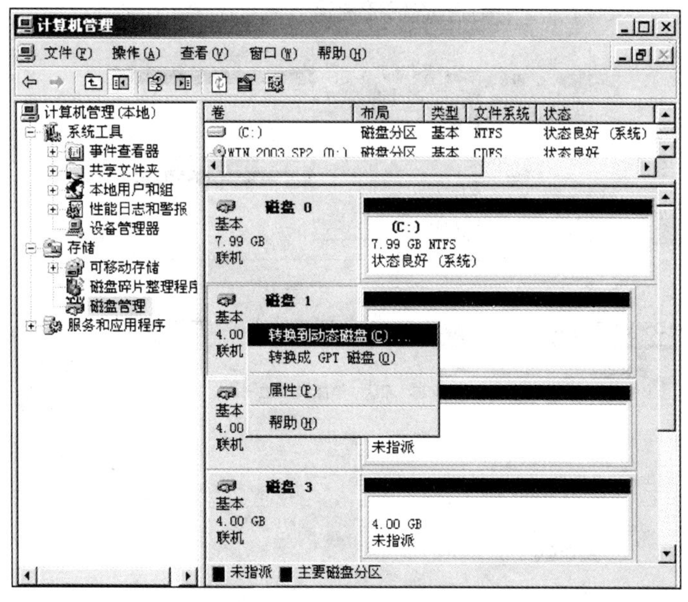

图 6-38　转化到动态磁盘

3. 创建 RAID5 卷

接着可以对这些动态磁盘重新创建卷，步骤如图 6-40～图 6-45 所示，卷重新创建好后，打开【我的电脑】就可以看到新建的卷了，如图 6-46 所示。卷可以和其他盘一样正常使用。

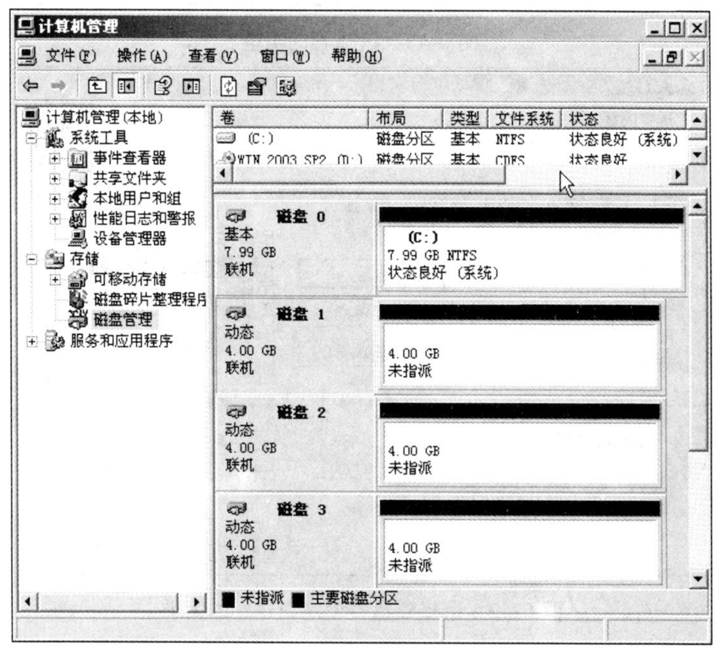

图 6-39　动态磁盘升级成功

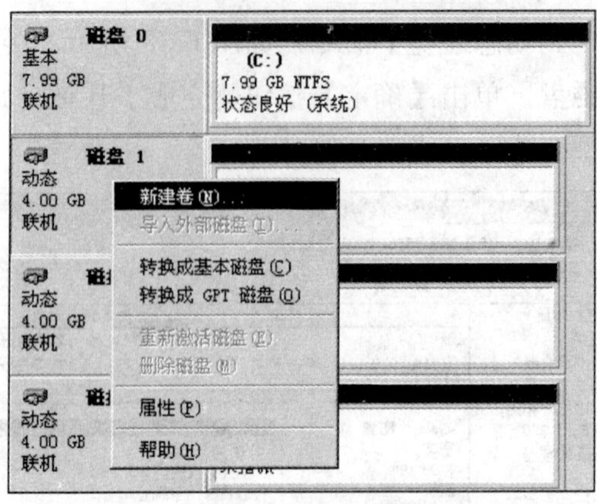

图 6-40　新建卷

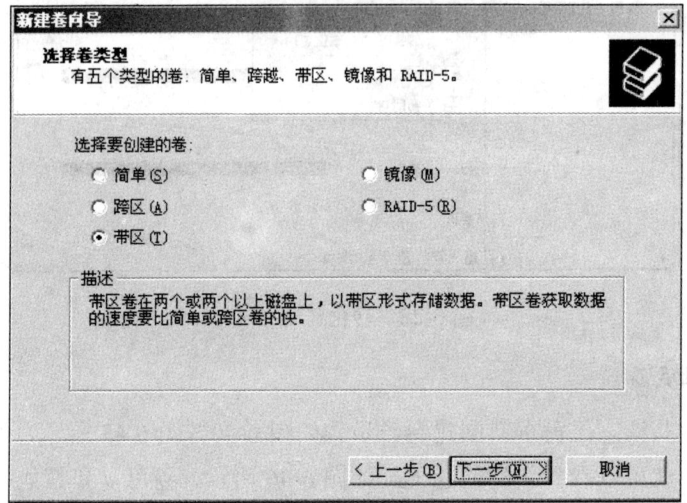

图 6-41　选择卷的类型

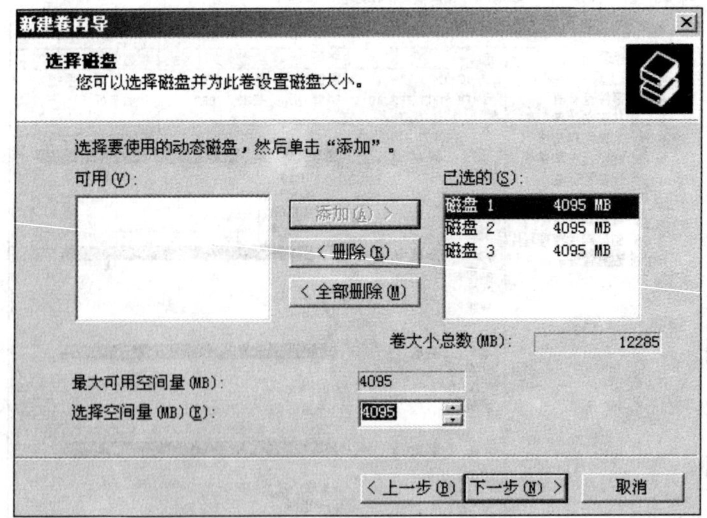

图 6-42　选择磁盘并设定新建卷的大小

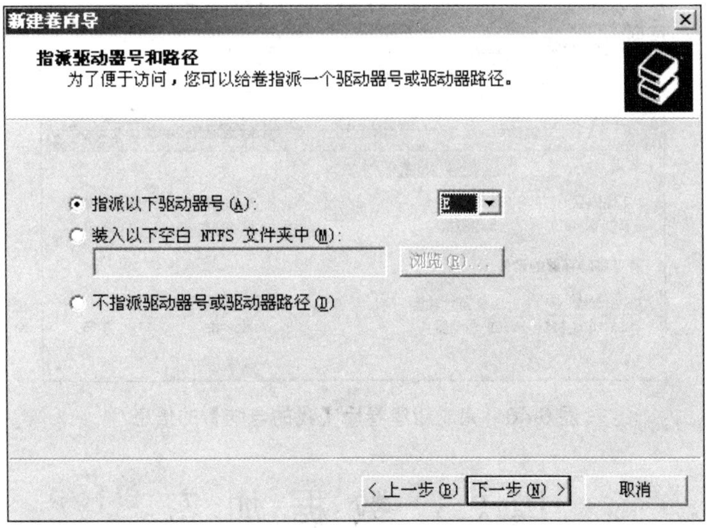

图 6-43 指派盘符

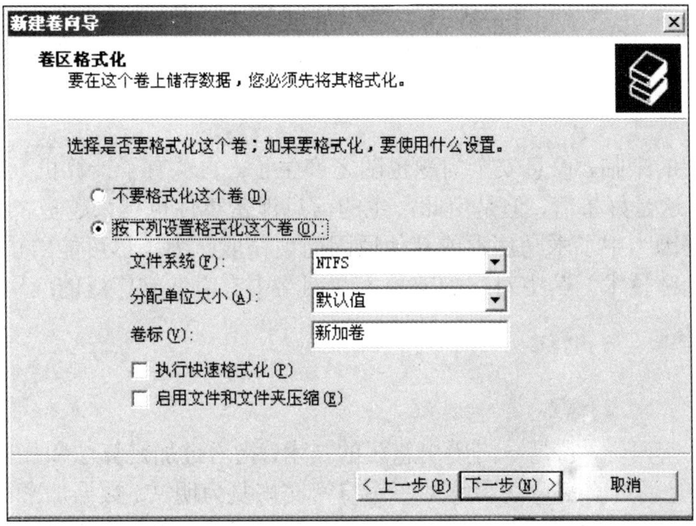

图 6-44 格式化卷

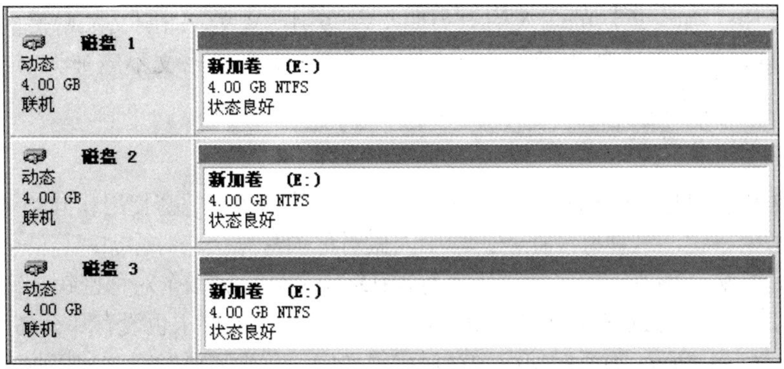

图 6-45 完成新建卷后【磁盘管理】的信息

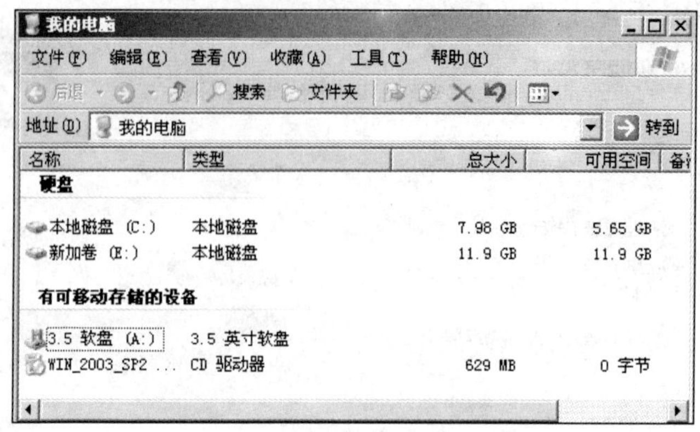

图 6-46 完成新建卷后【我的电脑】的信息

模块 3 数 据 加 密

任务 1 对称加密技术

1.1 任务引入

随着信息时代的来临，信息安全问题也随之产生了。自从有了计算机，有了网络，现在的信息传播特别快，这是好事情，但是由此产生的信息泄密事件也越来越多。用户经常会担心自己计算机上的数据因为中了木马病毒或其他原因而被窃取。为了尽可能防止这种情况的发生，产生了各种数据加密技术。其中对称加密技术在网络中有着非常广泛的应用。

1.2 相关知识

1. 数据加密

数据加密又称密码学，它是一门历史悠久的技术，指通过加密算法和加密密钥将明文转变为密文，而解密则是通过解密算法和解密密钥将密文恢复为明文。数据加密目前仍是计算机系统对信息进行保护的一种最可靠的办法。它利用密码技术对信息进行加密，实现信息隐蔽，从而起到保护信息安全的作用。数据加密的术语有：明文，即原始的或未加密的数据，通过加密算法对其进行加密，加密算法的输入信息为明文和密钥；密文，即明文加密后的格式，是加密算法的输出信息。加密算法是公开的，而密钥则是不公开的。密文不应被无密钥的用户理解，用于数据的存储以及传输。

2. 对称加密技术

对称加密采用了对称密码编码技术，它的特点是文件加密和解密使用相同的密钥，即加密密钥也可以用作解密密钥，这种方法在密码学中叫做对称加密算法。对称加密算法使用起来简单快捷，密钥较短，且破译困难。除了数据加密标准(DNS)之外，另一个对称密钥加密系统是国际数据加密算法(IDEA)，它比 DES 的加密性好，而且对计算机功能要求也没有那么高。IDEA 加密标准由 PGP(Pretty Good Privacy)系统使用。在对称算法中，首先需要发送方和接收方协定一个密钥 K。K 可以是一个密钥对，但是必须要求加密密钥和解密密钥之间能够互相推算出来。在最简单也是最常用的对称算法中，加密和解密共享一个密钥。密钥 K 为了防止被第三方获取，可以通过一个秘密通道由发送方传送给接收方。当然，这个秘密通道可以是任何形式，如果觉得可以，甚至可以寄送一封邮件给对方告诉他密钥。对称加密中明文通过对称加密成密文，在公开通道中进行传输。这个时候，即便第三方截获了数据，由于其没有掌握密钥，也是解密不了密文的。

1.3　任务实施

1. 对称加密技术在 word 加密中的应用

方法为，打开一个 word 文档，然后依次单击【工具】|【保护文档】命令，如图 6-47 所示。

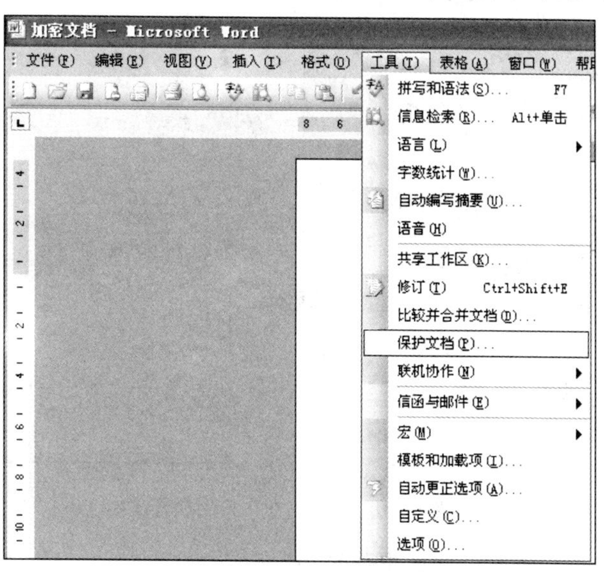

图 6-47　对 word 文档进行加密

接着弹出【保护文档】对话框，如图 6-48 所示，在图 6-48 中，选择【格式设置限制】和【编辑限制】中的【限制对选定的样式设置格式】和【仅允许在文档中进行此类编辑】复选框，然后单击【是，启动强制保护】按钮，就会弹出【启动强制保护】对话框，如图 6-49 所示，两次输入密码后就实现了对 word 文档的保护。

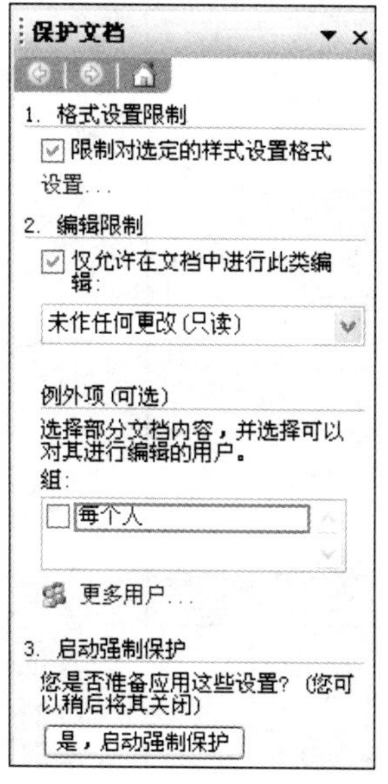

图 6-48　【保护文档】对话框

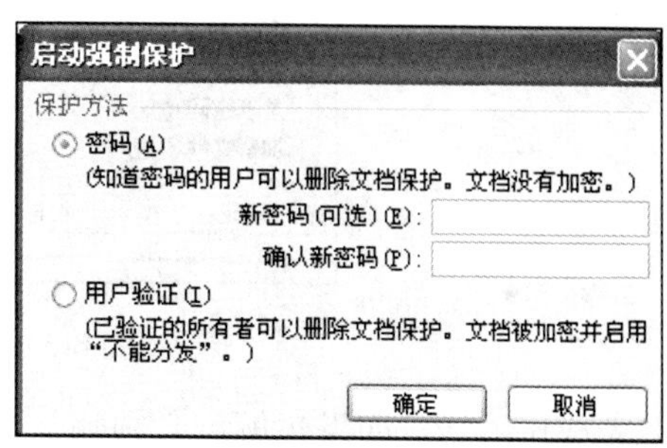

图 6-49　【启动强制保护】对话框

经过加密后，该文档就不能进行编辑了，如果想取消保护，只要依次单击【工具】|【取消保护文档】命令，如图 6-50 所示。然后输入原先设定的密码就可以了。

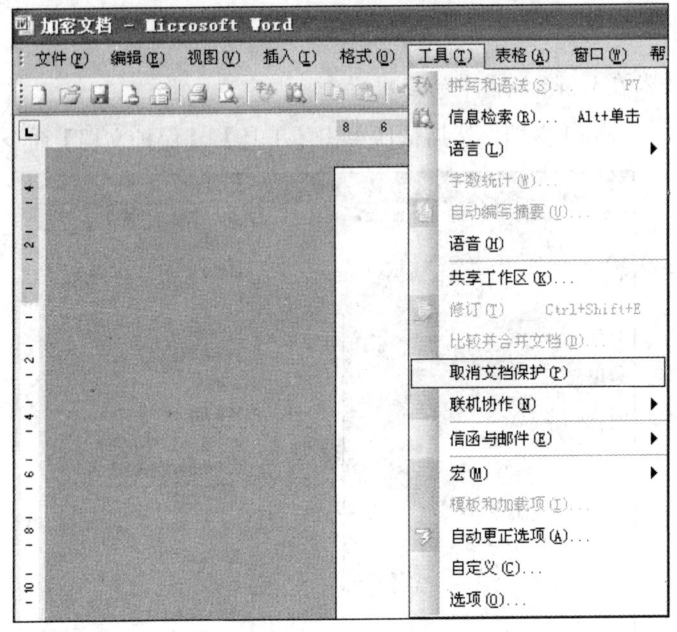

图 6-50　取消 word 文档加密

2. 对称加密技术在文档压缩加密中的应用

首先安装 winrar 软件，然后选中要压缩的文件或者文件夹，右击，在弹出的快捷菜单中单击【添加到压缩文件】命令，选择【高级】标签，单击【设置密码】按钮，弹出【带密码压缩】对话框，然后两次输入密码，如图 6-51 所示，单击【确定】按钮，即完成了压缩。

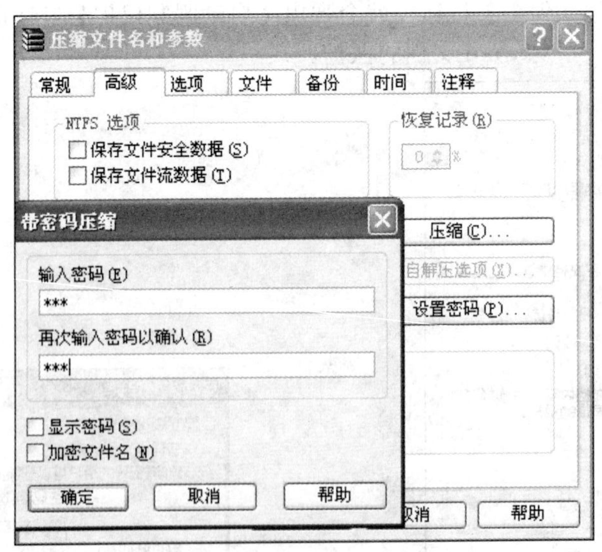

图 6-51　对压缩文件设置密码

完成压缩后，如果想解压必须输入和设置的相同的密码后，单击【确定】按钮即可，如图 6-52 所示。

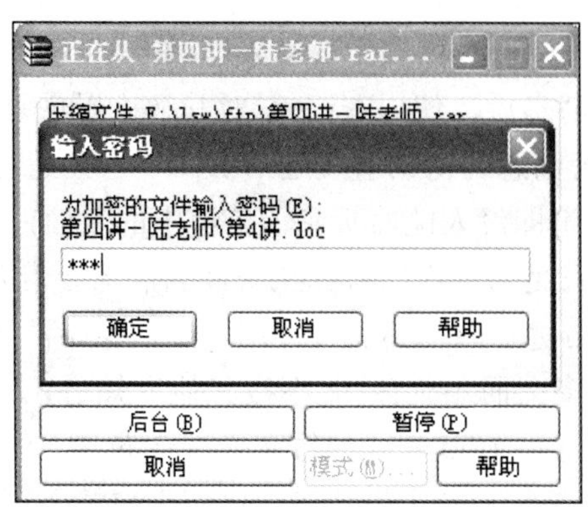

图 6-52 解压时输入密码

任务 2 非对称加密技术

2.1 任务引入

在对称加密算法中，使用的加密算法简单高效、密钥简短，破解起来比较困难。但是，一方面由于对称加密算法的安全性完全依赖于密钥的保密性，在信息时代如何保证密钥的安全是个严峻的问题。另一方面随着用户数量的增加，密钥的数量也将急剧增加，对庞大的密钥进行管理也是一个棘手的问题。在这种背景下，产生了非对称加密算法，非对称加密算法(Asymmetric Cryptographic Algorithm)又名“公开密钥加密算法”，其很好地解决了这两个问题，在信息安全领域中很实用。

2.2 相关知识

1. 非对称数据加密

1976 年，美国学者 Dime 和 Henman 为解决信息公开传送和密钥管理问题，提出了一种新的密钥交换协议，允许在不安全的媒体上的通信双方交换信息，安全地达成一致的密钥，这就是“公开密钥系统”。相对于“对称加密算法”，这种方法也叫做“非对称加密算法”。与对称加密算法不同，非对称加密算法需要两个密钥：公开密钥(Public Key)和私有密 (Private Key)。公开密钥与私有密钥是一对，如果用公开密钥对数据进行加密，只有用对应的私有密钥才能解密；如果用私有密钥对数据进行加密，那么只有用对应的公开密钥才能解密。因为加密和解密使用的是两个不同的密钥，所以这种算法叫作“非对称加密算法”。

非对称密码体制的特点：算法强度复杂、安全性依赖于算法与密钥但是由于其算法复杂，而使得加密、解密速度没有对称加密解密的速度快。对称密码体制中只有一种密钥，并且是非公开的，如果要解密就得让对方知道密钥。因此保证其安全性就是保证密钥的安全，而非对称密钥体制有两个密钥，其中一个是公开的，这样就可以不需要像对称密码那样传输对方的密钥了。这样安全性就增大了很多。

2. 非对称加密算法与对称加密算法的区别

首先，用于消息解密的密钥值与用于消息加密的密钥值不同。其次，非对称加密算法比对称加密算法慢数千倍，但在保护通信安全方面，非对称加密算法却具有对称密码难以企及的优势。

为说明这种优势，使用对称加密算法的例子来强调：Alice 使用密钥 K 加密消息并将其发送给 Bob，Bob 收到加密的消息后，使用密钥 K 对其解密以恢复原始消息。这里存在一个问题，即 Alice 如何将用于加密消息的密钥值发送给 Bob？答案是，Alice 发送密钥值给 Bob 时必须通过独立的安全通信信道(即没人能监听到该信道中的通信)。

这种使用独立安全信道来交换对称加密算法密钥的需求会带来更多问题：首先，有独立的安全信道，但是安全信道的带宽有限，不能直接用它发送原始消息；其次，Alice 和 Bob 不能确定他们的密钥值可以保持多久而不泄露(即不被其他人知道)以及何时交换新的密钥值。当然，这些问题不只 Alice 会遇到，Bob 和其他每个人都会遇到，他们都需要交换密钥并处理这些密钥管理问题。如果 Alice 要给数百人发送消息，那么事情将更麻烦，她必须使用不同的密钥值来加密每条消息。例如，利用对称加密算法要给 200 个人发送通知，Alice 需要加密消息 200 次，对每个接收方加密一次消息。显然，在这种情况下，使用对称加密算法来进行安全通信的开销相当大。

非对称加密算法的主要优势就是使用两个而不是一个密钥值：一个密钥值用来加密消息，另一个密钥值用来解密消息。这两个密钥值在同一个过程中生成，称为密钥对。用来加密消息的密钥称为公钥，用来解密消息的密钥称为私钥。用公钥加密的消息只能用与之对应的私钥来解密，私钥除了持有者外无人知道，而公钥却可通过非安全管道来发送或在目录中发布。Alice 需要通过电子邮件给 Bob 发送一个机密文档。首先，Bob 使用电子邮件将自己的公钥发送给 Alice。然后 Alice 用 Bob 的公钥对文档加密并通过电子邮件将加密消息发送给 Bob。由于任何用 Bob 的公钥加密的消息只能用 Bob 的私钥解密，所以即使窥探者知道 Bob 的公钥，消息也仍是安全的。Bob 在收到加密消息后，用自己的私钥进行解密从而恢复原始文档。

3. EFS 概述

EFS 加密是基于公钥策略的。在使用 EFS 加密一个文件或文件夹时，系统首先会生成一个由伪随机数组成的 FEK (File Encryption Key，文件加密钥匙)，然后将利用 FEK 和数据扩展标准 X 算法创建加密后的文件，并把它存储到硬盘上，同时删除未加密的原始文件。随后系统利用公钥加密 FEK，并把加密后的 FEK 存储在同一个加密文件中。而在访问被加密的文件时，系统首先利用当前用户的私钥解密 FEK，然后利用 FEK 解密出文件。在首次使用 EFS 时，如果用户还没有公钥/私钥对(统称为密钥)，则会首先生成密钥，然后加密数据。如果登录到了域环境中，密钥的生成依赖于域控制器，否则它就依赖于本地机器。

4. EFS 优点

首先，EFS 加密机制和操作系统紧密结合，因此不必为了加密数据安装额外的软件，这节约了使用成本。其次，EFS 加密系统对用户是透明的。这也就是说，如果加密了一些数据，那么对这些数据的访问将是完全允许的，并不会受到任何限制。而其他非授权用户试图访问加密过的数据时，就会收到“访问拒绝”的错误提示。EFS 加密的用户验证过程是在登录 Windows 时进行的，只要登录到 Windows，就可以打开任何一个被授权的加密文件。这里的登录是指本地登录，非远程登录，比如通过 telnet 方式登录，或者 FTP 方式登录等。

5. 使用 EFS 加密的条件

要使用 EFS 加密，首先要保证操作系统符合要求。目前支持 EFS 加密的 Windows 操作系统主要有 Windows 2000 全部版本和 Windows 2003、Windows XP Professional、Windows Vista Business 以及 Windows 7 Professional 或更高版系列的操作系统，所有家庭版和入门版的 Windows 都不支持该功能。其次，EFS 加密只对 NTFS 分区上的数据有效(这是指由 Windows 2000/2003/XP/Vista/7 格式化过的 NTFS 分区；而由 Windows NT4 格式化的 NTFS 分区格式，虽然同样是 NTFS 文件系统，但它不支持 EFS 加密)，FAT 和 FAT32 分区上无法进行 EFS 加密。

2.3　任务实施

1. 用当前用户对文件夹进行 EFS 加密，用其他用户尝试访问

选中要加密的文件夹，然后右击，在弹出的快捷菜单中，单击【属性】命令，在弹出的对话框中单击【高级】按钮，在弹出的【高级属性】对话框中，选择【加密内容以保护数据】复选框，如图 6-53 所示。然后单击【确定】按钮，再单击【应用】按钮，就弹出【确认属性更改】对话框，如图 6-54 所示。接着单击【确定】以完成加密。完成后大家可以观察到，文件夹属性的标识为 AE，并且变成了浅绿色，如图 6-55 所示。接着测试加密的有效性，发现用当前加密的用户能够正常访问，如果用其他用户登录后则不能访问，就会出现拒绝访问的警告，如图 6-56 所示。

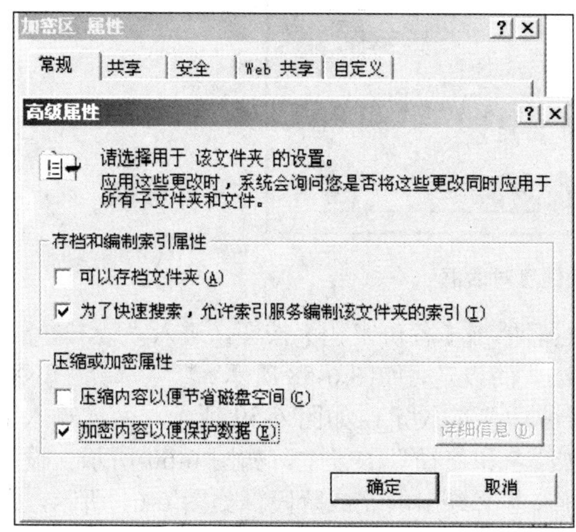

图 6-53　对文件夹进行加密

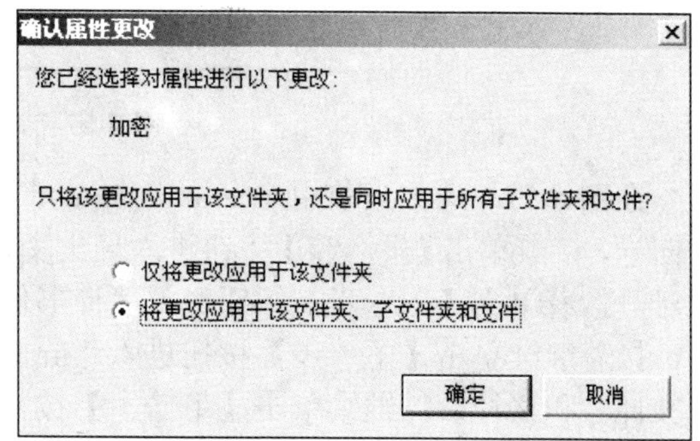

图 6-54　【确认属性更改】对话框

名称	大小	类型	修改日期	属...
Documents and ...		文件夹	2010-6-2 9:03	
Inetpub		文件夹	2010-6-2 9:09	
Program Files		文件夹	2012-1-29 13:32	R
WINDOWS		文件夹	2010-8-30 12:50	
wmpub		文件夹	2010-6-2 8:56	
Youku		文件夹	2012-1-29 13:32	
加密区		文件夹	2012-2-24 20:01	AE

图 6-55　EFS 加密后文件夹状态

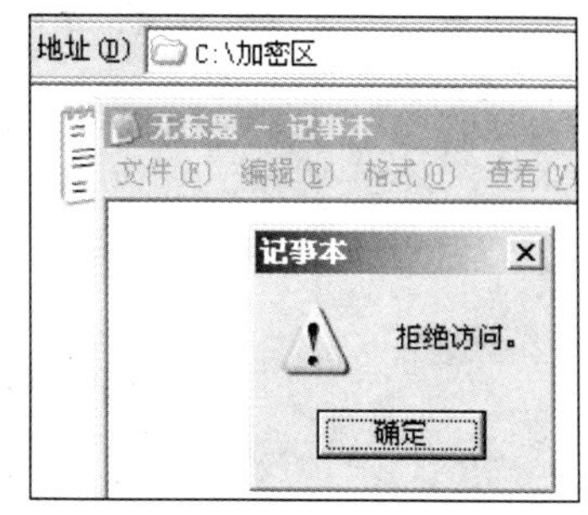

图 6-56　拒绝其他用户访问

如果要去掉加密，则用加密的用户登录后，重新选中文件夹，在图 6-53 中，取消选择【加密内容以保护数据】复选框，再单击【确定】按钮即可。

2. EFS文档访问权限的授权

企业通常希望使用加密技术以保护敏感的数据，但同时也允许多个用户访问这些数据。借助EFS技术，用户可以对文件进行加密，然后通过授权给其他允许的用户，那么其他用户就可以访问了。步骤为，选中加密的文档，然后右击，在弹出的书报捷菜单中选择【属性】命令，单击【高级】按钮，打开详细信息对话框，如图6-57所示。

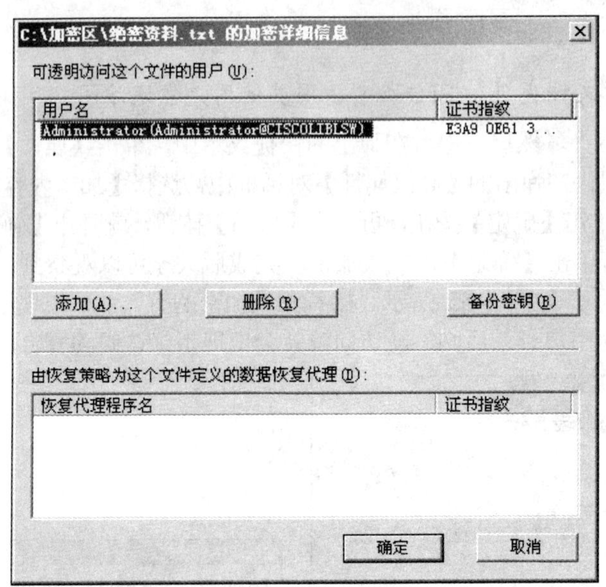

图6-57　详细信息对话框

在图6-57，选中当前用户(Administrator)，然后单击【备份密钥】按钮，进入"证书导出"的向导，接着单击【下一步】按钮进入导出文件格式的设定，如图6-58所示。默认选择"PFX"即可。接着单击【下一步】按钮进入"证书保护密码"的设定，如图6-59所示。两次输入密码，接着继续单击【下一步】按钮进入"导出文件名和路径"的设定，如图6-60所示。设定好文件名和路径后，继续单击【下一步】按钮进入证书导出的完成阶段，如图6-61所示，最后单击【完成】按钮即可。

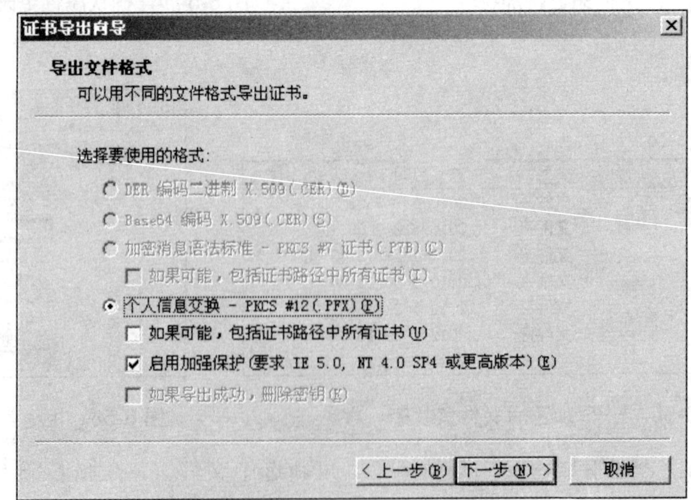

图6-58　证书导出格式的设定

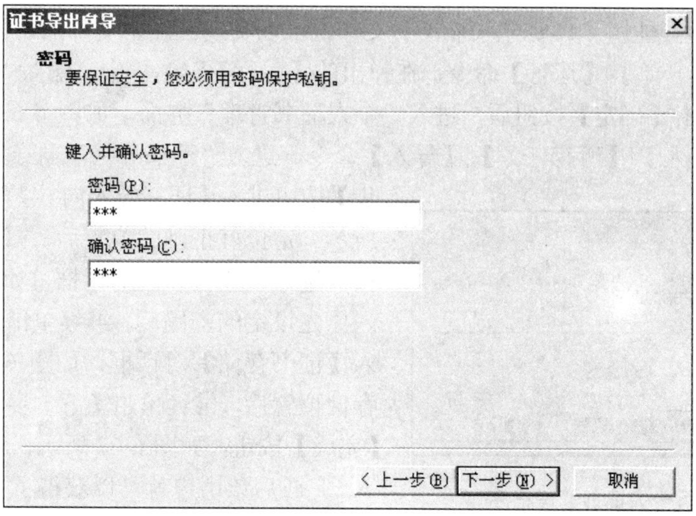

证书导出向导
密码
要保证安全，您必须用密码保护私钥。
键入并确认密码。
密码(P):
***
确认密码(C):
***
< 上一步(B)
下一步(N) >
取消

图 6-59　证书保护密码的设定

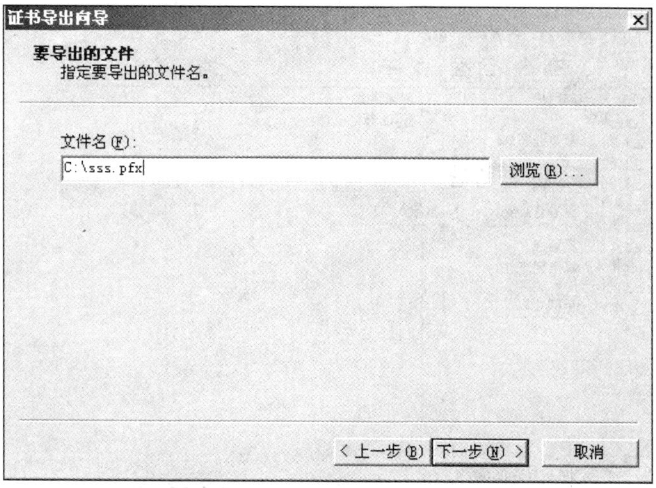

证书导出向导
要导出的文件
指定要导出的文件名。
文件名(F):
C:\sss.pfx
浏览(R)...
< 上一步(B)
下一步(N) >
取消

图 6-60　导出文件名和路径的设定

证书导出向导
正在完成证书导出向导
您已成功地完成证书导出向导。
您已指定下列设置:
文件名　C:\sss.pfx
导出密钥　是
包括证书路径中所有证书　否
文件格式　个人信息交换(*.pfx)
< 上一步(B)
完成
取消

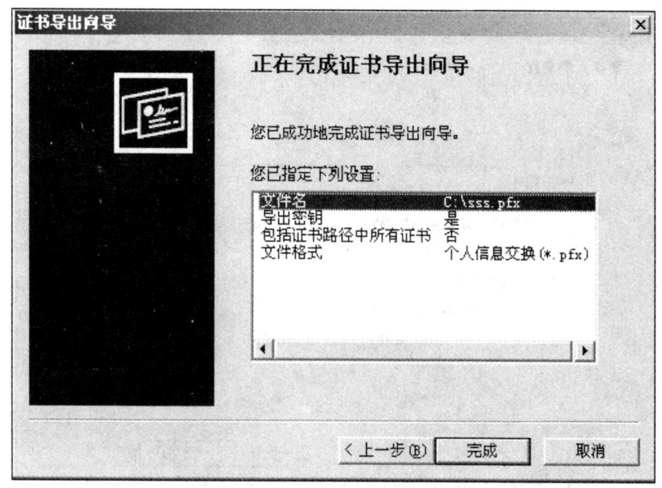

图 6-61　完成证书的导出

证书导出后，其他用户只要导入该证书文件就可以实现对加密文件的访问了，比如用 bbb 账号登录后单击【开始】|【运行】命令，在弹出的【运行】对话框中，输入“certmgr.msc”，如图 6-62 所示，单击【确定】按钮后，进入“个人证书管理”界面，如图 6-63 所示。在图 6-63 中，依次单击【个人】|【所有任务】|【导入】命令，进入“证书导入”向导，接着单击【下一步】按钮进入【证书导入向导】对话框，如图 6-64 所示。定位好正确的位置后，接着单击【下一步】按钮进入密码输入的对话框，如图 6-65 所示，输入原先设定的密码后，继续单击【下一步】按钮进入【证书存储】对话框，如图 6-66 所示，设定好存储位置后，继续单击【下一步】按钮，而后单击【完成】按钮，如图 6-67 所示，就完成了证书的导入。完成后该用户就可以获得了访问加密文件的权限了。

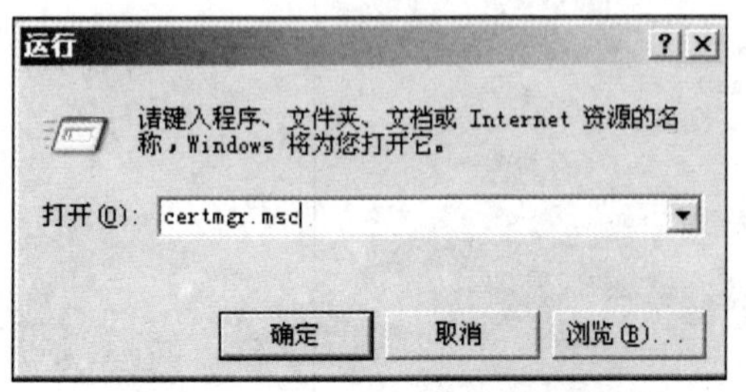

图 6-62　运行个人证书管理程序

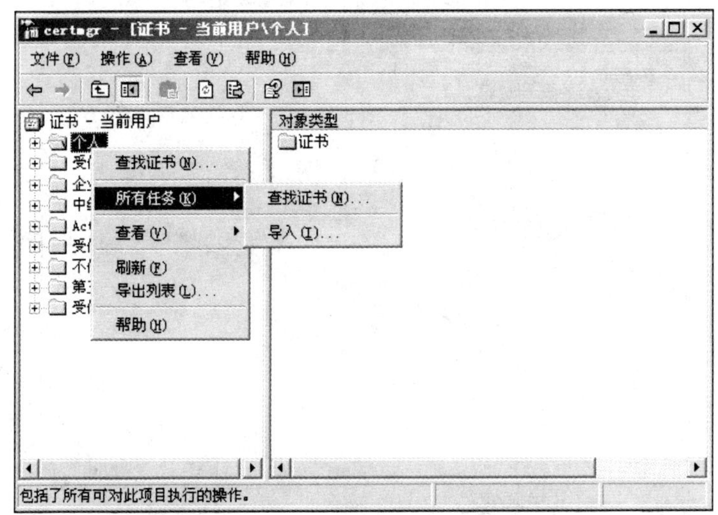

图 6-63　个人证书管理界面

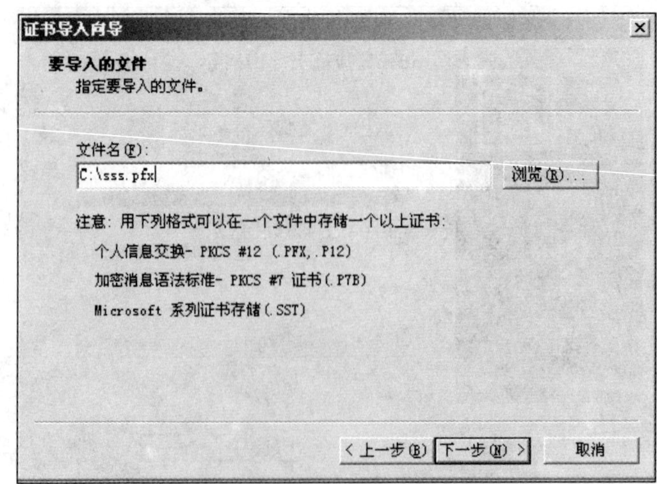

图 6-64　【证书导入向导】对话框

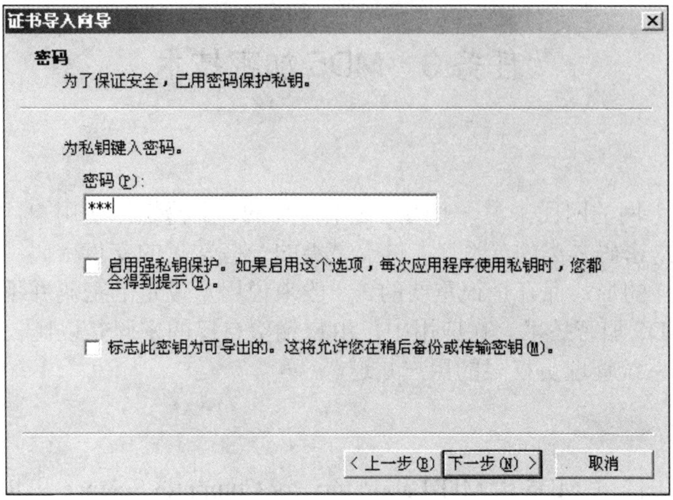

证书导入向导
密码
为了保证安全，已用密码保护私钥。
为私钥键入密码。
密码(P):
***
启用强私钥保护。如果启用这个选项，每次应用程序使用私钥时，您都会得到提示(E)。
标志此密钥为可导出的。这将允许您在稍后备份或传输密钥(M)。
< 上一步(B)
下一步(N) >
取消

图 6-65 证书保护密码的输入

证书导入向导
证书存储
证书存储是保存证书的系统区域。
Windows 可以自动选择证书存储，或者您可以为证书指定一个位置。
根据证书类型，自动选择证书存储(U)
将所有的证书放入下列存储(P)
证书存储:
个人
浏览(R)...
< 上一步(B)
下一步(N) >
取消

图 6-66 证书存储位置设定的对话框

证书导入向导
正在完成证书导入向导
您已成功地完成证书导入向导。
您已指定下列设置:
用户选定的证书存储 个人
内容 PFX
文件名 C:\sss.pfx
< 上一步(B)
完成
取消

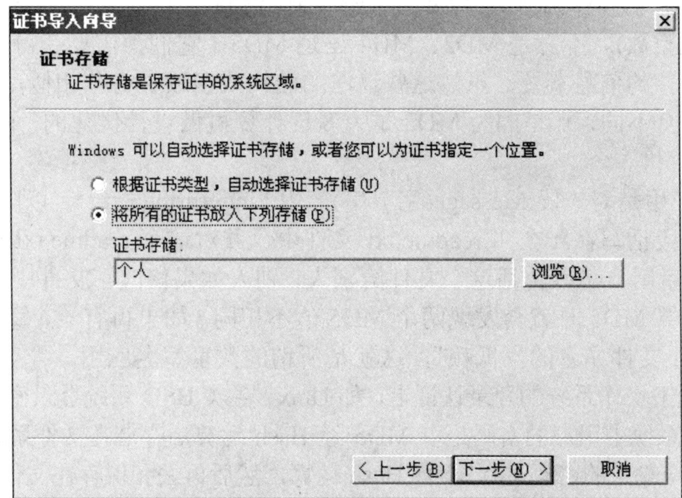

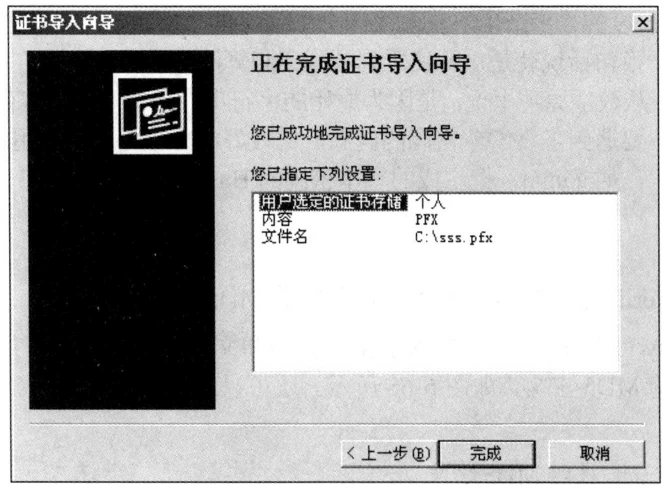

图 6-67 完成证书的导入

任务3　MD5加密技术

3.1　任务引入

对于一些经常上网的网民来说，密码是必不可少的，上论坛注册用户，如果有用到网银交易，就会有网上交易密码之类的，还有支付宝之类的一些常见的支付密码。保证密码的安全非常重要，密码以怎样的形式保存是很重要的，一般来说用户设定的密码并不特别复杂，针对这种情况，产生了MD5加密技术。在应用中，用户希望自己的密码是以比较复杂的形式保存，并且不希望被具有系统管理员权限的用户知道。

3.2　相关知识

在20世纪90年代初，MD5由MIT Laboratory for Computer Science和RSA Data Security Ic的Ronald L. Rivest开发出来，经MD2、MD3和MD4发展而来。它的作用是让大容量信息在用数字签名软件签署私人密钥前被“压缩”成一种保密的格式(就是把一个任意长度的字节串变换成一定长的大整数)。不管是MD2、MD4还是MD5，它们都需要获得一个随机长度的信息并产生一个128位的信息摘要。虽然这些算法的结构或多或少有些相似，但MD2的设计与MD4和MD5的完全不同，那是因为MD2是为8位计算机做设计优化的，而MD4和MD5却是面向32位的计算机。

MD5的典型应用是对一段Message(字节串)产生Fingerprint(指纹)，以防止被“篡改”。举个例子，用户将一段话写在一个叫readme.txt文件中，并对这个readme.txt产生一个MD5的值并记录在案，然后用户可以传播这个文件给别人，别人如果修改了文件中的任何内容，用户对这个文件重新计算MD5时就会发现两个MD5值不相同。如果再有一个第三方的认证机构，用MD5还可以防止文件作者的“抵赖”，这就是所谓的数字签名应用。

MD5还广泛用于操作系统的登录认证上，如Unix、各类BSD系统登录密码、数字签名等诸多方。如在UNIX系统中用户的密码是以MD5经Hash运算后存储在文件系统中。当用户登录的时候，系统把用户输入的密码进行MD5 Hash运算，然后再去和保存在文件系统中的MD5值进行比较，进而确定输入的密码是否正确。通过这样的步骤，系统在并不知道用户密码的明码的情况下就可以确定用户登录系统的合法性。这可以避免用户的密码被具有系统管理员权限的用户知道。MD5将任意长度的“字节串”映射为一个128bit的大整数，并且是通过该128bit反推原始字符串是困难的，换句话说就是，即使看到源程序和算法的描述，也很难将一个MD5的值变换回原始的字符串，从数学原理上说，是因为原始的字符串有无穷多个，这有点像不存在反函数的数学函数。所以，要遇到了MD5密码的问题，比较好的办法是：可以用这个系统中的MD5函数重新设一个密码，如admin，把生成的一串密码的Hash值覆盖原来的Hash值就行了。

3.3　任务实施

1. 使用MD5Verify加密字符串和文件，并比对MD5密文

使用MD5Verify可以通过MD5算法加密字符串和文件，计算出其报文摘要，比如计算机字符串“123456”的MD5密文，如图6-68所示。还可以通过对比MD5密文，判断是否一致，如图6-69所示。

2. 使用MD5Crack破解MD5密文

MD5Crack是一款能够破解MD5密文的小工具。将在图6-68中生成的MD5密文复制到

MD5Crack 中，并设置字符集为“数字”，单击【开始】按钮进行 MD5 破解，如图 6-70 所示。由于原来的 MD5 明文都是数字并且比较简单，破解很快完成。如果 MD5 明文既有数字又有字母，破解将花费非常长的时间，这进一步说明了 MD5 算法较高的安全性。

图 6-68　使用 MD5Verify 加密字符串

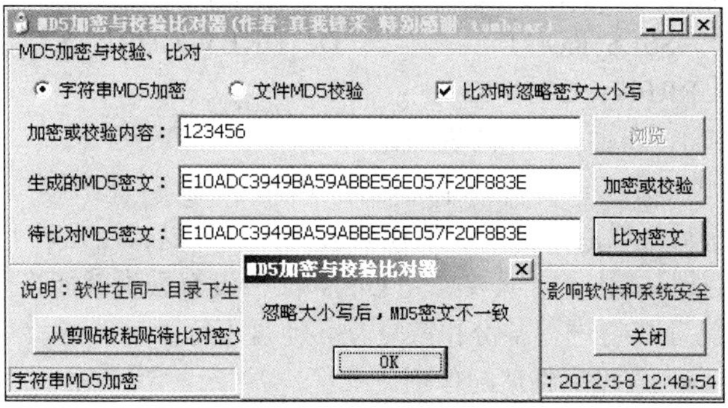

图 6-69　使用 MD5Verify 对比 MD5 密文

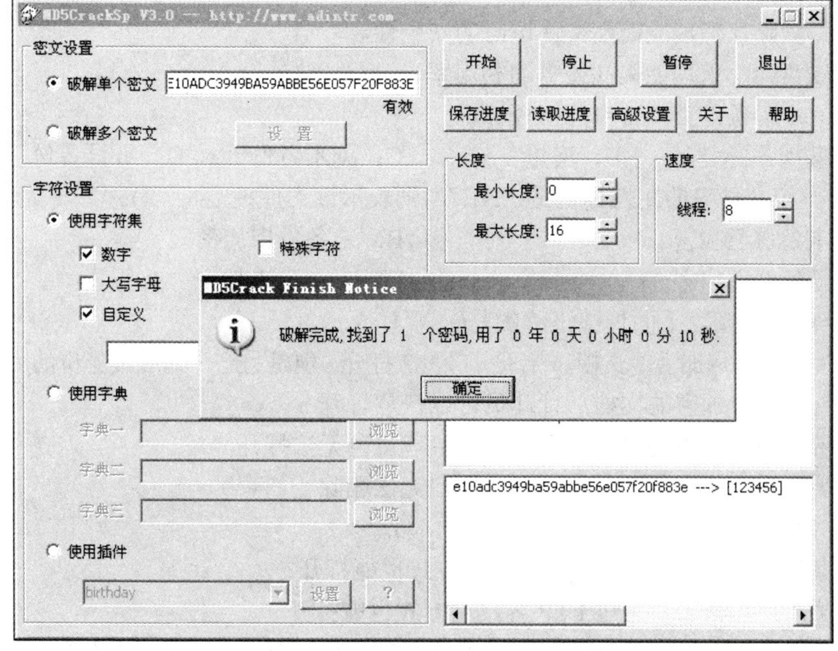

图 6-70　使用 MD5Crack 破解 MD5 密文

项目小结

本项目包括三个模块，第 1 个模块分析并练习系统文件及用户文件的备份还原技术，增强学生防止数据丢失、防止数据被恶意篡改的能力；第 2 个模块通过对磁盘科学的管理学习，提高学生安全利用磁盘的能力；第 3 个模块通过加密技术的学习，提高学生防止数据泄密能力，提高信息安全意识。

思考练习

一、选择题

1．注册表编辑器中(　　)分支包含当前登录用户的配置信息。

A．HKEY_LOCAL_MACHINE 分支　　B．HKEY_USERS

C．HKEY_CLASSES_ROOT　　D．HKEY_CURRENT_USER

E．HKEY_CURRENT_CONFIG

2．关于 Ghost 方面，下面(　　)的说法是错误的。

A．只有事先进行了 Ghost 备份才能进行 Ghost 恢复

B．Ghost 备份后形成的文件可以放在硬盘上，也可以放在光盘上

C．如果 C 盘被格式化了，只要原先 Ghost 文档没有丢失就能恢复

D．Ghost 只能对 C 盘进行备份和恢复，其他盘不行

3．下面(　　)不是磁盘碎片整理的作用。

A．经过磁盘碎片整理能够使不连续存放的文件变的尽可能地连续

B．磁盘碎片整理后能提高访问程序的速度

C．磁盘碎片整理能提高文件访问的安全性

D．磁盘碎片整理能提高磁盘的利用率

4．下面(　　)备份类型备份前检查标记。

A．常规备份　　B．增量备份　　C．副本备份　　D．每日备份

5．如果一个文件夹的属性标记是“AE”，则表示该文件夹是(　　)。

A．未备份已加密　　B．未备份未加密

C．已备份已加密　　D．已备份未加密

6．关于 EFS 加密，下面说法正确的是(　　)。

A．管理员用户加密的文档，普通用户无法打开，但是另一个管理员身份的用户可以打开

B．普通用户加密的文档，管理员可以任意打开

C．普通用户加密的文档，未经授权管理员也无法打开

D．普通用户加密的文档，管理员用户无法删除

7．关于 EFS 加密，下面说法正确的是(　　)。

A．某用户加密后，通过远程 telnet 方式也能打开

B．某用户加密后，通过 FTP 客户端方式也能打开

C．某用户加密后，若管理员删除了该用户，然后新建一个相同名称的用户也能打开

D．对文件夹执行 EFS 加密后，能有效地防止一旦感染木马后导致该文件内容的泄漏

8．在加密时将明文中的每个或每组字符由另一个或另一组字符所替换，原字符被隐藏起来，这种密码叫(　　　　　)。

A．移位密码　　B．替代密码　　C．分组密码　　D．序列密码

9．数据加密技术可以应用在网络及系统安全的(　　)方面。

A．数据保密　　B．身份验证　　C．保持数据完整性

D．确认事件的发生　E．以上都正确

10．有关对称密钥加密技术的说法，哪个是确切的？(　　)

A．又称秘密密钥加密技术，收信方和发信方使用相同的密钥

B．又称公开密钥加密，收信方和发信方使用的密钥相同

C．又称秘密密钥加密技术，收信方和发信方使用不同的密钥

D．又称公开密钥加密，收信方和发信方使用的密钥互不相同

二、填空题

1．要备份注册表，用户必须是具有______________权限的用户。

2．造成数据失效的原因大致可以分为______________、______________、______________和______________。

3．Windows 系统自带的备份类型有______________、______________、______________、______________、______________这样 5 种。

4．磁盘配额的作用是____________，要启用磁盘配额，那么文件系统必须是____________类型。

三、思考题

1．如果装了两个系统如何设定默认启动系统？如何设定两个系统选择等待时间？

2．Ghost 能对非系统盘进行备份吗？如果系统盘被格式化了，那能用事先的 Ghost 备份恢复吗？

3．对用户数据备份，为什么要采用多种备份类型？

4．动态磁盘有什么作用？能从动态磁盘恢复到基本磁盘吗？

5．如果用普通级别的用户对文件执行 EFS，那么在未授权的情况下，管理员级别的用户能打开吗？

6．网上登录用户时，如果不希望输入的密码被网络管理员看到，则采用怎样的加密技术可以实现？

项目 7 Windows 域安全管理

教学目标

最终目标	能利用域技术安全管理 Windows 网络
促成目标	(1) 理解域和活动目录 (2) 能建立域 (3) 能利用组策略安全管理用户和计算机 (4) 能利用组策略部署和管理应用软件 (5) 能管理域中的其他网络资源 (6) 注重培养学生的职业素养与习惯

引言

随着企业网络规模的不断扩大，计算机和用户的数量日渐增多，如何安全高效地管理企业网络，对管理员来说是一项极富挑战性的工作。传统的工作组网络，由于其固有的缺点，显然无法适应大规模的企业网络。我们可以设想这样一种情况：某企业有 200 台计算机、150 名员工，公司网络采用工作组的方式，如果要让每个员工都可以使用这些计算机，管理员在账户管理上的工作量有多大？如果有一天某个员工离职了，管理员仅仅为了删除这个员工的账户就需要做多少重复的事情？为了解决这个问题，Windows 提出了域的概念，利用域和活动目录，网络管理员可以高效、安全地管理企业网络。

模块 1　域账户管理

任务 1　认　识　域

1.1　任务引入

当我们要更改自己使用的计算机的名称时，会发现在如图 7-1 所示对话框的下面有一个【隶属于】部分，在这部分有两个选项，一个是【域】，一个是【工作组】，那么什么是域？域和工作组有何区别？

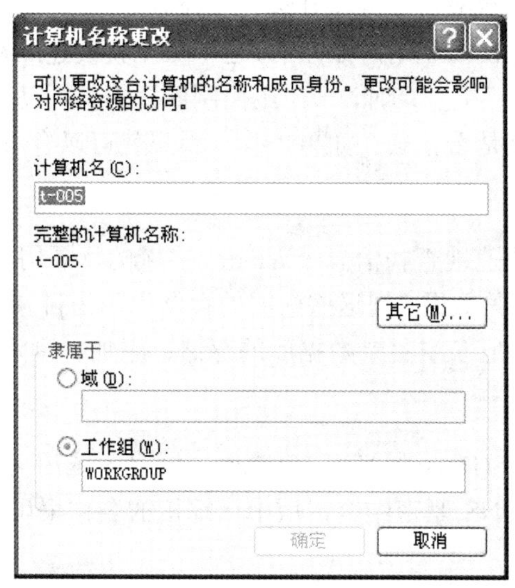

图 7-1　【计算机名称更改】对话框

1.2　相关知识

1. 工作组

工作组是 Windows 网络的一种组网形式，常用于小型网络。在工作组网络中，每台计算机都是独立的，每台计算机上的用户账户仅对本地计算机有效，如果用户要使用其他计算机的资源，必须要拥有其他计算机的用户账户。

2. 域

域是 Windows 网络的一个非常重要的概念。域可以将所有的用户和计算机账户进行集中管理。管理员只需要给用户建立一个域用户账户，该用户即可在域内的任何一台计算机上登录。

1.3　任务实施

在一个以工作组形式组成的 Windows 网络中，在计算机 A 上建立一个 stu1 的账户，在计算机 B 上建立一个 stu2 的账户，尝试用 stu1 账户在计算机 B 上登录，用 stu2 账户在计算机 A 上登录，看看会有什么结果，并在小组之间进行讨论。

任务2 建 立 域

2.1 任务引入

某公司随着企业规模的扩大，原来工作组形式的网络安全问题越来越多，管理员疲于应付，为了解决这些问题，公司做出决定，将原先工作组形式的网络升级为域。

2.2 相关知识

1. 域控制器

建立域的方法是先将一台成员服务器升级为域控制器。域控制器存储着活动的目录数据。当在任何一台域控制器内添加一个用户账户后，这个账户就被建立在这台域控制器的活动目录中。当用户在域上的某台计算机登录时，一台域控制器根据其活动目录内的账户数据来审核用户所输入的账户和密码数据是否正确。如果正确，用户就可以登录，否则将被拒绝登录。

2. 活动目录

活动目录是指有利于快速地查找信息。Windows 域的目录用来存储用户账户、组、打印机、共享文件夹等对象的相关数据，把这些数据的存储处称为目录数据库。域内负责提供目录服务的组件就是活动目录，它负责目录数据库的存储、添加、删除、修改、查询等服务。

3. DNS

在 TCP/IP 网络中，DNS(Domain Name System，域名系统)用于将计算机名称解析成 IP 地址。在域中，活动目录与 DNS 紧密结合，域中计算机的名称采用 DNS 的格式命令，并利用 DNS 服务器进行解析。

2.3 任务实施

建立域包括两个阶段，首先创建一台域控制器，然后将其他服务器或计算机加入域。

1. 创建域控制器

(1) 在安装 Windows Server 2003 的服务器上，单击【开始】|【运行】命令，在弹出的【运行】对话框中输入 dcpromo 命令，启动【Active Directory 安装向导】，直接单击【下一步】按钮，然后提示对操作系统兼容性进行检查，单击【下一步】按钮。

(2) 在出现的【域控制器类型】对话框中选择【新域的域控制器】单选按钮，单击【下一步】按钮。在出现的【创建一个新域】对话框中选择【在新建中的域】单选按钮，单击【下一步】按钮，弹出如图 7-2 所示的对话框。

(3) 在图 7-2 输入域的名称，如“abc.com”，单击【下一步】按钮，弹出如图 7-3 所示的对话框。在图 7-3 中，输入域的 NetBIOS 名称，系统会默认取名，单击【下一步】按钮，弹出如图 7-4 所示的对话框。

(4) 在图 7-4 中，输入活动目录数据库文件的存放路径，单击【下一步】按钮，弹出如图 7-5 所示的对话框。在图 7-5 中，输入存放 SYSVOL 文件的地址，注意一定要在 NTFS 的磁盘分区内，单击【下一步】按钮。

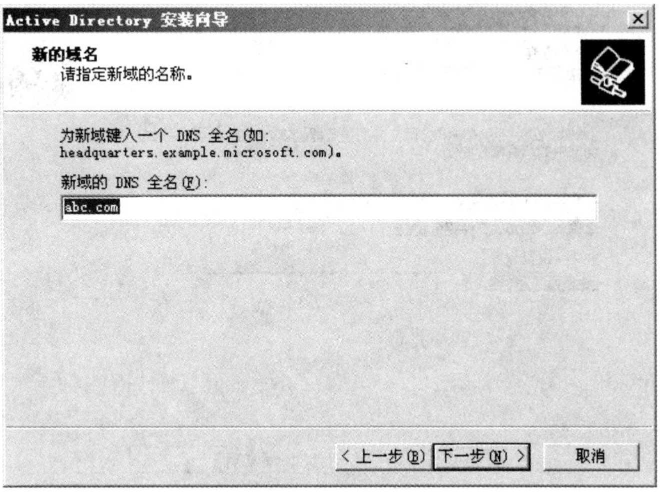

Active Directory 安装向导
新的域名
请指定新域的名称。
为新域键入一个 DNS 全名(如:
headquarters.example.microsoft.com)。
新域的 DNS 全名(F):
abc.com
< 上一步(B)
下一步(N) >
取消

图 7-2　域的名称

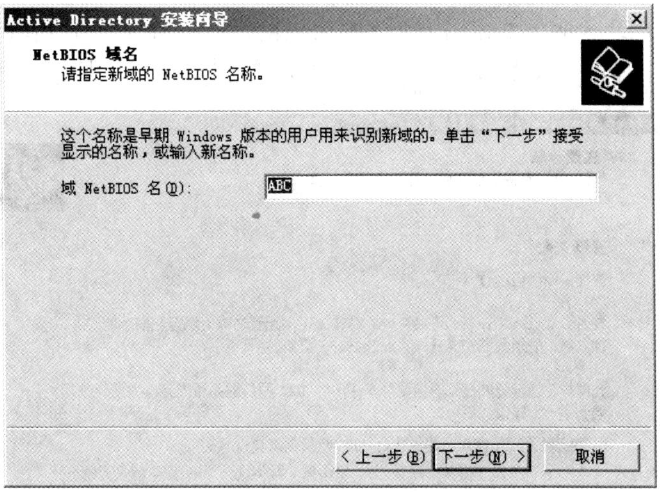

Active Directory 安装向导
NetBIOS 域名
请指定新域的 NetBIOS 名称。
这个名称是早期 Windows 版本的用户用来识别新域的。单击“下一步”接受显示的名称，或输入新名称。
域 NetBIOS 名(D):
ABC
< 上一步(B)
下一步(N) >
取消

图 7-3　域的 NetBIOS 名称

Active Directory 安装向导
数据库和日志文件文件夹
请指定放置 Active Directory 数据库和日志文件的文件夹。
基于最佳性能和可恢复性的考虑，请将数据库和日志存放在不同的硬盘上。
您希望在哪里保存 Active Directory 数据库?
数据库文件夹(D):
C:\WINDOWS\NTDS
浏览(R)...
您希望在哪里保存 Active Directory 日志?
日志文件夹(L):
C:\WINDOWS\NTDS
浏览(O)...
< 上一步(B)
下一步(N) >
取消

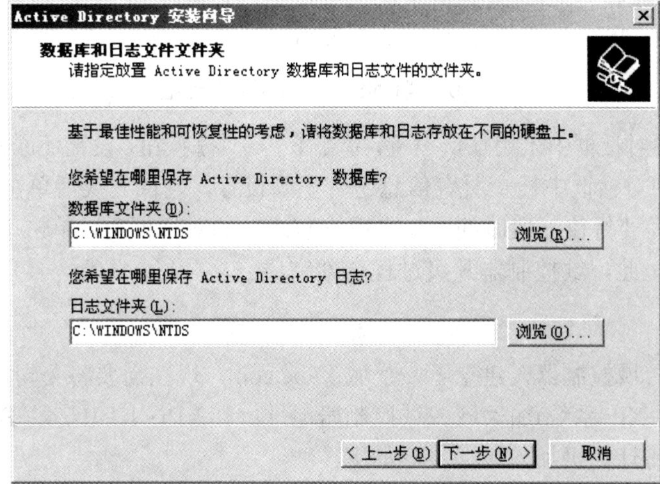

图 7-4　活动目录存放路径

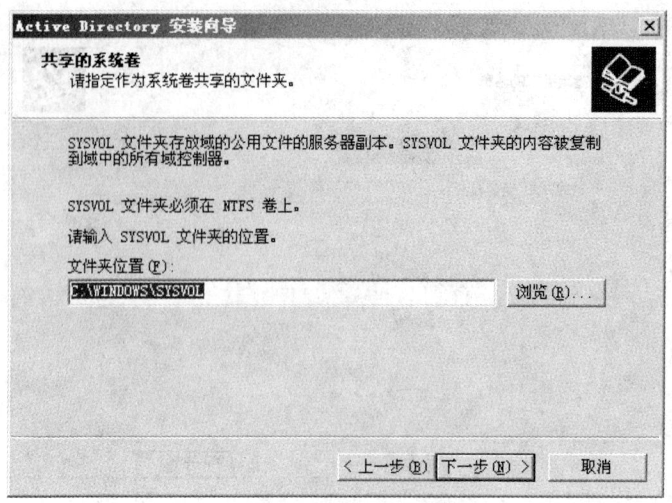

图 7-5　SYSVOL 存放路径

(5) 接下来检查 DNS 服务器是否安装，因为先前没有安装过，所以会出现如图 7-6 所示的诊断情况，直接单击【下一步】按钮，让系统自动安装 DNS 服务器并进行域的信息注册。

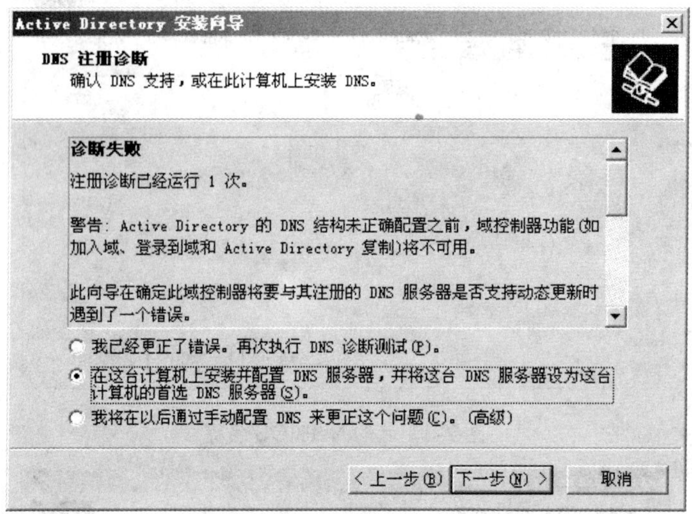

图 7-6　【DNS 注册诊断】对话框

(6) 在接下来的对话框中采用默认设置，单击【下一步】按钮，设置还原模式的管理员密码。

(7) 在接下来的对话框中检查所有信息是否正确设置，确保无误后单击【下一步】按钮开始安装域。域安装需要等待一段时间，当出现安装成功的对话框后，单击【完成】按钮，然后重新启动计算机，至此，域控制器升级过程全部完成。

2. 加入域

现在建立了一台域控制器，建立了一个域：abc.com。现在需要将公司其余的计算机(假设安装的是 Windows XP 系统)加入域。域控制器地址：192.168.1.101/24。DNS 服务器地址：192.168.1.101/24。将计算机加入域的步骤如下。

(1) 正确设置需要加入域的计算机的网络参数，如图 7-7 所示，其中 DNS 服务器的 IP 地址一定要是域控制器的 IP 地址(因为 DNS 服务器安装在域控制器上)，否则客户端无法正确解析域名。

(2) 右击“我的电脑”，在弹出的快捷菜单中单击【属性】命令，在弹出的对话框中单击【计算机名】按钮，然后单击【更改】按钮，弹出【计算机名称更改】对话框，如图 7-8 所示。

(3) 如图 7-8 所示，这里可以更改计算机名，然后在【隶属于】中选择【域】单选按钮，在文本框中输入域的名称，单击【确定】按钮。

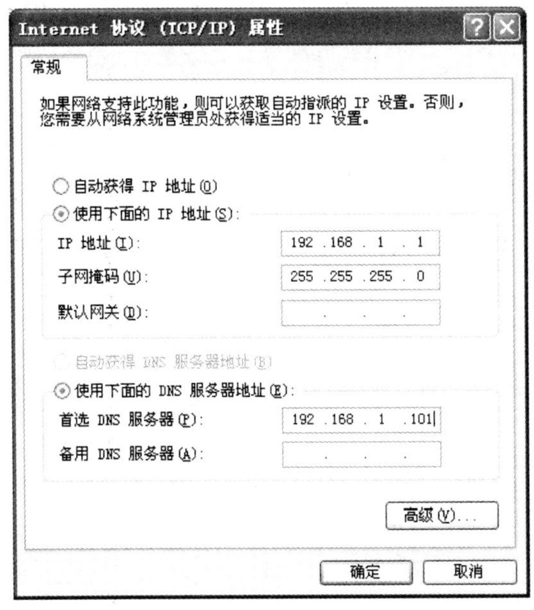

图 7-7　客户端网络参数

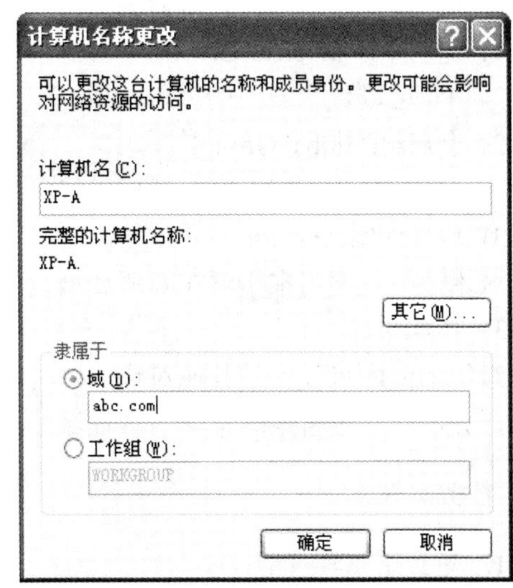

图 7-8　【计算机名称更改】对话框

(4) 在弹出的对话框，输入域控制器管理员账户的“用户名”和“密码”。

(5) 如果一切正常的话，会出现【欢迎加入域】的对话框，然后根据提示单击【确定】按钮，最后根据提示重启计算机。

(6) 客户端计算机重启后，必须输入域账户用户名和密码才能登入域。

任务 3　域账户管理

3.1　任务引入

某公司有 4 个部门：财务部、生产部、销售部、总务部。公司采用域来管理网络，域系统管理员需要为每个部门的员工分别建立一个用户账户，让员工可以利用这个账户来登录域，访问网络上的资源。

3.2　相关知识

1. 域用户帐户

域用户账户是用户登录域的一个凭证，用户利用域用户账户登录域，登录域后用户可以直接访问域内所有的计算机、资源等。与计算机的本地账户不同，域用户账户在域内一台计算机上成功登录后，当他们要连接域内的其他计算机时，并不需要再次登录到其他计算机上，这个只需登录一次的功能，被称为“单一登录(Single Sign-on)”。本地用户账户不具备该功能，如果本地用户账户登录某台计算机后，想要访问其他计算机的资源，该用户必须以想访问的计算机上的本地用户账户登录目标计算机，否则无法访问目标计算机的资源。

2. 域组账户

如果能够通过组来管理用户账户，则能够减轻许多网络管理员的负担。例如，将公司的销售部所有用户加入“销售部”组，针对“销售部”组设定权限，则“销售部”组所有的用户都拥有此权限，不必针对每个用户设置权限。

从组的使用范围来看，域内的组可以分为以下 3 类。

1) 通用组(Universal Group)

通用组可以包含域内的用户、通用组与全局组，但无法包含域本地组。

2) 全局组(Global Group)

全局组主要用来组织用户，即可以将多个被赋予相同权限的用户账户加入到同一个全局组内。

3) 域本地组(Domain Local Group)

域本地组主要用来指派在其所属域内的访问权限，以便访问该域内的资源。

3. 组织单位

组织单位内可以容纳其他对象，如用户账户、组账户、计算机账户等，以便更容易地管理资源，并可以通过组策略来集中管理域的用户工作环境和计算机环境。

3.3 任务实施

1. 建立组织单位

(1) 以域管理员账户登录域控制器，单击【开始】|【管理工具】|【Active Directory 用户和计算机】命令，打开【Active Directory 用户和计算机】窗口，右击“abc.com”(即建立好的公司域名)，在弹出的快捷菜单中单击【新建】|【组织单位】命令，打开【新建对象-组织单位】对话框。

(2) 输入组织单位的名称，将部门名称作为组织单位的名称，便于管理和识别，如图 7-9 所示之后单击【确定】按钮。

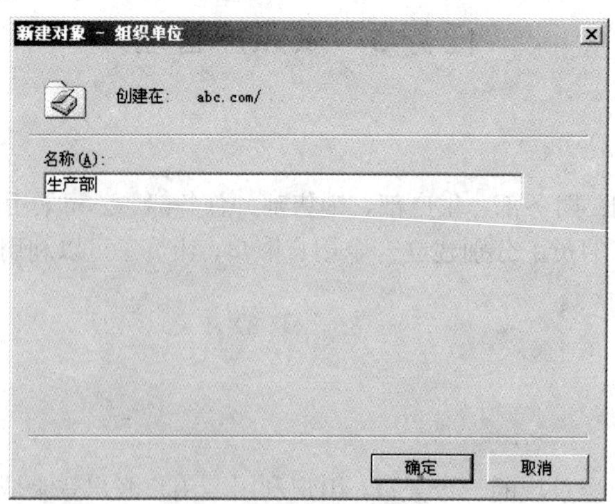

图 7-9 组织单位名称

(3) 结果如图 7-10 所示，组织单位左边的图标与其他图标不一样，如果仔细观察，会发现【Domain Controllers】其实是一个组织单位，里面默认只有域控制器计算机账户。

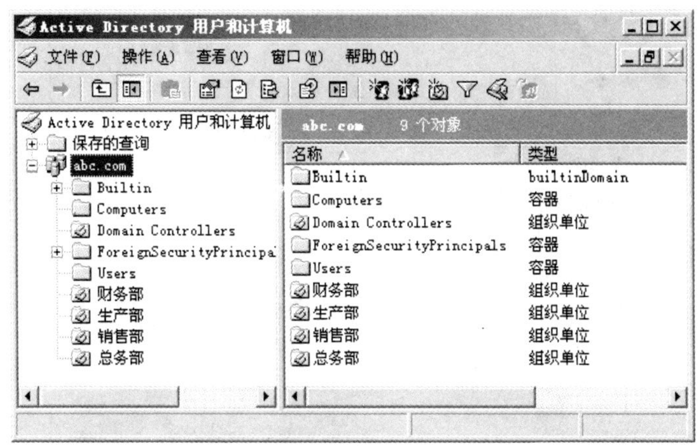

图 7-10　组织单位示意图

2. 建立域用户账户

在各部门的组织单位中为该部门员工建立唯一的域用户账户，并要求域用户账户在首次登录时更改密码，便于员工自己设置自己账户的密码。密码需要符合复杂性要求。

(1) 在【Active Directory 用户和计算机】管理工具中，右击组织单位名称，在弹出的快捷菜单中单击【新建】|【用户】命令。

(2) 如图 7-11 所示，在弹出的对话框中，输入用户的相关信息，用户登录名就是以后用户登录域中计算机的账户，单击【下一步】按钮，弹出如图 7-12 所示的对话框。在图 7-12 中，输入账户登录域的密码。单击【下一步】|【确定】按钮即可。

3. 建立域组账户

为每个部门创建全局组，将每个部门的员工账户加入各部门的全局组。

(1) 在【Active Directory 用户和计算机】管理工具中，右击组织单位名称，在弹出的快捷菜单中单击【新建】|【组】命令，打开【新建对象-组】对话框。

(2) 然后在如图 7-13 所示的对话框中，输入组的名称，选择【全局】单选按钮，单击【确定】按钮。

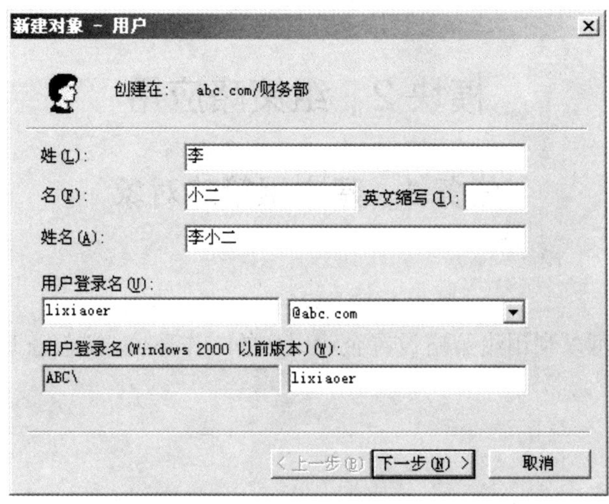

图 7-11　域账户信息

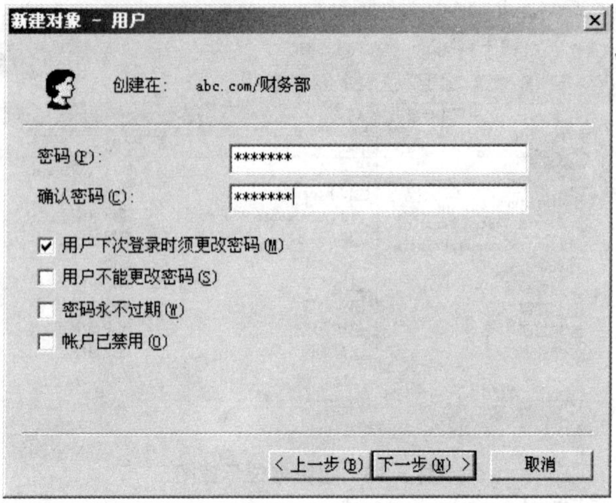

图 7-12　域账户密码

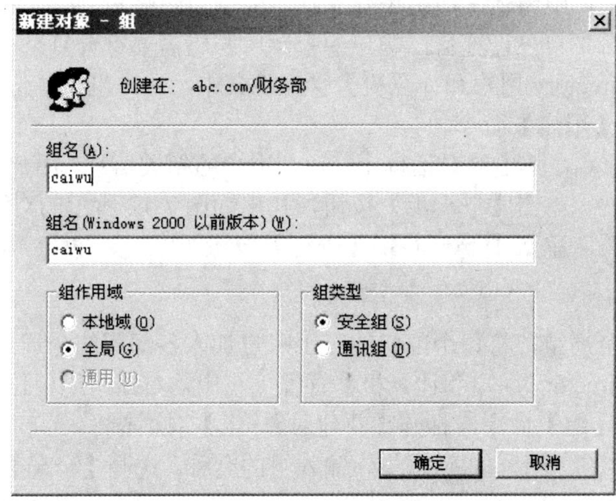

图 7-13　组名称

模块 2　组策略应用

任务 1　建立组策略对象

1.1　任务引入

企业网络管理员可以利用组策略设置企业用户的工作环境，减轻管理负担。下面针对模块 1 建立的组织单位配置组策略。

1.2　相关知识

1．组策略

组策略中包含计算机配置与用户配置两部分。

(1) 计算机配置：当启动计算机时，系统就会根据“计算机配置”的内容来配置计算机的环境。举例来说，如果针对域 abc.com 配置了组策略，那么此组策略内的“计算机配置”就会被应用到此域内的所有计算机。

(2) 用户配置：当用户登录时，系统就会根据“用户配置”的内容来配置用户的工作环境。举例来说，如果针对“财务部”OU 设置了组策略，那么此组策略内的“用户配置”就会被应用到此 OU 内的所有用户。

2. 组策略对象

组策略是通过组策略对象(Group Policy Object，GPO)来设定的，只有将 GPO 链接到指定的域或组织单位，该 GPO 的设定值才会影响到该域或组织单位内的用户和计算机。

每个域控制器成功建立后，域就自动建立了两个 GPO，如下所示。

(1) Default Domain Policy：此 GPO 已经被链接到域，因此它的设定值会被应用到整个域内的所有用户和计算机。在建立域用户账户时，用户的密码必须符合复杂性要求，就是因为该 GPO 作用的结果。单击【开始】|【管理工具】|【Active Directory 用户和计算机】命令，右击“abc.com”，在弹出的快捷菜单中单击【属性】命令，在弹出的【abc.com 属性】对话框中，选择【组策略】标签，如图 7-14 所示。

(2) Default Domain Controller Policy：此 GPO 已经被链接到 Domain Controller OU，因此它的设定值会被应用到此域控制器组织单位内的所有用户和计算机。在域控制器组织单位内，系统默认只有扮演域控制器的计算机账户。单击【开始】|【管理工具】|【Active Directory 用户和计算机】命令，右击“Domain Controllers”，在弹出的快捷菜单中，单击【属性】命令，在其属性对话框中，选择【组策略】标签，如图 7-15 所示。

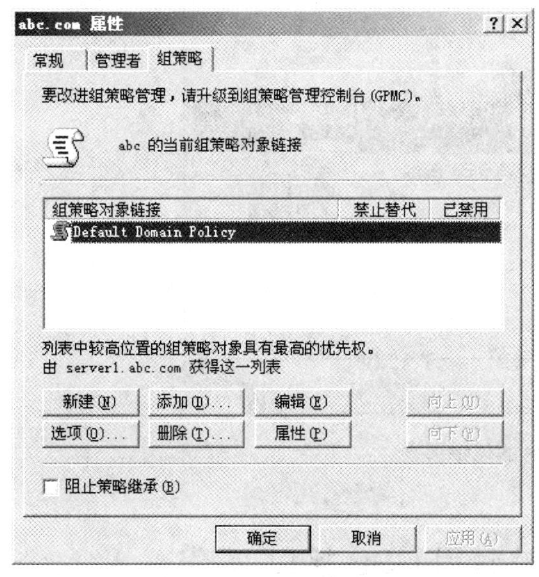

图 7-14　默认域策略

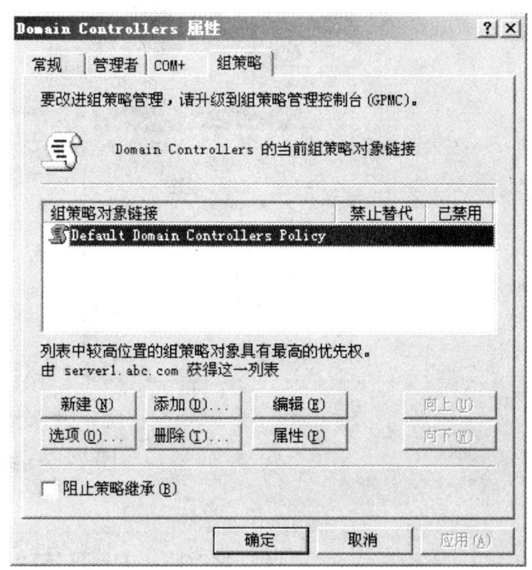

图 7-15　默认域控制器策略

1.3　任务实施

下面为组织单位财务部建立一个 GPO：【财务部 GPO】。

(1) 单击【开始】|【管理工具】|【Active Directory 用户和计算机】命令，右击【财务部】，在弹出的快捷菜单中单击【属性】命令，在其属性对话框中选择【组策略】标签，然后单击【新

建】按钮，然后将新建的GPO命名为“业务部GPO”，之后单击【确定】按钮，如图7-16所示。

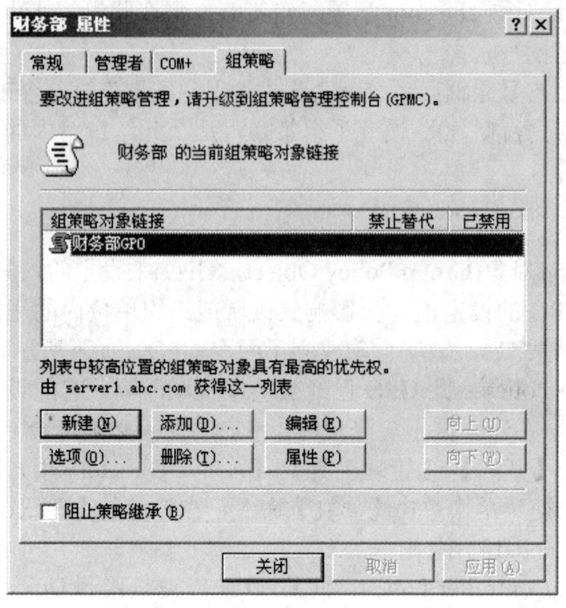

图7-16 新建GPO

(2) 单击图7-16中的【编辑】按钮，打开【组策略编辑器】窗口，即可配置组策略，如图7-17所示。

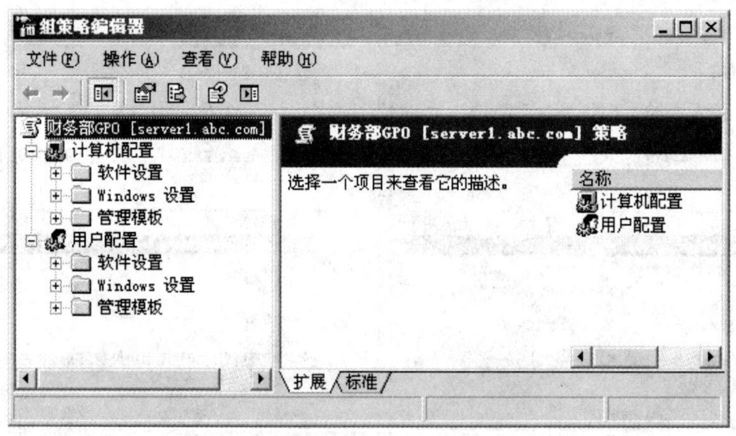

图7-17 组策略编辑器

任务2 利用组策略禁用USB接口

2.1 任务引入

现在基于USB接口的可移动存储设备(如U盘、移动硬盘等)已经成为了主流的数据存储和复制设备。许多企业为了防止重要业务数据泄露以及病毒的传播，希望能够禁止员工随意使用U盘。管理员可以利用组策略禁止员工使用计算机的USB接口。

2.2 相关知识

1. 组策略的应用时机

当修改了域或 OU 的 GPO 配置值后，这些配置值并不是立刻就对域或者 OU 内的用户和计算机起作用，而是必须等它们被应用到用户或计算机后才有效。那么 GPO 配置值如何会被应用到用户与计算机呢？

1) 计算机配置的启用时刻

域内的计算机会在以下情况下应用 GPO 内的计算机配置值。

(1) 计算机开机时自动启用。

(2) 如果计算机不重新启动，系统会定时自动启用。

① 域控制器：默认每隔 5min 自动启用。

② 非域控制器：默认每隔 90～120min 自动启用。

③ 不论策略配置值是否有变动，系统仍然会每隔 16h 自动启用一次。

(3) 手动启用。单击【开始】|【所有程序】|【附件】|【命令提示符】命令，在弹出的窗口中输入“gpupdate /target：computer /force”，然后按 Enter 键即可。

2) 用户配置的启用时刻

域内的用户会在以下情况中启用 GPO 内的用户配置值。

(1) 用户登录时自动启用。

(2) 即使用户不重新登录系统，系统默认每隔 90～120min 自动启用。而且不论策略值是否有变动，系统仍然会每隔 16h 自动启用一次。

(3) 手动启用。单击【开始】|【所有程序】|【附件】|【命令提示符】命令，在弹出的窗口中输入“gpupdate/target:user/force”，然后按 Enter 键即可。

2. 组策略的处理规则

域控制器与域内计算机在处理、应用组策略时，有一定的程序和规则，主要分为继承规则和优先级规则。

1) 继承规则

组策略的配置具有继承性，处理规则如下。

(1) 如果父容器(High-level Container)的某个策略被配置，但其子容器(Low-level Container)的策略未被配置，则子容器的这个策略将继承父容器的配置值。

(2) 如果子容器内的某个策略被配置，则此配置值会覆盖由其父容器所传递下来的配置值。

(3) 组策略的配置具有累加性，即所有配置值的是本级与前面所有级别的配置值总和。

2) 优先级别

(1) 如果域与组织单位之间的 GPO 配置发生冲突，则优先处理组织单位的 GPO。

(2) 组策略中的“计算机配置”的级别优先于“用户配置”，如果“计算机配置”与“用户配置”冲突，大部分情况下以“计算机配置”优先处理。

(3) 如果有多个 GPO 链接到同一个组织单位，那么所有的 GPO 配置将累加起来，如果这些配置有冲突，则以排在前面的 GPO 配置为优先。

(4) “本地计算机策略”的优先权最低。

2.3 任务实施

禁用 USB 接口可以通过禁用 USB 配置文件(针对第一次启用 USB 设备的计算机)或者修改

注册表(针对已经使用过 USB 设备的计算机)来进行。

1. 禁用 USB 配置文件

(1)建立一个 GPO，用于禁用 USB 配置文件，如图 7-18 所示。

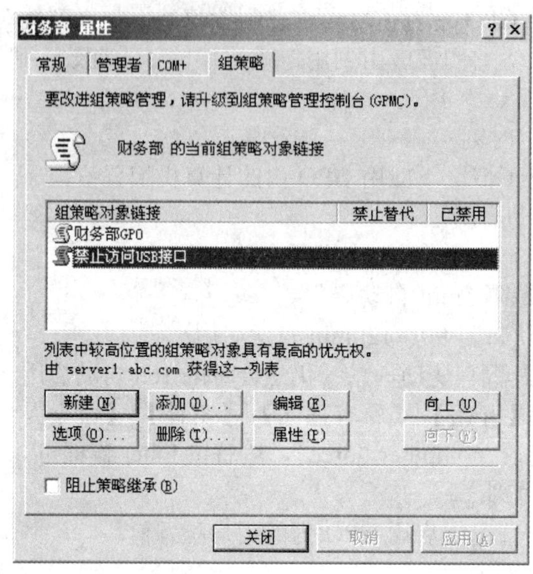

图 7-18 新建 GPO

(2) 选择【禁止访问 USB 接口】GPO，单击【编辑】按钮，然后定位到：计算机配置\Windows 设置\安全设置\文件系统。

(3) 右击【文件系统】，在弹出的快捷菜单中，单击【添加文件】命令，打开【添加文件或文件夹】对话框(图 7-19)，在【文件夹】文本框中输入“%systemroot%\inf\usbstor.inf”，单击【确定】按钮，在弹出的【数据库安全设置】对话框中删除所有用户和组(图 7-20)，单击【确定】按钮。

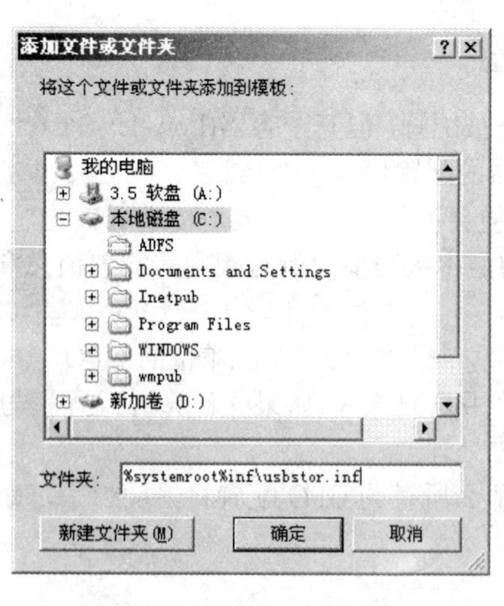

图 7-19 配置文件选择

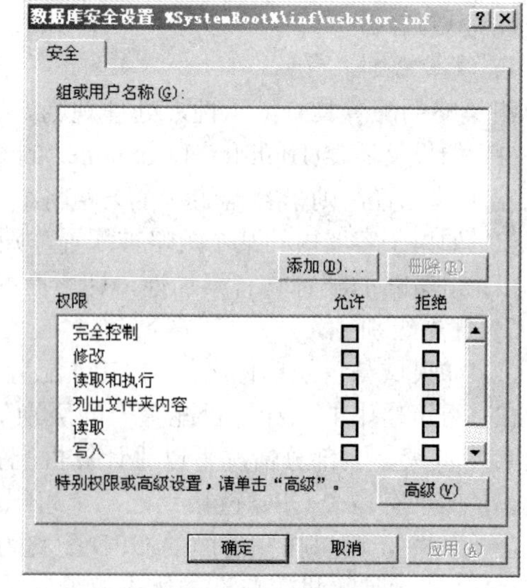

图 7-20 用户删除

(4) 在弹出的【安全】提示框中单击【是】按钮，然后选择【向子文件夹传递权限】选项。

(5) 使用同样的方法，禁止用户访问 usbstor.PNF 文件，文件系统配置结果如图 7-21 所示。

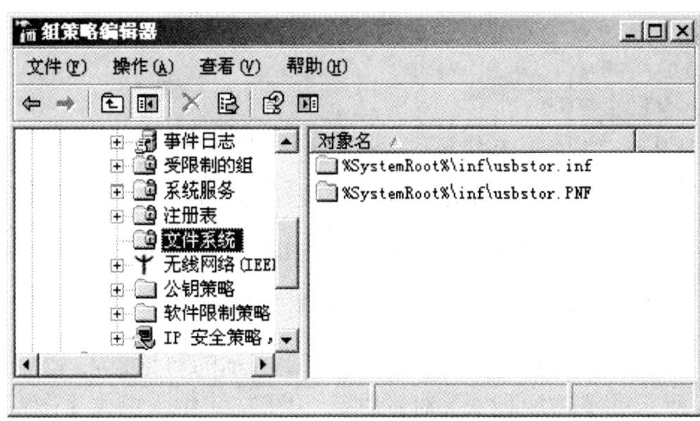

图 7-21　文件系统配置结果

2. 利用启动脚本修改注册表

如果用户使用过 USB 接口，则无法使用上面的方法，但可以通过修改注册表键值，阻止用户再次使用 U 盘。

注册表键值：[HKEY_LOCAL_MACHINE\SYSTEM\CurrentCntrolSet\Services\USBSTOR]。在右侧的窗格中找到名为“Start”的 DWORD 值，将其数值修改为十六进制数值“4”。可以通过在组策略中分发启动脚本来设置该注册表键值。

(1) 选择【禁止访问 USB 接口】GPO，单击【编辑】按钮，然后定位到：计算机配置\Windows 设置\脚本(启动\关机)。然后双击右边的【启动】命令，打开【启动属性】对话框，如 7-22 所示。

(2) 在如图 7-22 所示的【启动属性】对话框中，单击【显示文件】按钮，弹出如图 7-23 所示的窗口。

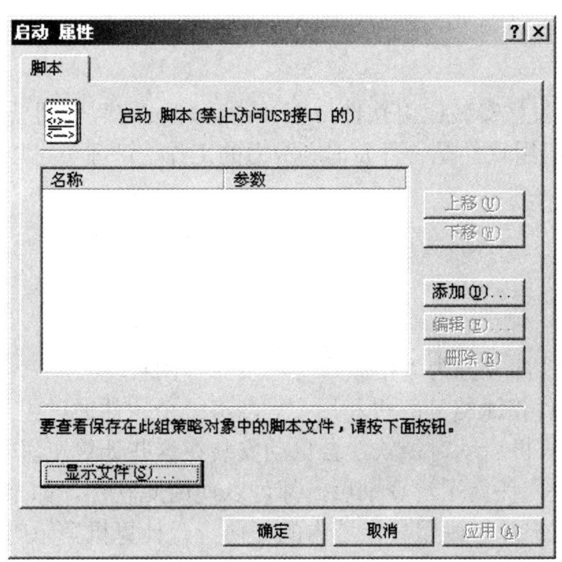

图 7-22　【启动属性】对话框

(3) 在图 7-21 的窗口中，将编写好的脚本文件复制到图中所示的文件夹中。

图 7-23 启动脚本文件夹

(4) 关闭如图 7-23 所示的窗口，返回到如图 7-22 所示的对话框，单击图 7-22 中的【添加】按钮，弹出如图 7-24 所示的【添加脚本】对话框。在图 7-24 中，单击【浏览】按钮，并从图 7-23 所示的文件夹中选择脚本文件，然后单击【确定】按钮。

图 7-24 【添加脚本】对话框

(5) 完成设置后，【财务部】OU 内的计算机一旦登入域，启动时将自动执行该脚本，USB 端口将被禁用。

任务 3 利用组策略部署软件

3.1 任务引入

为了防止企业员工随意安装应用软件，应该由管理员按照公司要求统一安装各种应用软件。在企业大规模部署应用软件是一件费时、费力的工作，管理员可以使用组策略简化软件的安装工作。

3.2 相关知识

1. 软件部署概述

应用组策略进行软件部署分为“指派”与“发布”两种。

(1) “指派”能将软件指派给计算机和用户。当将一个软件通过组策略的 GPO 指派给域内的计算机后，在这些计算机启动时，软件会自动安装在这些计算机里，安装在 Documents and Settings\All Users 文件夹，任何用户登录后，都可以使用此软件。如果将一个软件通过组策略的 GPO 指派给域内的用户后，则用户在域内的任何一台计算机登录时，这个软件都会被通告给该用户，但是这个软件并没有被真正安装，而只是安装了与这个软件有关的部分信息，如快捷方式等。只有当用户双击软件的快捷方式或者是激活了“文件启动”功能时，软件才会被真正安装。所谓“文件启动”功能是指计算机会自动将某些文档的扩展名与应用软件相关联，当双击该文档时，系统会自动安装某应用软件。

(2) “发布”只能将软件发布给用户，不能发布给计算机。当将一个软件通过组策略的 GPO

发布给域内的用户后，该软件不会自动安装到用户的计算机内，只有在用户通过【控制面板】的【添加/删除程序】功能添加程序或者利用“文件启动”功能时，才有开始安装该软件。

2. Windows Installer 服务

如果要通过组策略部署软件，这些软件应该符合 Windows Installer Package 的要求，即这些软件内包含着一个扩展名为“.msi”的文件，比如 Microsoft Office 系统软件就是典型的 Windows Installer Package。

Windows Installer 是一种系统服务，用来安装和管理系统中的应用程序。它为应用程序的开发、定制、安装和升级提供了一种标准化的方法和手段。

如果要部署非“.msi”的软件，则应该先将这些软件包装成 Windows Installer Package。有许多工具软件具有这个功能，到网上可以很容易地找到。

3.3 任务实施

下面介绍如何利用组策略将 Office 2003 指派给公司生产部的计算机。

(1) 首先，在域内的一台成员服务器上，建立一个共享文件夹(为了安全，最好设置为隐藏共享)，然后将 Office 2003 的所有文件复制到该共享文件夹中，并开放该共享文件夹的权限，允许【Everyone】组读取和运行。

(2) 在【Active Directory 用户和计算机】中，为组织单位【生产部】新建一个 GPO【Office2003GPO】，如图 7-25 所示。

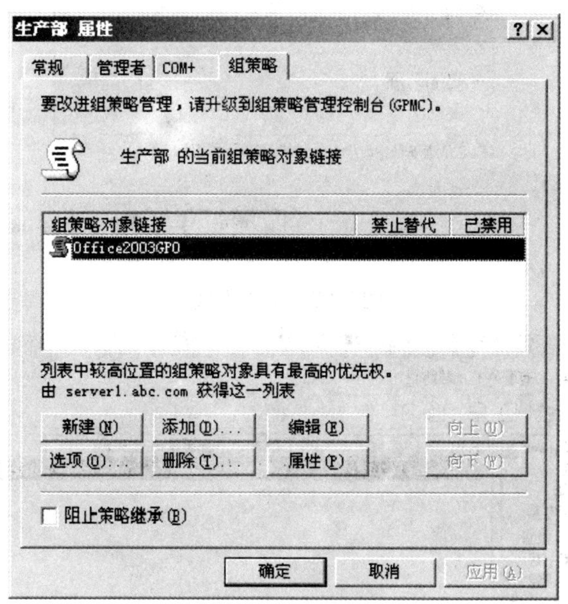

图 7-25 新建 GPO

(3) 单击图 7-25 中的【编辑】按钮，打开【组策略编辑器】窗口，展开计算机配置\软件设置\软件安装，右击【软件安装】，在弹出的快捷菜单中，单击【新建】|【程序包】命令。

(4) 在【打开】的对话框中，找到共享的 office 2003 文件夹，如果采用隐藏共享，则无法通过网上邻居查看，可以通过在【文件名】框中输入共享文件夹的 UNC 路径，然后单击【打开】按钮，找到共享文件——Office 2003 的“.msi”安装文件，如图 7-26 所示。

图 7-26　选择安装包

(5) 单击图 7-26 的【打开】按钮，在出现的对话框(图 7-27)中选择【已指派】单选按钮，然后单击【确定】按钮，最后结果如图 7-28 所示。

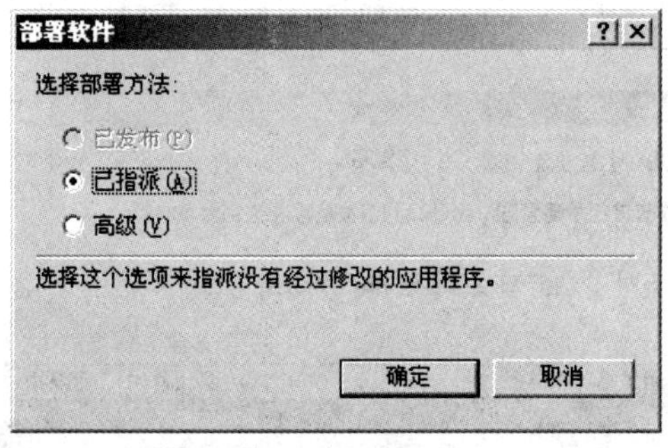

图 7-27　部署方式

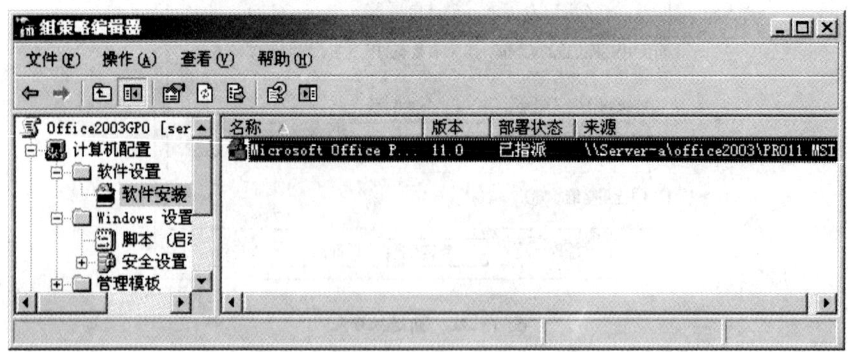

图 7-28　配置结果

(6) 组织单位【生产部】的软件部署组策略配置完毕，可以利用组策略刷新命令强制组策略立刻启用。

(7) 利用【生产部】的计算机登录域，在计算机启动时自动安装软件，如图 7-29 所示。安装完毕后，用户一旦登入计算机，将看到 Office 2003 已经成功安装完成，如图 7-30 所示。

图 7-29　启动时自动安全软件

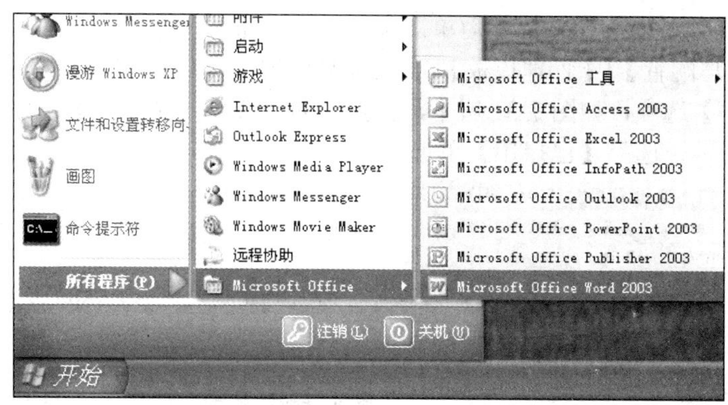

图 7-30　安装的 Office 2003

任务 4　利用组策略限制软件的运行

4.1　任务引入

黑客总是在寻找各种软件漏洞，而各种各样的应用软件由于厂商和开发者的开发和维护水平参差不齐，作为管理员需要限制用户随意运行各种软件。

4.2　相关知识

软件限制策略是 Windows Server 2003 中重要的安全增加功能，旨在满足控制未知或不信任的软件的需求。随着网络、Internet 以及电子邮件在商务计算方面的使用日益增多，用户发现他们经常会遇到新软件。用户必须不断做出是否应该运行未知软件的决定。病毒和特洛伊木马经常会故意进行伪装来欺骗用户运行它们。要用户做出安全的选择来确定应运行的程序是非常困难的。

使用软件限制策略，可通过标识并指定允许运行的软件来保护计算机环境免受不信任软件的侵袭。软件限制策略可以跨域应用，或应用于计算机以及单个用户。软件限制策略提供了多种标识软件的方式，它们提供了基于策略的基础结构来强制决定所标识的软件是否能运行。使用软件限制策略后，当用户执行软件程序时，就必须遵守管理员设置的标准。

使用软件限制策略可以实现以下目的。

(1) 控制软件在系统中的运行能力。例如，如果担心用户在电子邮件中收到病毒，可以应用策略设置不允许某些文件类型在电子邮件程序的附件目录中运行。

(2) 允许用户在多用户计算机上仅运行特定文件。例如，如果在计算机上有多个用户，可以设置这样的软件限制策略：除用户工作所需的特定文件外，他们不能访问任何软件。

(3) 决定可以在计算机中添加信任的发布者的用户。

(4) 控制软件限制策略是作用于所有用户，还是仅作用于计算机上的某些用户。

(5) 阻止任何文件在本地计算机、组织单位、站点或域中运行。例如，如果系统中存在已知病毒，则可以使用软件限制策略阻止计算机打开含有这些病毒的文件。

4.3 任务实施

1. 利用【不要运行指定的 Windows 应用程序】选项限制软件运行

下面介绍如何利用【不要运行指定的 Windows 应用程序】选项禁止生产部的用户运行 QQ。

(1) 首先以域管理员身份账户登录域控制器，参考前面的步骤，为组织单位【生产部】创建名为【限制软件执行】的 GPO，然后单击【编辑】按钮。

(2) 选择【用户配置】|【管理模板】|【系统】选项，然后双击右侧的【不要运行指定的 Windows 应用程序】选项，如图 7-31 所示，在弹出的该选项的【不要运用指定的 Windows 应用程序属性】对话框，选择【已启用】单选按钮(图 7-32)。

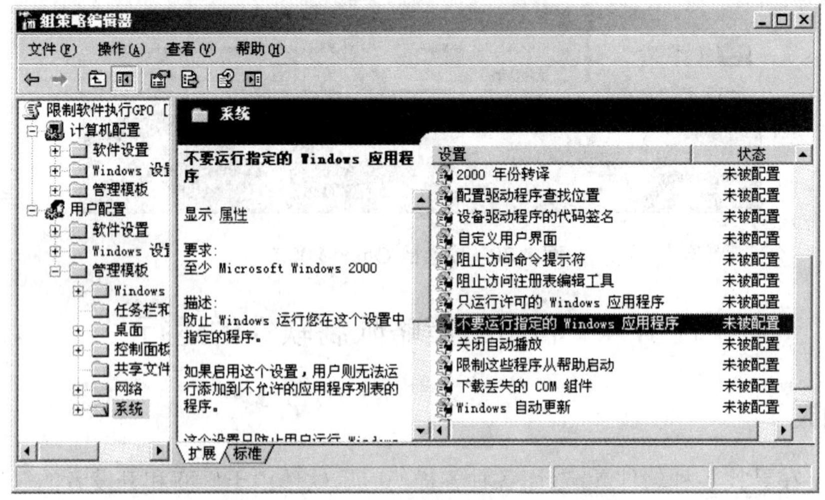

图 7-31　系统

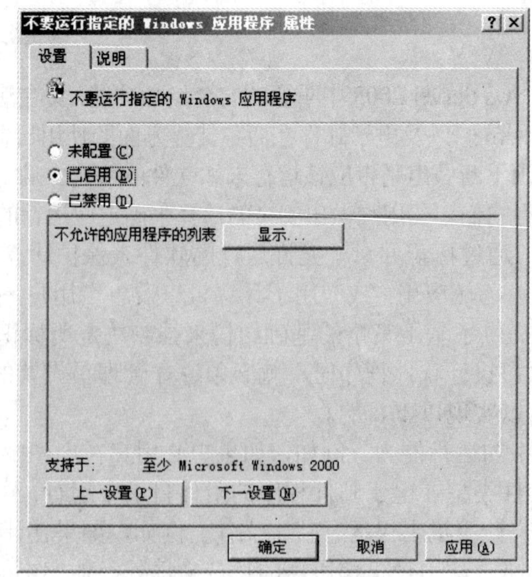

图 7-32　选择启用策略

(3) 在图 7-32 中，单击【显示】按钮，打开【显示内容】对话框(图 7-33)，单击【添加】按钮，在【添加项目】对话框中输入需要限制执行的应用程序文件名，在本例中输入需要禁止的腾讯 QQ2011 软件的可执行文件名【QQ.exe】。单击【确定】按钮，可以看到【QQ.exe】出现在【不允许的应用程序的列表】列表框中(图 7-34)。

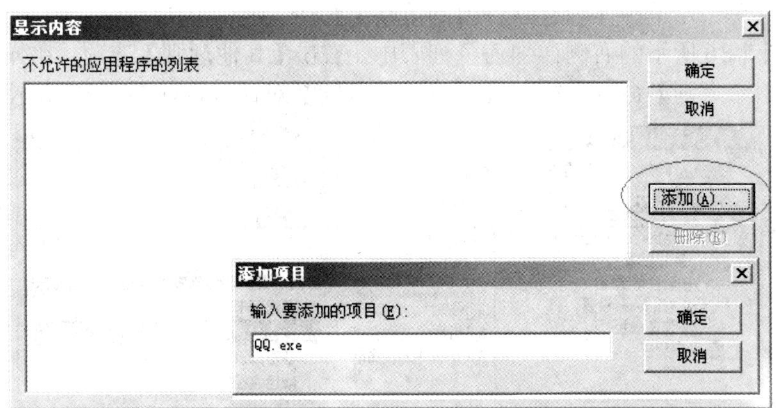

图 7-33 【显示内容】对话框

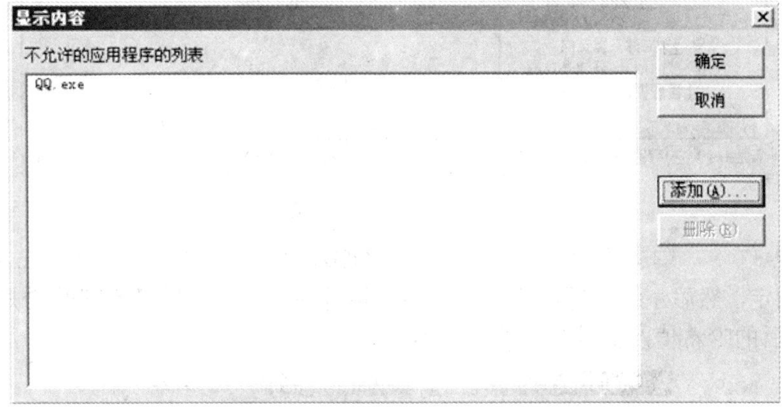

图 7-34 显示禁止软件列表

(4) 打开域控制器的【命令提示符】窗口，输入“gpupdate/force”命令，刷新组策略。

(5) 然后以生产部员工账户 mary 登录客户端，尝试执行 QQ2011，弹出【限制】对话框(图 7-35)，提示本次操作被限制。

图 7-35 成功禁止软件运行

2. 利用【软件限制策略】限制软件运行

利用上面的方法禁止软件的运行有个缺点，如果用户将软件的可执行文件名改名，则该策略就因为名字不同，而不会禁止该软件运行。这时管理员可以采用【软件限制策略】限制软件运行。

下面介绍如何利用【软件限制策略】的【哈希规则】来禁止生产部员工运行 QQ2011 软件。

(1) 以域管理员账号登录域控制器，参考上面的步骤，打开生产部组织单位的【限制软件执行】GPO 的组策略编辑器窗口。

(2) 选择【用户配置】|【Windows 设置】|【安全设置】选项，然后右击【软件限制策略】，在弹出的快捷菜单中，单击【创建软件限制策略】命令。

(3) 在如图 7-36 所示的右侧详细信息列表中，右击【其他规则】选项，在弹出的快捷菜单中单击【新建哈希规则】命令，打开【新建哈希规则】对话框，如图 7-37 所示。

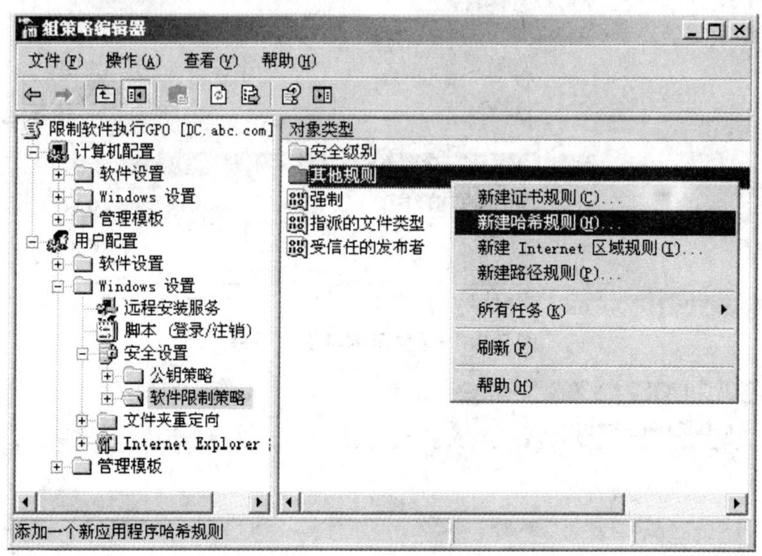

图 7-36　新建哈希规则

(4) 在图 7-37 中，单击【浏览】按钮，找到 QQ2011 的可执行文件 QQ.exe 并选择，单击【打开】按钮确定，然后系统进行哈希值的运算，运算完成后，返回【新建哈希规则】对话框，可以看到运算后的哈希值及文件信息(图 7-38)。

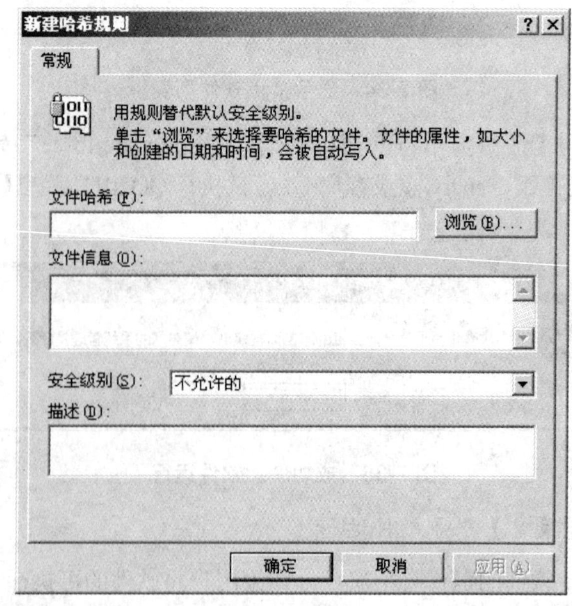

图 7-37　【新建哈希规则】对话框

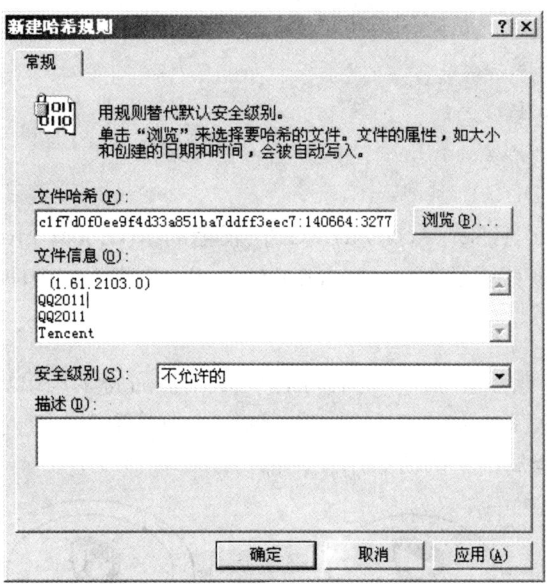

图 7-38　运算后

(5) 确认图 7-38 中的【安全级别】选项值为【不允许】，单击【确定】按钮。

(6) 返回到【组策略编辑器】窗口，双击【软件限制策略】中的【其他规则】，可以看到 QQ2011 被限制。

(7) 刷新组策略后，在客户端重新以生产部员工账户 mary 登录客户端，尝试执行 QQ.exe，被限制，将 QQ.exe 改名为 QQ2011.exe，再执行，仍旧被限制，如图 7-39 所示。

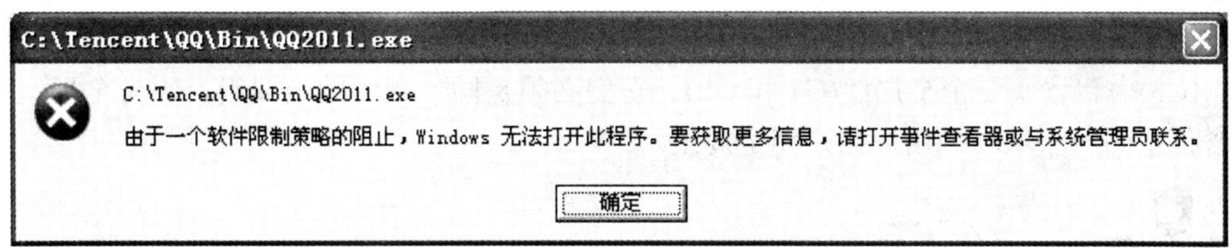

图 7-39　运行结果

模块 3　域资源安全管理

任务　管理共享文件

1.1　任务引入

公司通过一台专用文件服务器存储公共文件以及员工的工作文档。在文件服务器上建立一个共享文件夹，在共享文件夹下为每个部门建立一个部门文件夹。需要为该共享文件夹和部门文件夹配置权限，保障文件只被授权用户访问。

1.2　相关知识

为了让网络管理更为容易，同时也为了减轻网络维护的负担，因此在利用组来管理网络资源尤其是大型网络时，建议尽量采用以下的准则。

(1) A、G、DL、P。

(2) A、G、G、DL、P。

(3) A、G、U、DL、P。

(4) A、G、G、U、DL、P。

其中 A 代表用户账户(User Account)，G 代表全局组(Global group)、DL 代表域本地组(Domain Local Group)、U 代表通用组(Universal Group)、P 代表权限(Permission)。

1. AGDLP 策略

该策略就是先将用户账户(A)加入到全局组(G)中，然后将全局组加入到域本地组(DL)内，然后设置域本地组的权限(P)，如图 7-40 所示。这样，当某个资源针对域本地组设置权限后，则处于该域本地组中的全局组中的所有用户，都自动具有该权限。

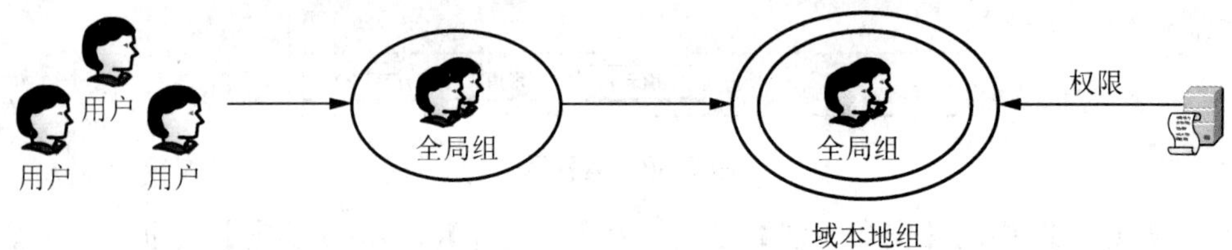

图 7-40 AGDLP 策略

2. AGGDLP 策略

该策略就是先将用户账户(A)加入到全局组(G)，将此全局组加入到另一个全局组(G)内，再将此全局组加入到域本地组(DL)内，然后设定域本地组的权限(P)，如图 7-41 所示。图中的全局组(G3)内包含了 2 个全局组(G1 和 G2)，它们必须是同一域内的全局组，因为全局组只能够包含位于同一个域内的用户账户和全局组。

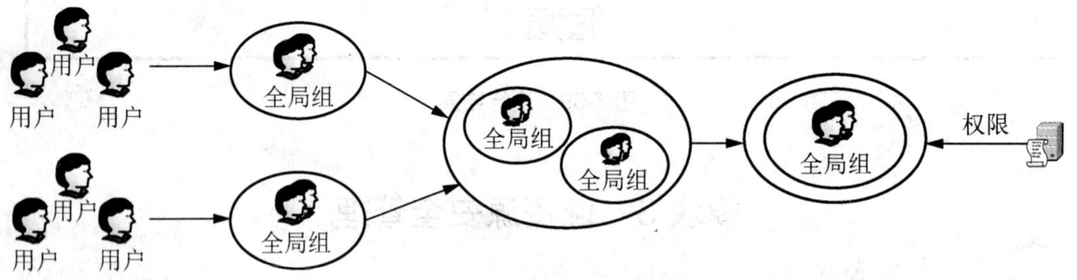

图 7-41 AGGDLP 策略

在域中对共享文件夹等资源的管理中心工作就是正确地为域用户分配权限。在权限控制复杂、用户多的情况下，往往是一件非常容易出错的事情，微软公司推荐的 AGDLP 策略被实践证明是一条非常正确高效的方法。

1.3 任务实施

(1) 在文件服务器上建立一个文件夹 D:\Share，设置隐藏共享(共享名 share$)，在该文件夹下为每个部门创建一个文件夹。

文件夹权限设置见表 7-1。

表 7-1 文件夹权限设置表

文件夹名	共享权限	NTFS 权限
D:\Share	Everyone 完全控制	Everyone 列出文件夹目录
D:\Share\财务部	无	财务部员工读取，财务部经理完全控制
D:\Share\生产部	无	生产部员工读取，生产部经理完全控制
D:\Share\销售部	无	销售部员工读取，销售部经理完全控制
D:\Share\总务部	无	总务部员工读取，总务部经理完全控制

(2) 为每个部门创建两个全局组，一个用于包含所有员工的账户，一个用于包含部门经理的账户。根据每个部门文件夹访问权限要求设置两个域本地组，一个域本地组只授予读取权限，一个域本地组授予完全控制权限。以财务部门为例，见表 7-2。

表 7-2 财务部用户账户表

普通员工账户	cw001、cw002	普通员工登录账号
全局组	cw_yuangong	包含所有普通员工账户
部门经理账户	cwm101	部门经理登录账号
全局组	cw_managers	包含部门经理账户
本地域组	cw_read	该组用户只有读取权限
本地域组	cw_control	该组用户有完全控制权限

(3) 为各个部门文件夹设置针对各个部门本地域组的访问权限，以财务部门为例，如图 7-42、图 7-43 所示。

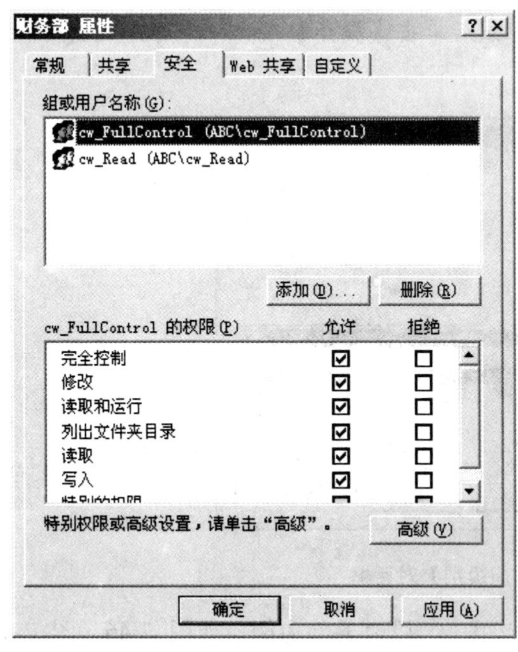

图 7-42 本地域组权限设置

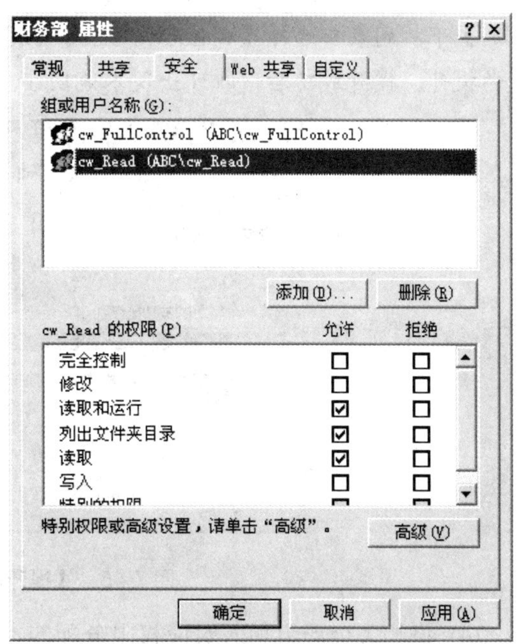

图 7-43 本地域组权限设置

特别提示

在为部门文件夹设置针对本地域组访问权限时，在添加组时出现的【选择用户、计算机或组】对话框中无法搜索到本地域组，出现这种情况时，首先要提升域功能级别，步骤如下。

① 打开【Active Directory 用户和计算机】管理工具，右击【abc.com】(即建立的域名)，在弹出的快捷菜单中，单击【提升域功能级别…】命令，如图 7-44 所示。

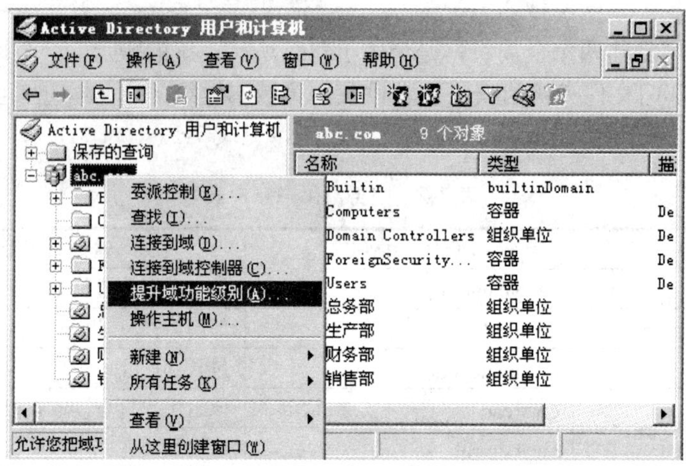

图 7-44 提升域功能级别的方法

② 在弹出的【提升域功能级别】对话框中，如图 7-45 所示，在【选择一个可用的域功能级别】下拉列表中选择【Windows Server 2003】，然后单击【提升】按钮，即可完成域功能级别的提升。提升成功后，即可出现本地域组。

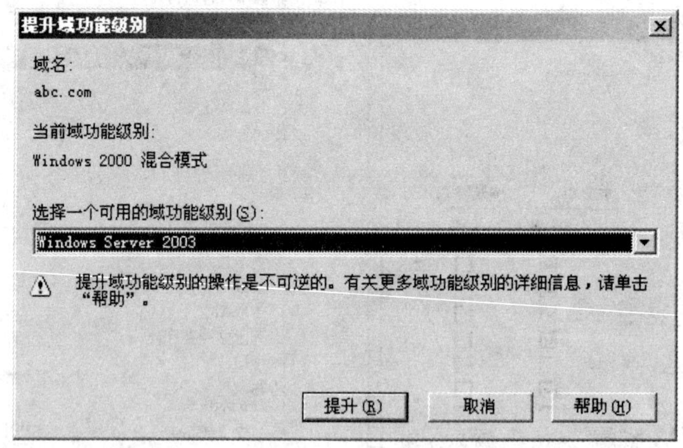

图 7-45 【提升域功能级别】对话框

(4) 将相关全局组加入对应权限分配的本地域组中，以财务部为例，如图 7-46、图 7-47 所示。

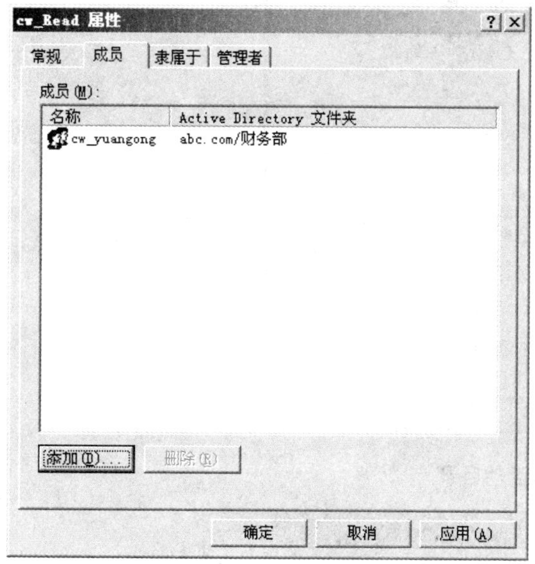

图 7-46 添加员工全局组

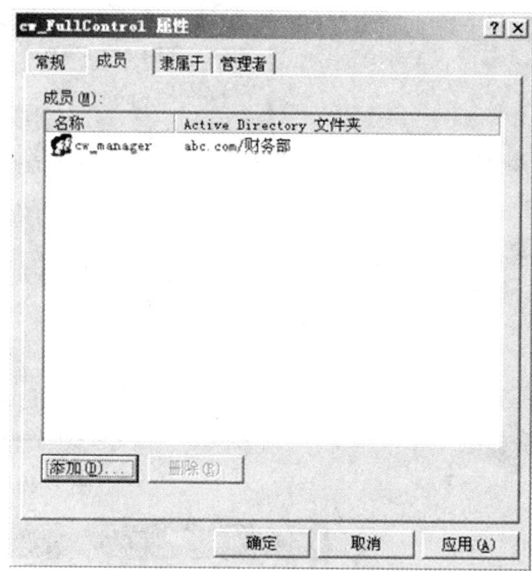

图 7-47 添加经理全局组

(5) 为了便于用户查找域中的共享文件夹，需要在活动目录中发布共享文件夹。打开【Active Directory 用户和计算机】管理工具，右击“abc.com”(即创建的域名)，在弹出的快捷菜单中，单击【新建】|【共享文件夹】命令，在弹出的【新建对象-共享文件夹】对话框中(图 7-48)，输入共享文件夹的名称和共享文件夹的网络路径。

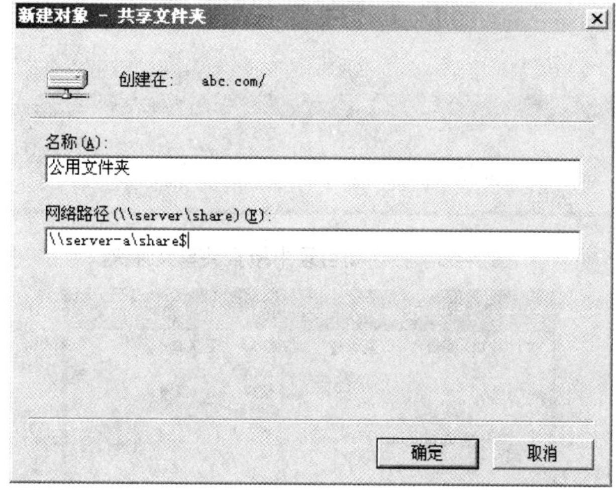

图 7-48 【新建对象-共享文件夹】对话框

(6) 利用部门员工账户(例如财务部员工 cw001)登录客户端计算机，打开网上邻居，单击左边【网络任务】中的【搜索 Active Directory】命令(图 7-49)。在弹出的对话框中(图 7-50)，在【查找】下拉列表中选择【共享文件夹】，在【共享文件夹】标签的【命令】文本框中输入图 7-48 中定义的名称，然后单击【开始查找】按钮，查找结果显示在对话框的下面列表框(图 7-50)。双击查找结果，打开网络共享文件夹(图 7-51)。

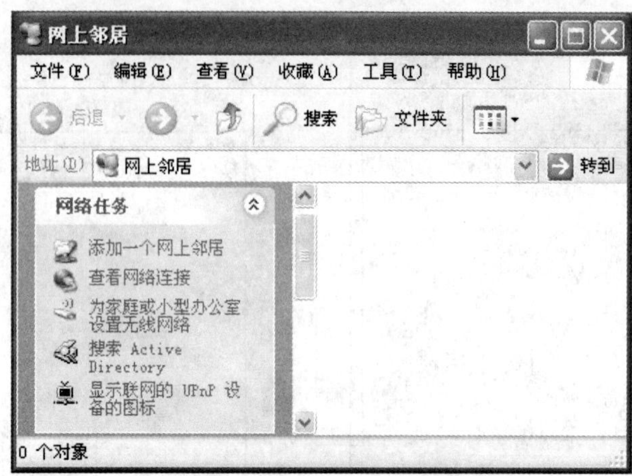

图 7-49 搜索活动目录

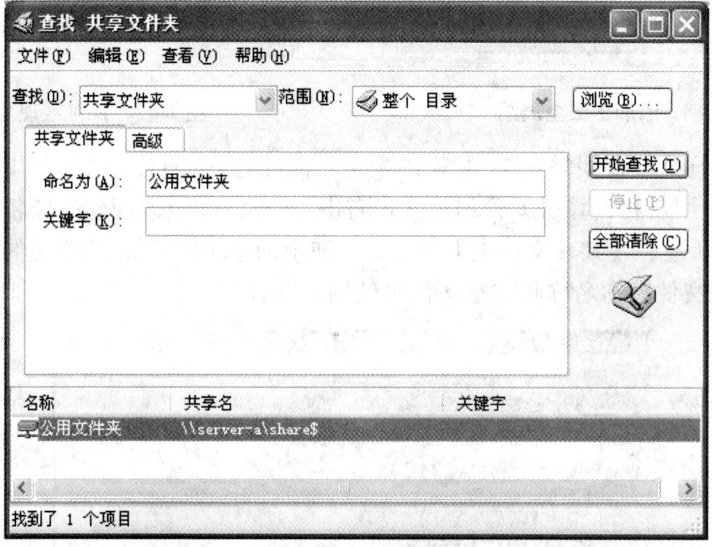

图 7-50 在活动目录中搜索共享文件夹

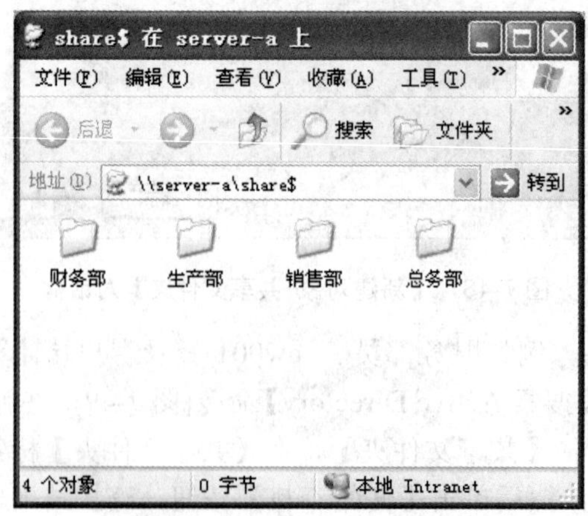

图 7-51 显示的域中共享文件夹

(7) 因为是以财务部员工账户登录的，所以当单击【生产部】、【销售部】、【总务部】文件夹时，系统会拒绝访问。财务部普通员工可以访问【财务部】文件夹，但因为只有读取权限，当想创建文件夹时，系统会拒绝。财务部经理因为有完全控制权限，可以成功执行各种操作，如创建文件夹等。

特别提示

管理员可以通过模块 2 介绍的添加启动脚本的办法，当用户登录客户端计算机时，自动映射共享文件夹到一个网络磁盘。下面是一个示例。

打开“记事本”，输入语句“net use Y: \\server-a\share$”，然后将文件保存为“share.bat”，然后将该文件保存到启动脚本所在的文件夹。

项 目 小 结

域是安全管理 Windows 网络的一把利器，本项目通过域建立、组策略实施和 AGDLP 策略实施 3 个模块，初步介绍了基于域的 Windows 网络安全管理方法。域的内容非常丰富，微软的 TechNet 网站上有非常丰富的资料可以供下载学习研究。

思 考 练 习

一、选择题

1．(　　)是域成功建立所需要的网络服务。

A．DNS　　B．IIS　　C．FTP　　D．SNMP

2．(　　)不是域的组账户类型。

A．全局组　　B．通用组　　C．域本地组　　D．本地组

3．组织单位不能容纳(　　)的活动目录对象。

A．用户账户　　B．共享文件夹　　C．计算机账户　　D．本地文件夹

4．在域中，组策略是通过(　　)来设定的。

A．组策略对象　　B．活动目录　　C．组织单位　　D．域控制器

5．如果要通过组策略部署软件，软件必须符合(　　)格式。

A．msi　　B．exe　　C．bat　　D．zip

二、填空题

1．______________存储着活动目录的目录数据。

2．创建域控制器的命令是______________。

3．组策略包含______________和______________两部分。

4．域控制器在处理、应用组策略时的规则主要分为______________和______________。

5．强制启用组策略的命令是____。

三、判断题

1．工作组与域的区别在于工作组适合小型局域网，而域适合大型网络。　　(　　)

2. 域采用的域名结构与 Internet 上的域名结构是一致的。 ( )
3. 域账户默认也是计算机的本地账户。 ( )
4. 全局组只能够包含位于同一个域内的用户账户和全局组。 ( )
5. 域管理员可以通过软件限制策略防止用户安装盗版软件。 ( )

四、思考题

1. 客户端不能加入域，出现错误的原因有哪些？
2. 利用组策略部署 Office 2007 软件。
3. 利用组策略禁止 USB 设备自动运行的方法有哪些？
4. 如何限制用户在文件服务器中上传文件的类型？
5. 如何管理域中的共享打印机权限？

项目 8 数据安全交换

教学目标

最终目标	能使用主流网络安全连接技术保障数据安全交换
促成目标	(1) 理解数字证书的基本原理 (2) 理解 PKI 的工作原理 (3) 能正确配置 ISA VPN 服务器 (4) 能正确配置 ISA SSL Web 服务器 (5) 能正确配置 FTP 服务器 (6) 注重培养学生的职业素养与习惯

引言

企业每天都需要通过 Internet 向顾客发布信息，或者与客户交换产品信息，或者向供应商采购原料，越来越多的企业员工(如外贸企业)依靠 E-mail 与客户、厂家沟通交流，出差员工也经常需要访问公司网络内部的服务器，如何保证这些信息在 Internet 上交换时的安全性，是企业网络管理员必须关注的重要问题。

模块1 数字证书应用

任务1 安装证书服务

1.1 任务引入

企业员工需要通过E-mail等与供应商、客户或顾客进行电子商务交易，数字证书可以保证这些重要信息在Internet上传输时的安全。如果要利用数字证书，需要在企业搭建数字证书服务器。

1.2 相关知识

1. PKI概述

随着Internet的普及，人们通过因特网进行的沟通越来越多，相应的通过网络进行商务活动即电子商务也得到了广泛的发展。电子商务为我国企业开拓国际、国内市场，利用好国内外各种资源提供了一个千载难逢的良机。电子商务对企业来说真正体现了平等、竞争、高效率、低成本、高质量的优势，能让企业在激烈的市场竞争中把握商机、脱颖而出。发达国家已经把电子商务作为21世纪国家经济的增长重点，我国的有关部门也正在大力推进我国企业发展电子商务。然而随着电子商务的飞速发展也相应地引发出一些Internet 安全问题。

概括起来，进行电子交易的互联网用户所面临的安全问题有以下几个。

1) 保密性

如何保证电子商务中涉及的大量保密信息在公开网络的传输过程中不被窃取。

2) 完整性

如何保证电子商务中所传输的交易信息不被中途篡改及通过重复发送进行虚假交易。

3) 身份认证与授权

在电子商务的交易过程中，如何对双方进行认证，以保证交易双方身份的正确性。

4) 抗抵赖

在电子商务的交易完成后，如何保证交易的任何一方无法否认已发生的交易。

这些安全问题将在很大程度上限制电子商务的进一步发展，因此，如何保证Internet上信息传输的安全，已成为发展电子商务的重要环节。

为解决这些Internet的安全问题，世界各国对其进行了多年的研究，初步形成了一套完整的Internet安全解决方案，即目前被广泛采用的PKI技术(Public Key Infrastructure，公钥基础设施)，PKI技术采用证书管理公钥，通过第三方的可信任机构——认证中心(Certificate Authority，CA)，把用户的公钥和用户的其他标识信息(如名称、E-mail、身份证号等)捆绑在一起，在Internet上验证用户的身份。目前，通用的办法是采用基于PKI结构结合数字证书，通过把要传输的数字信息进行加密，保证信息传输的保密性、完整性，身份认证与授权和抗抵赖。

2. 公钥密码技术

PKI 技术是基于公钥密码技术的。我们知道传统的对称密码技术，加密与解密的密钥是相同的。这种密码在Internet上使用时遇到了非常大的挑战，即如何保证密钥在网络上安全的分发。而且由于对称加密技术中双方都使用相同的密钥，所以无法实现数字签名和不可否认性等功能。而非对称密码技术恰恰可以解决这个问题，正因此非对称密码技术是现代密码技术的基础。在非对称密码技术中，加密和解密采用两个完全不同的密钥，一个称为公钥，另一个称为私钥，因此，非对称密码技术又被称为公钥密码技术。采用公钥密码技术，那么用公钥加密的文件只能用私钥解密，而私钥加密的文件只能用公钥解密。公钥顾名思义是公开的，所有的人都可以得到它；私钥也顾名思义是私有的，不应被其他人得到，具有唯一性。这样就可以满足电子商务中需要的一些安全要求。比如，说要证明某个文件是特定人的，该人就可以用他的私钥对文件加密，别人如果能用他的公钥解密此文件，说明此文件就是这个人的，这就实现了交易过程中的身份认证。还有如果只想让某个人看到一个文件，就可以用此人的公钥加密文件然后传给他，这时只有他自己可以用私钥解密，这就实现了信息保密。基于这种原理还可以实现完整性。

3. 证书认证机构(Certification Authority，CA)

虽然使用公钥加密技术解决了密钥在网络上分发的问题，但是又面临一个新的问题，即如何才能确定这个公钥就是某个人的。那如何才能确切地得到所想要的人的公钥呢？这时很自然地想到需要一个仲裁机构，或者说是一个权威的机构，它能准确无误地提供所需要人的公钥，这就是 CA。

CA 是公钥加密技术在 Internet 上大规模应用的关键，因为它可以确认公钥持有者的身份。在 PKI 中，CA 就是充当一个值得信赖而且独立的第三方机构，来确认公钥拥有人的真正身份。就像公安局发放的身份证一样，CA 发放一个叫“数字证书”的身份证明。这个数字证书包含了用户身份的部分信息及用户所持有的公钥。像公安局对身份证盖章一样，认证中心利用本身的私钥为数字证书加上数字签名。任何想发放自己公钥的用户，可以去认证中心申请自己的证书。认证中心在鉴定该人的真实身份后，颁发包含用户公钥的数字证书。其他用户只要能验证证书是真实的，并且信任颁发证书的认证中心，就可以确认用户的公钥。认证中心是公钥基础设施的核心，有了大家信任的认证中心，用户才能放心、方便地使用公钥技术带来的安全服务。

在 Microsoft 提出的 PKI 方案中也支持结构化的 CA，在这个架构下 CA 分为两种：根 CA 和从属 CA。

(1) 根 CA。根 CA 位于整个 CA 架构的最上层，可以用来发放数字证书，也可以用来发放证书给从属 CA。

(2) 从属 CA。从属 CA 适合于用来发放保护电子邮件安全的证书、提供网站 SSL 安全传输的证书等，也可以发放证书给再下一层的从属 CA。从属 CA 必须先向其父 CA 取得证书后，才可以发放证书。

1.3 任务实施

Windows Server 2003、Windows XP 等计算机默认地已经信任了一些知名 CA 所发放的证书。用户可以向知名的 CA 公司申请证书，但是这些证书是收费的(价格应该不便宜！)。如果企业只是希望在各分支机构、合作企业、供货商和客户之间，能够安全地通过 Internet 交换信息，可以利用 Windows Server 2003 提供的【证书服务】来自己架设 CA，然后利用此 CA 来发放证书给员工、客户、供货商等，并且可以设置让他们使用的计算机信任此 CA 发出的证书。

Windows Server 2003 可以担任两种 CA 角色。

1) 企业根 CA(Enterprise Root CA)或企业从属 CA(Enterprise Subordinate CA)

这种 CA 需要活动目录，企业 CA 可以安装到域控制器或成员服务器。企业 CA 发放证书的对象是域内的用户与计算机，非域内的计算机或用户无法向企业 CA 申请证书。当域内的用户来申请证书时，企业 CA 可以从活动目录中查询该用户身份，并决定该用户是否有权限申请证书。

2) 独立根 CA(Standard-alone Root CA)或独立从事 CA(Standard-alone Subordinate CA)

这种 CA 不需要活动目录，无论是否属于域内的用户、计算机，都可以向独立 CA 申请证书，不过在申请时必须自行输入申请信息与所欲申请的证书，因为独立 CA 不会向活动目录查询用户的身份信息。

安装企业根 CA 需要在域环境中，因此先建立域，然后在域控制器或成员服务器上安装企业根 CA。

(1) 单击【开始】|【控制面板】|【添加/删除程序】|【添加/删除 Windows 组件】命令，然后在如图 8-1 所示的对话框中选择【证书服务】复选框，单击【下一步】按钮，在弹出的警告框(图 8-2)中单击【是】按钮。

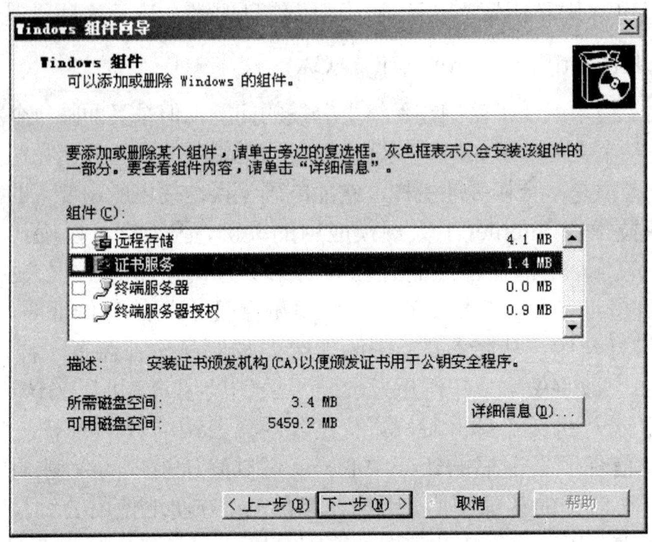

图 8-1 Windows 组件

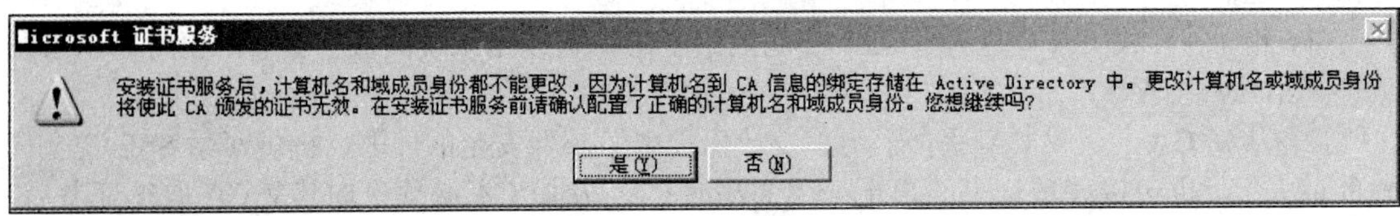

图 8-2 证书服务警告框

(2) 在弹出的如图 8-3 所示的对话框中选择【企业根 CA】单选按钮，单击【下一步】按钮。

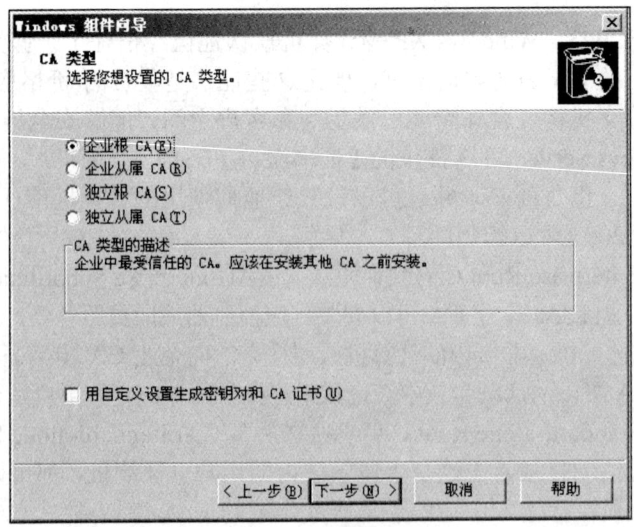

图 8-3 CA 类型

(3) 在弹出的如图 8-4 所示的对话框中设置此 CA 在活动目录中的名称，单击【下一步】按钮。

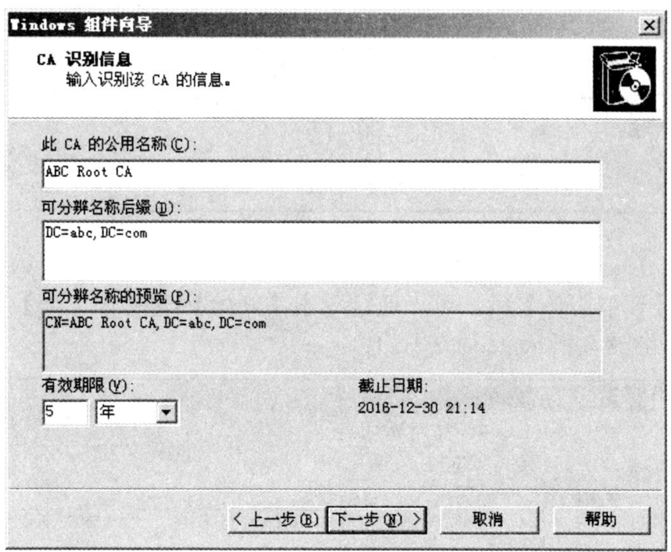

图 8-4　CA 识别信息

(4) 企业 CA 的设置信息会自动被存储到活动目录数据库中，如图 8-5 所示，在弹出的对话框中直接单击【下一步】按钮。

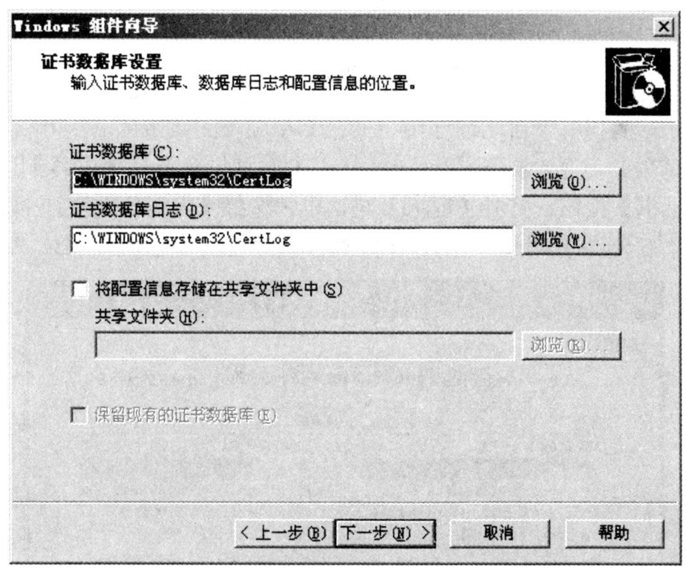

图 8-5　证书数据库设置

(5) 在弹出的如图 8-6 所示的警告对话框中直接单击【是】按钮。

图 8-6　停止服务提示框

(6) 在弹出的如图 8-7 所示的警告对话框中单击【是】按钮，以便让用户利用 Web 浏览器向此 CA 申请证书。

图 8-7　启用 ASP 提示框

(7) 安装完成【证书服务】后，可以通过单击【开始】|【管理工具】|【证书颁发机构】命令来管理 CA，如图 8-8 所示。

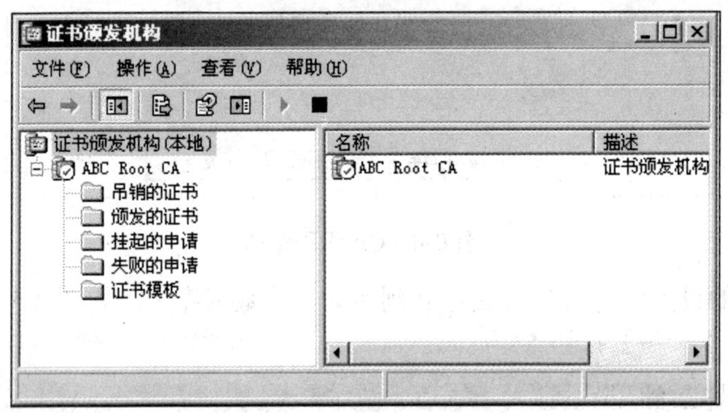

图 8-8　证书颁发机构控制台

(8) 加入域的计算机和用户自动信任由企业根 CA 颁发的数字证书，可以通过单击 IE 浏览器【工具】|【Internet 选项】命令，打开【Internet 选项】对话框，选择【内容】选项卡，在【证书】选项区域中单击【证书】按钮，打开【证书】对话框，选择【受信任的根证书颁发机构】选项卡，如图 8-9 所示，该台加入域的 Windows XP 计算机自动信任刚刚建立的 ABC Root CA 企业根 CA。

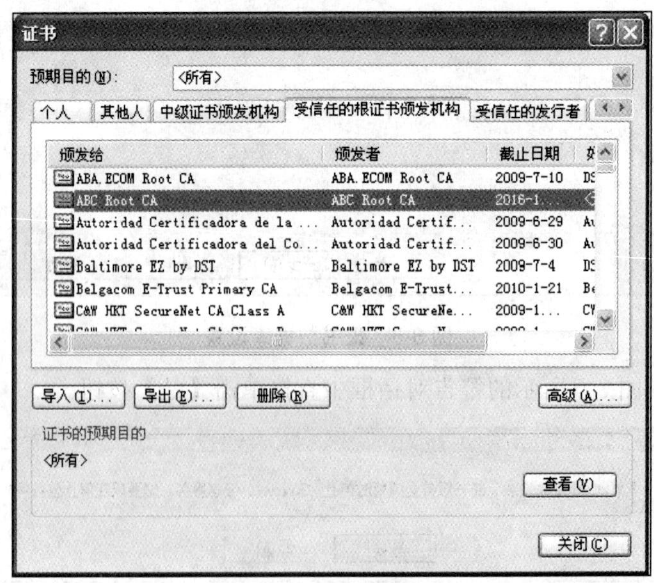

图 8-9　IE 浏览器的证书

任务 2　申请数字证书

2.1　任务引入

网络管理员已经在域中架设了一个企业根 CA(ABC Root CA)，公司员工需要向企业根 CA 申请用来保护电子邮件的证书。

2.2　相关知识

1. 数字证书

数字证书是由 CA 机构颁发的用于在 Internet 上通信时证明用户身份的电子文件。最简单的证书包含一个公开密钥、名称以及证书授权中心的数字签名。一般情况下，证书中还包括密钥的有效时间、发证机关(证书授权中心)的名称、该证书的序列号等信息，证书的格式遵循 X.509 国际标准。

一个标准的 X.509 数字证书包含以下内容。

(1) 证书的版本信息。

(2) 证书的序列号，每个证书都有一个唯一的证书序列号。

(3) 证书所使用的签名算法。

(4) 证书的发行机构名称，命名规则一般采用 X.500 格式。

(5) 证书的有效期，一般采用 UTC 时间格式，它的计时范围为 1950～2049。

(6) 证书所有人的名称，命名规则一般采用 X.500 格式。

(7) 证书所有人的公开密钥。

(8) 证书发行者对证书的签名。

2. 数字证书分类

基于数字证书的应用角度分类，数字证书可以分为以下几种。

(1) 服务器证书

服务器证书被安装于服务器设备上，用来证明服务器的身份和进行通信加密。服务器证书可以用来防止假冒站点。

(2) 电子邮件证书

电子邮件证书可以用来证明电子邮件发件人的真实性并对邮件进行加密。

(3) 客户端个人证书

客户端证书主要被用来进行身份验证和电子签名。

2.3　任务实施

员工 Tom 和 Shane 向企业根 CA 申请保护电子邮件的证书时，企业根 CA 会自动通过活动目录查询两个用户的电子邮件账户，以便针对他们的电子邮件账户来发放电子邮件保护证书，因此需要预先设置 Tom 和 Shane 的电子邮件账户，如图 8-10 所示。

1. 利用【证书申请向导】申请数字证书

域用户首先利用其域账户在其计算机上登录，因为只有域用户才有权限通过【证书申请向导】来向企业根 CA 申请证书。

(1) 在登录的计算机上，单击【开始】|【运行】命令，在【运行】对话框中，输入 mmc，按 Enter 键，打开【控制台】窗口如图 8-11 所示的【控制台】窗口，单击【文件】|【添加/删

除管理单元】命令。如图 8-12 所示，打开【添加/删除管理单元】对话框，在该对话框中单击【添加】按钮。然后在出现的【添加独立管理单元】对话框中(图 8-12)选择【证书】选项，单击【添加】按钮。依次单击【关闭】、【确定】按钮。

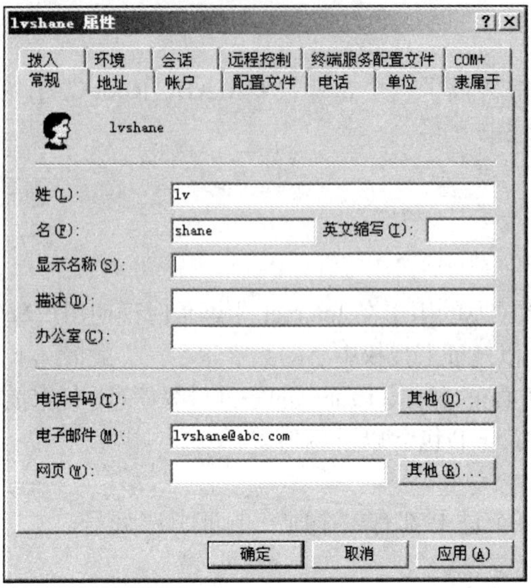

lvshane 属性
拨入 | 环境 | 会话 | 远程控制 | 终端服务配置文件 | COM+
常规 | 地址 | 帐户 | 配置文件 | 电话 | 单位 | 隶属于
lvshane
姓(L): lv
名(F): shane 英文缩写(I):
显示名称(S):
描述(D):
办公室(C):
电话号码(T): 其他(O)...
电子邮件(M): lvshane@abc.com
网页(W): 其他(R)...
确定 取消 应用(A)

图 8-10　账户属性

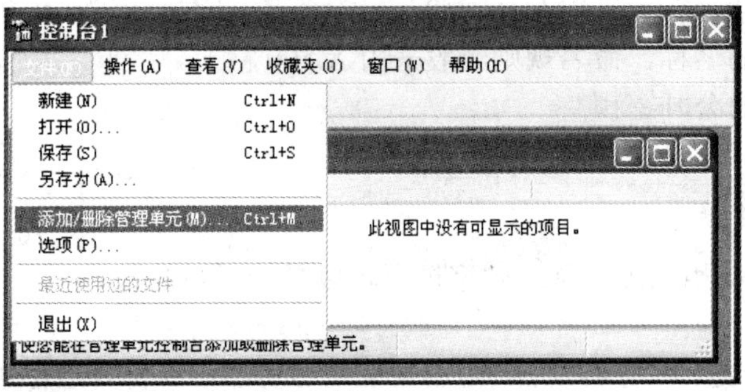

控制台1
文件(F) 操作(A) 查看(V) 收藏夹(O) 窗口(W) 帮助(H)
新建(N) Ctrl+N
打开(O)... Ctrl+O
保存(S) Ctrl+S
另存为(A)...
添加/删除管理单元(M)... Ctrl+M
选项(P)...
最近使用过的文件
退出(X)
此视图中没有可显示的项目。
使您能在管理单元控制台添加或删除管理单元。

图 8-11　MMC 控制台

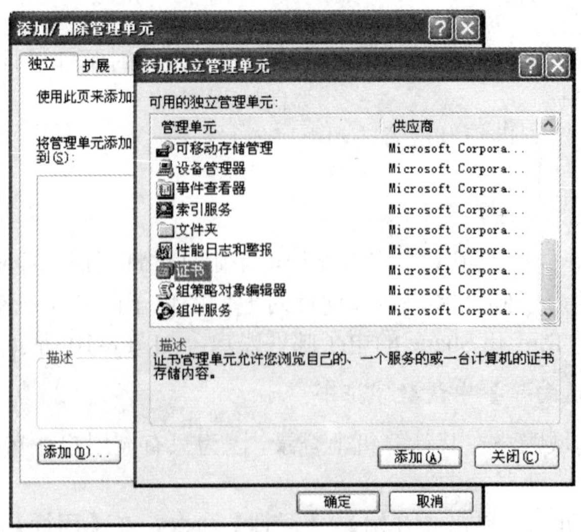

图 8-12　添加/删除管理单元

(2) 如图 8-13 所示，右击【个人】，在弹出的快捷菜单中单击【所有任务】|【申请新证书】命令。

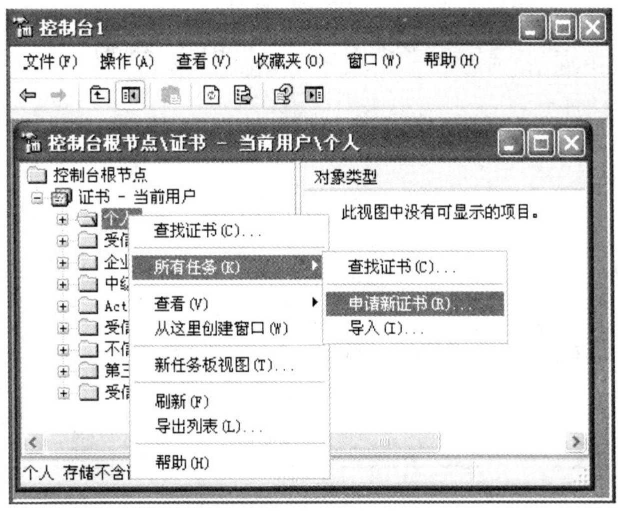

图 8-13　申请新证书

(3) 在出现的【欢迎使用证书申请向导】界面时单击【下一步】按钮，在弹出的如图 8-14 所示的对话框中选择【用户】，然后单击【下一步】按钮。

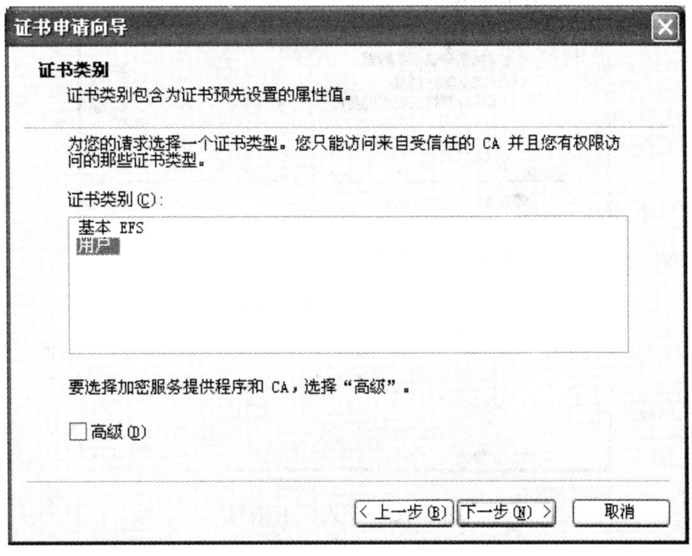

图 8-14　证书类别

(4) 在【证书的好记的名称和描述】对话框中，为证书设置一个好记的名称与描述，然后单击【下一步】按钮。

(5) 在出现的【完成证书申请向导】对话框中单击【完成】按钮。

(6) 证书申请完成后，所申请的证书会自动安装到用户的计算机上，用户通过单击 IE 浏览器的【工具】|【Internet 选项】命令，弹出【Internet 选项】对话框，在该对话框中选择【内容】选项卡，在该选项卡中单击【证书】按钮，在打开的【证书】对话框中选择【个人】选项卡来检查该证书，如图 8-15 所示。单击【查看】按钮，可以查看该证书的详细信息，如图 8-16 所示。

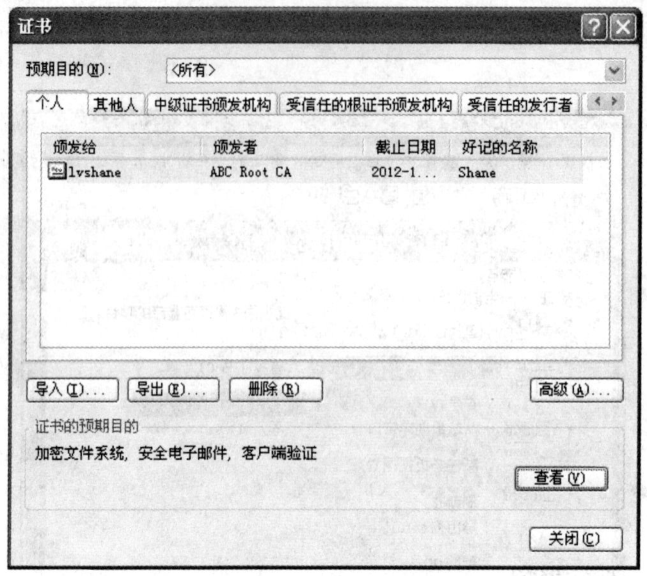

图 8-15　IE 的个人证书

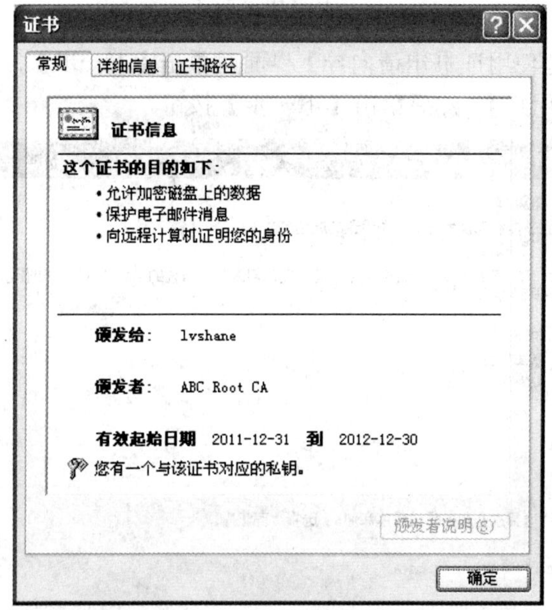

图 8-16　个人证书信息

2. 利用 IE 浏览器申请数字证书

(1) 在客户端利用域账号登录计算机后，在 IE 浏览器地址栏中输入下面的地址：http://CA 计算机名称或 IP 地址/certsrv/。(注：在本书构建的域环境中，企业根 CA 所在的域控制器地址为 192.168.1.101。)

(2) 在弹出的对话框中输入域用户账户名称和密码，如图 8-17 所示，然后单击【确定】按钮。

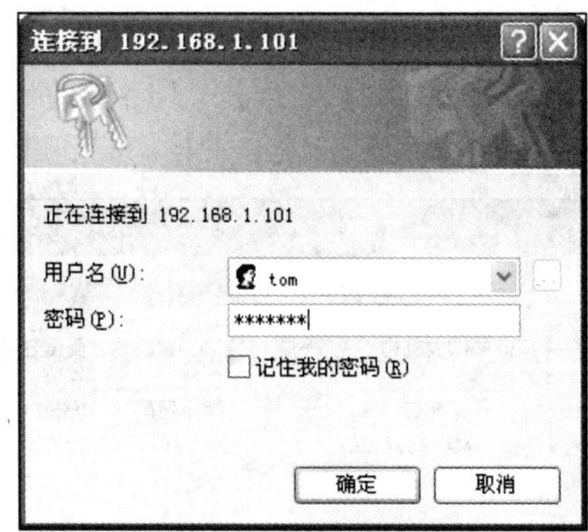

图 8-17　登录对话框

(3) 如图 8-18 所示，选择【申请一个证书】，在弹出的窗口中选择【用户证书】选项。

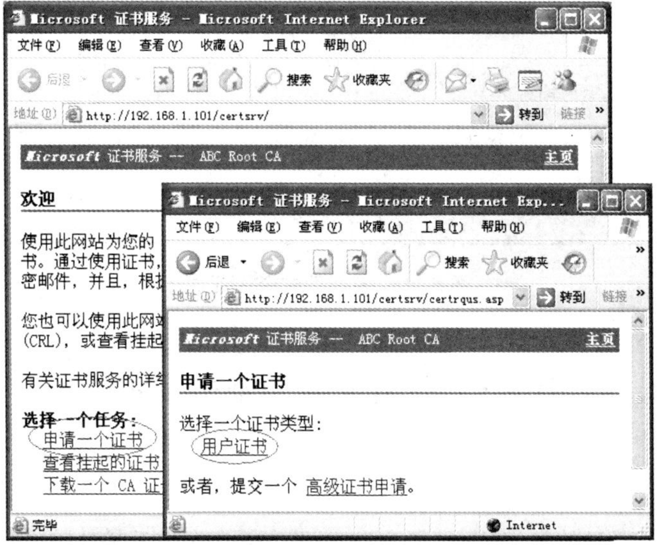

图 8-18　申请用户证书

(4) 如图 8-19 所示，在弹出的窗口中，单击【提交】按钮，然后选择【安装此证书】选项。

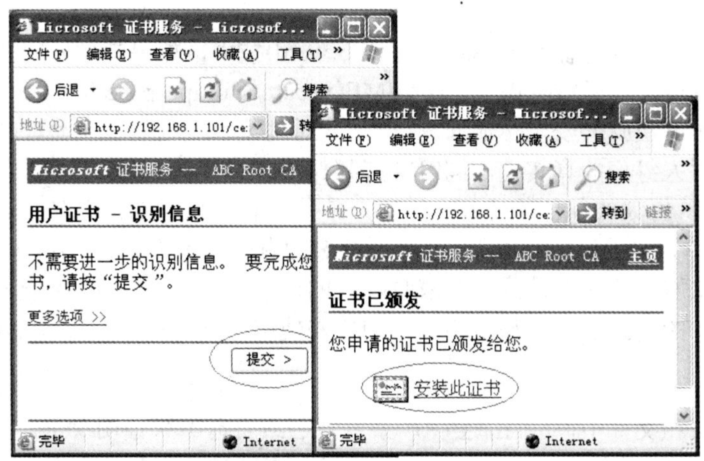

图 8-19　安装证书

(5) 安装完成后，域用户可以通过单击 IE 浏览器的【工具】|【Internet 选项】命令，弹出【Internet 选项】对话框，在该对话框中选择【内容】选项卡，在该选项卡中单击【证书】按钮，在打开的【证书】对话框中，选择【个人】选项卡来检查该证书，如图 8-20 所示。

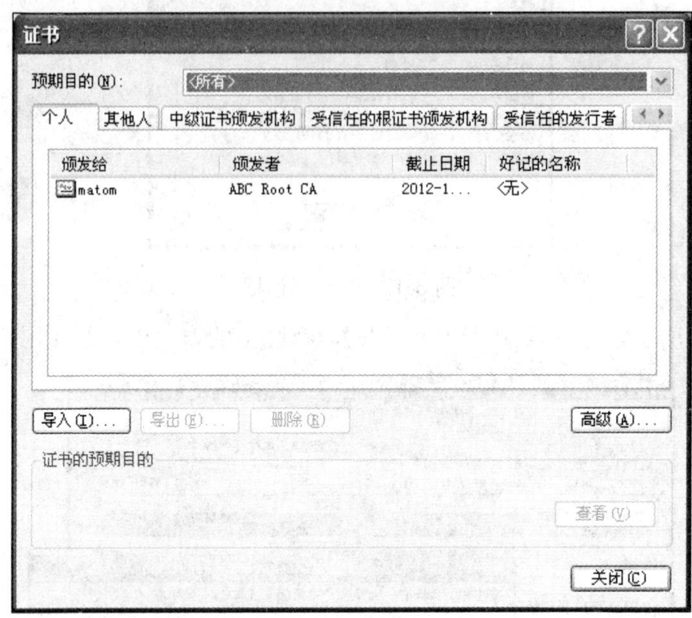

图 8-20　安装后的个人证书

任务 3　利用证书加密电子邮件

3.1　任务引入

公司员工申请了自己的数字证书，现在员工可以利用数字证书对需要发送的邮件进行签名和加密。

3.2　相关知识

电子邮件的传输基于存储转发(Store-and-Forward)技术，如果邮件以明文传输，邮件内容很可能在途中被截取、窃听或篡改等。S/MIME(Secure/Multipurpose Internet Mail Extension)标准的制定正是为了解决邮件安全传输问题，该标准通过数字签名的机制允许收件人检查邮件内容的完整性和发件人身份的真实性，同时支持邮件内容或附件加密。

支持 S/MIME 协议的邮件系统都允许用户使用私有密钥对邮件签名。而用户的证书则随着邮件一起发送，收件人可以利用该证书验证签名的有效性，如果需要对邮件进行加密，用户首先需要通过目录服务或先前的邮件获取收件人的证书，一旦证书的有效性得到验证，用户就可以使用证书包含的公开密钥来加密会话密钥，并使用会话密钥加密邮件内容或附件。

1. 数字签名

在传统的书信和文件中，人们都会使用亲笔签名或者印章来证明身份。在利用电子邮件等网络手段进行通信时，传统方法就无法奏效了。那么如何对网络上传输的文件或邮件进行身份验证呢？这就需要使用数字签名技术。

在网络上进行身份验证要考虑 3 个问题。

(1) 接收方能够核实发送方对报文的签名，如果当事双方对签名真伪发生争议，应该能够在第三方面前通过验证签名来确认真伪。

(2) 发送方事后不能否认自己对报文的签名。

(3) 除了发送方，其他任何人不能伪造签名，也不能篡改、伪造接收或发送的信息。

满足上述 3 个条件的数字签名技术就可以解决对网络上传输的报文进行身份验证的问题。数字签名技术采用公钥加密技术实现。在电子邮件中应用数字签名的原理，如图 8-21 所示。

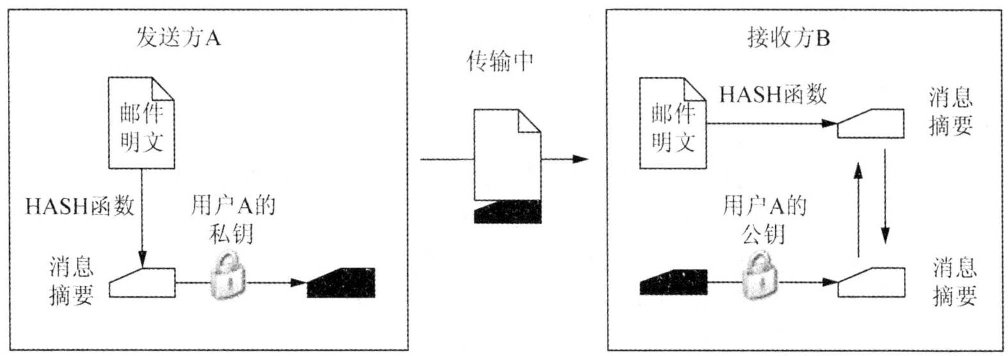

图 8-21 电子邮件的数字签名

发送数字签名的电子邮件过程如下。

(1) 发送方用户 A 首先对邮件 M 通过 HASH 算法得到邮件的消息摘要 H(M)。

(2) 发送方用户 A 使用私钥 Ea 对 H(M)进行签名得到 Sa(M)=Ea(H(M))。

(3) 发送方用户 A 将邮件 M 和 Sa(M)一起发送给接收方用户 B。

(4) 接收方用户 B 对邮件 M 进行相同的 HASH 运算得到邮件的消息摘要 Hb(M)，同时使用发送方用户 A 的公钥对 Sa(M)进行解密得到 Ha(M)。

(5)如果 Hb(M)=Ha(M)，则说明邮件的签名正确，邮件没有被篡改，否则签名错误，邮件被篡改。

2. 电子邮件加密

电子邮件加密的原理图如图 8-22 所示。发送加密电子邮件的具体过程主要分为以下 4 个步骤。

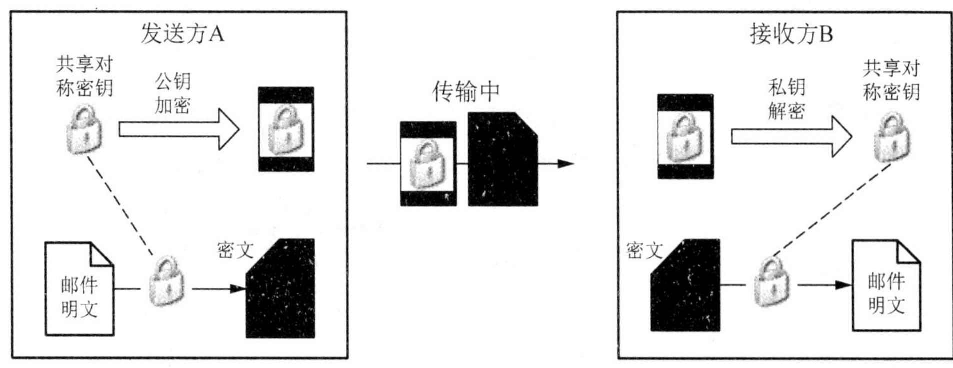

图 8-22 电子邮件加密

(1) 发送方用户 A 随机生成会话密钥 K，并且利用 K 对邮件 M 使用加密算法 E 进行加密得到邮件密文 Ek(M)，同时利用接收方用户 B 证书中的公钥 Db 对 K 进行加密，得到 Db(K)。

(2) 发送方用户 A 将邮件密文 Ek(M)和 Db(K)发送给接收方用户 B。

(3) 接收方用户 B 使用私钥 Eb 对 Db(K)，得到会话密钥 K。

(4) 接收方用户 B 利用会话密钥 K 对邮件密文 Ek(M)进行解密，得到邮件明文 M。

由于只有收件人用户 B 拥有证书对应的私钥 Eb，因此，只有他能够得到本次邮件加密使用的会话密钥 K，从而看到邮件内容。其他人因为无法获得会话密钥 K，所以即使截获邮件，也无法浏览邮件内容。

用户可以同时将邮件加密与数字签名结合起来使用，即利用自己的私钥对邮件进行签名，利用接收者的公钥对邮件的会话密钥进行加密，从而能够为电子邮件提供保密性、完整性、真实性和不可否认性 4 种安全服务。

3.3 任务实施

现在大部分使用的 E-mail 账户均由知名的邮件企业提供，如 QQmail、Gmail、Hotmail 等，在课程教学如果使用这些邮件进行数字证书应用的测试，必须向 Internet 上知名的 CA 企业申请证书，这样会给课程教学带来许多麻烦，而且效果也不一定好。

本任务采用虚拟机搭设的域环境进行数字证书测试，在前面的任务中已经向域中的企业根 CA 申请了用户证书，接下来利用这些证书进行测试。

在执行本任务之前，需要在域中一台成员服务器上架设电子邮件服务器(Windows Server 2003 具有该功能)，域会自动通过活动目录将域用户账户与电子邮件账户统一起来。

1. 发送和接收经过签名的 E-mail

员工 Shane 利用申请的个人证书对发送给员工 Tom 的邮件进行数字签名。

(1) Shane 登录自己的计算机，运行 Outlook Express，然后单击【工具】|【账户】|【邮件】命令，选择 Shane 的账户，再单击【属性】命令，在打开的对话框中选择【安全】选项卡，如图 8-23 所示，单击【签署证书】处的【选择】按钮，选择刚刚申请的数字证书，单击【确定】和【关闭】按钮。

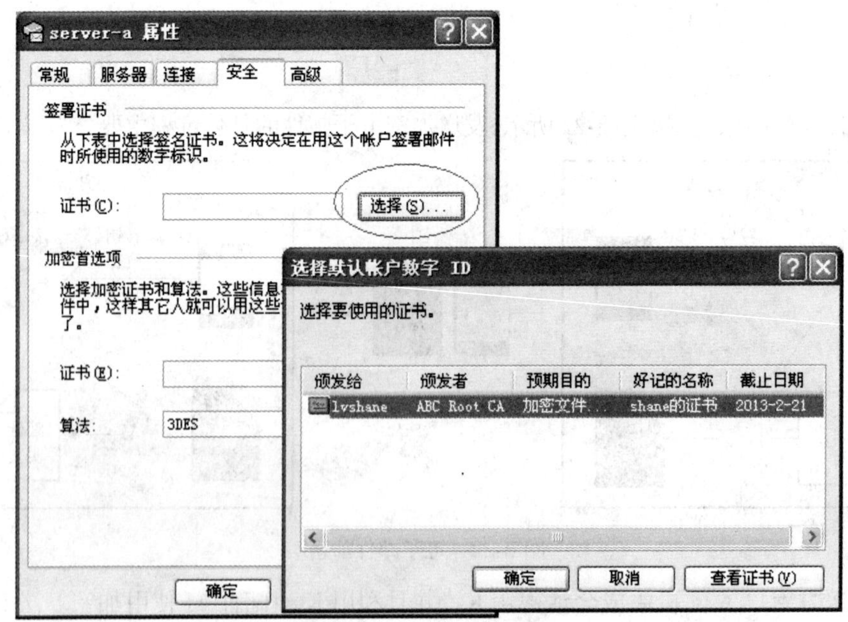

图 8-23 选择用户个人证书

(2) 在图 8-23 中，单击【确定】和【关闭】按钮后，结果如图 8-24 所示。下面的【加密首选项】部分如果不配置，则自动采用与【签署证书】部分相同的证书。【加密首选项】与 Shane 的公开密钥会随着发送给 Tom 经过签名的邮件一并发送给 Tom，Tom 可以利用公钥对发送给 Shane 的邮件进行加密。

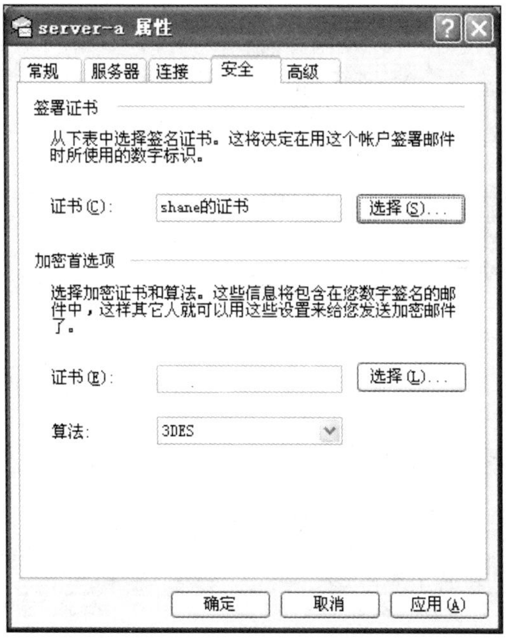

图 8-24　邮件账户安全配置

(3) 创建一封发送给 Tom 的邮件，在发送之前，单击【签名】按钮，对邮件进行签名，如图 8-25 所示。

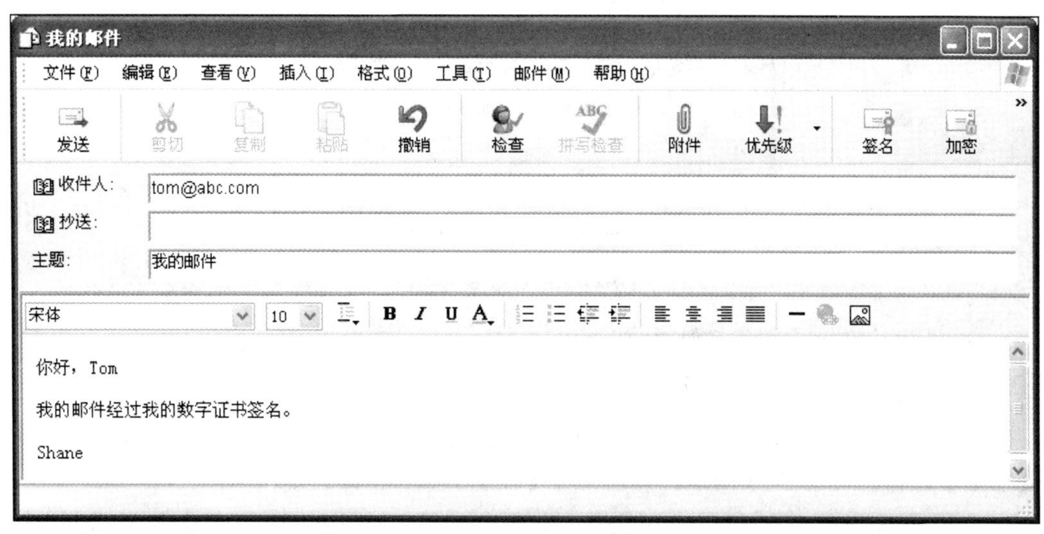

图 8-25　新邮件

(4) Tom 利用自己的域账户登录计算机，打开 Outlook Express，接收新邮件，如图 8-26

所示，用户可以发现这封和别的邮件不同，多了一个代表签名的图标。当用户读取这封邮件时，首先会有一个安全提示，单击【继续】按钮(图 8-27)，可以读取邮件内容。

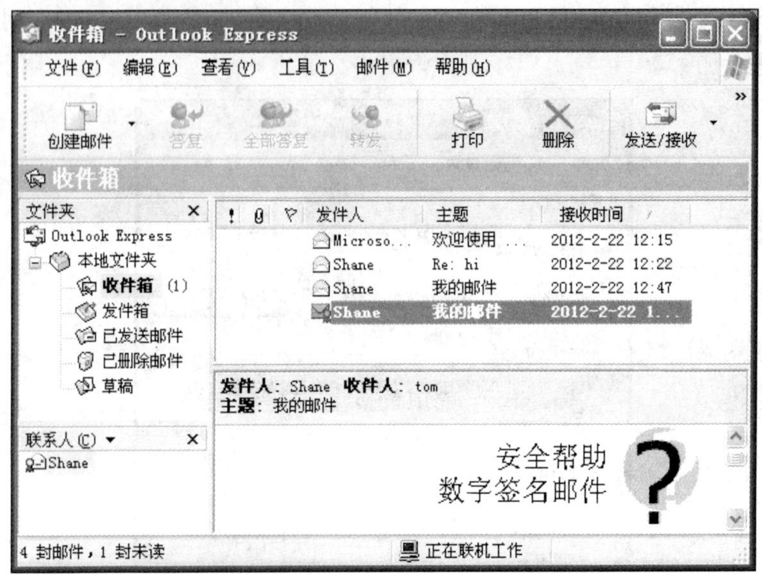

图 8-26　接收新邮件

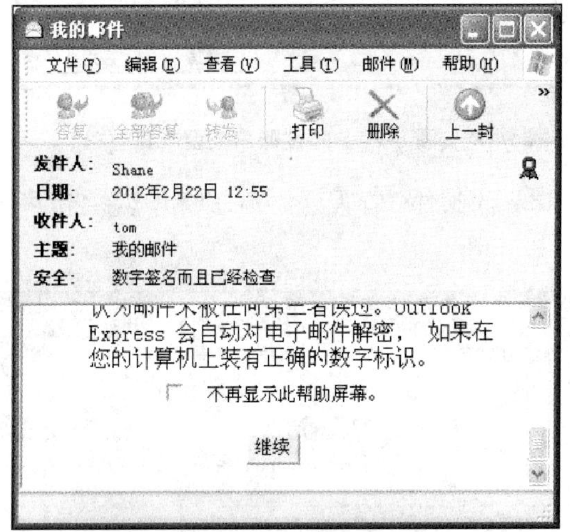

图 8-27　经过签名的邮件

2. 发送和接收经过签名与加密的 E-mail

Tom 已经拥有 Shane 的证书信息与公钥，可以向 Shane 发送经过签名和加密的邮件。

(1) Tom 打开 Outlook Express，对上面收到的邮件进行回复，在发送之前，单击【签名】和【加密】按钮，如图 8-28 所示，然后单击【发送】按钮，即可发出邮件。

(2) Shane 打开自己的 Outlook Express，接收新邮件，如图 8-29 所示，邮件显示一个加密的图标。

(3) 当用户阅读这封邮件时，首先显示安全提示，如图 8-30 所示，单击【继续】按钮，显示邮件的内容。

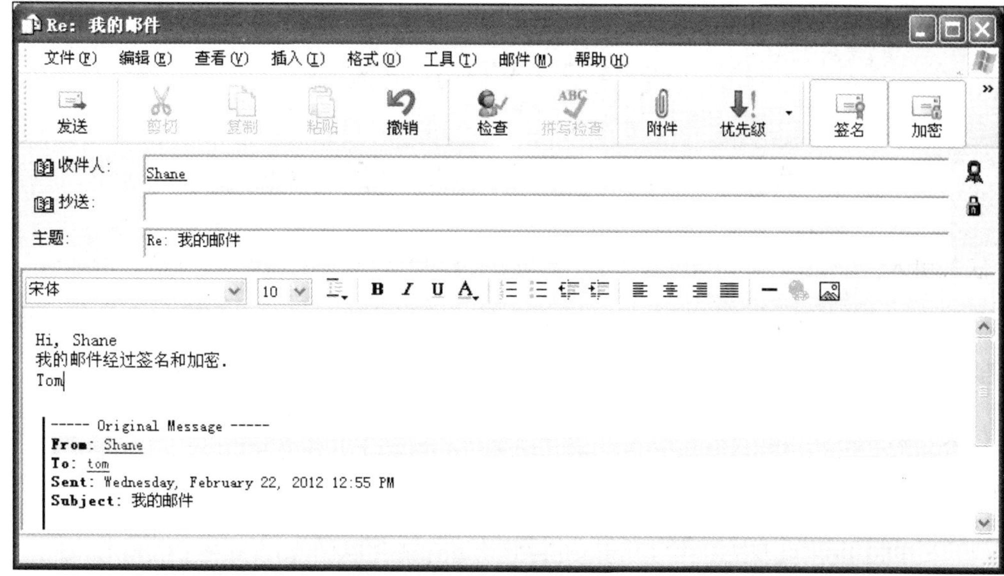

图 8-28　Tom 的新邮件

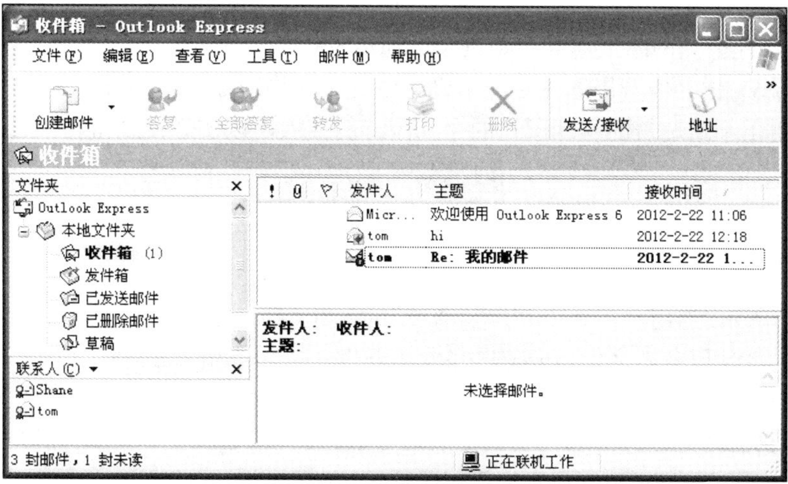

图 8-29　加密的邮件

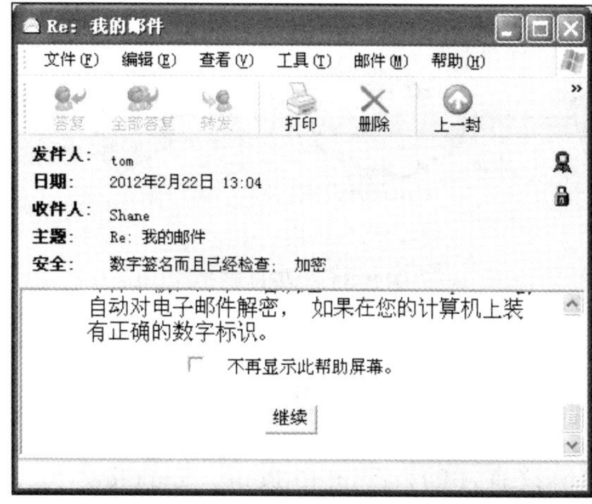

图 8-30　邮件安全提示信息

模块 2　VPN 配置

任务 1　配置 ISA Server VPN 服务器

1.1　任务引入

随着企业业务的不断扩展，常常需要员工到外地出差，员工在外出差时往往需要访问公司内网查询信息或提交资料，ISA Server 的 VPN 功能可以实现这个要求。

1.2　相关知识

1. VPN 概述

VPN(Virtual Private Network，虚拟专用网)是一种在互联网上建立安全链接的方法。VPN 可以帮助远程用户、公司分支机构、商业伙伴及供应商同公司的内部网建立可信的安全链接，并保证数据的安全传输。VPN 的基本工作原理是利用数据加密技术对通信双方传输的数据包进行加密，进而在公共网络上建立一条安全的通信隧道，这条隧道专属于通信双方，就好比是架设了一条专线一样，但费用远比专门架设一条真正的物理专线要便宜很多。

VPN 可用于不断增长的移动用户的全球因特网接入，以实现安全链接，可用于实现企业网站之间安全通信的虚拟专用线路，用于经济有效地连接到商业伙伴和用户的安全外联网、虚拟专用网。

2. VPN 原理

如图 8-31 所示，当用户在远程客户端通过 Internet 与企业的 VPN 服务器成功建立链接后，远程计算机与 VPN 服务器之间就建立一条虚拟链路，称为隧道(Tunnel)。远程客户端上的 VPN 客户端软件会将用户数据包封装成 IP 报文后通过该隧道传送给 VPN 服务器，VPN 服务器收到数据包并拆封后就可以读到真正有意义的报文了。反向的处理也一样。隧道两侧可以对报文进行加密处理，使 Internet 上的其他用户无法读取，因而是安全可靠的。对用户来说，VPN 操作起来和实际物理链路相同。

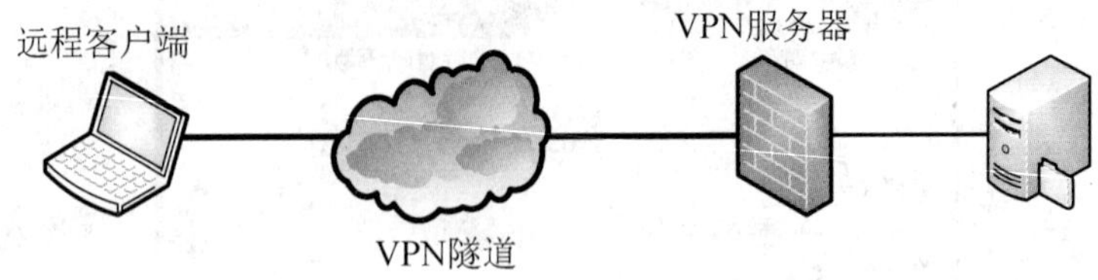

图 8-31　VPN 隧道

隧道可以通过隧道协议来实现。根据是在计算机网络 OSI 模型的第 2 层还是第 3 层实现隧道，隧道协议分为第 2 层隧道协议和第 3 层隧道协议。

1) 第 2 层隧道协议

现有的第 2 层隧道协议有 PPTP(Point-to-Point Tunneling Protocol)协议、L2F(Layer 2 Forwarding)协议、L2TP(Layer 2 Tunneling Protocol)协议。

2) 第 3 层隧道协议

现有的第 3 层隧道协议主要有 IPsec(IP Security)协议、GRE(Generic Routing Encapsulation)协议。

IPsec 协议不是一个单独的协议，它给出了 IP 网络上数据安全的一整套体系结构，包括 AH(Authentication Header)、ESP(Encapsulating Security Payload)、IKE(Internet Key Exchange)等协议。

一般地，第 2 层隧道协议和第 3 层隧道协议都是独立使用的，如果合理地将这两层协议结合起来使用，将可能为用户提供更好的安全性(如将 L2TP 和 IPsec 协议配合使用)和更佳的性能。

1.3 任务实施

当域与 ISA Server 联合使用时，利用 Internet 验证服务来验证 VPN 的用户登录身份。

1. 配置 Internet 验证服务。

(1) 在域控制器上，单击【开始】|【控制面板】命令，选择【添加或删除程序】中的【添加/删除 Windows 组件】选项，在打开的对话框中，选择【网络服务】复选框，单击【详细信息】按钮，然后选择【Internet 验证服务】复选框，如图 8-32 所示。

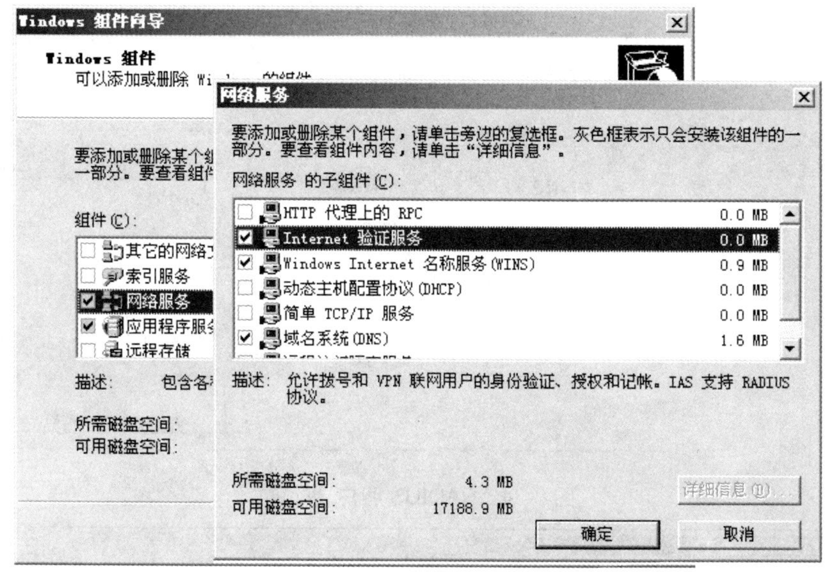

图 8-32 网络服务安装

(2) 两个服务安装完成后，单击【开始】|【管理工具】|【Internet 验证服务】命令，如图 8-33 所示，右击【RADIUS 客户端】，在弹出的快捷菜单中单击【新建 RADIUS 客户端】命令。接下来，在如图 8-34 所示的对话框中，为 RADIUS 客户端命名、设置客户端 IP 地址(即 ISA Server 防火墙内网卡的 IP 地址)、在【客户端-供应商】的下拉框中选择 Microsoft 并设置客户端与 RADIUS 服务器通信的密码，然后单击【完成】按钮。在 RADIUS 客户端处必须输入相同的密码，RADIUS 服务器才会接受验证的请求，完成后结果如图 8-35 所示。

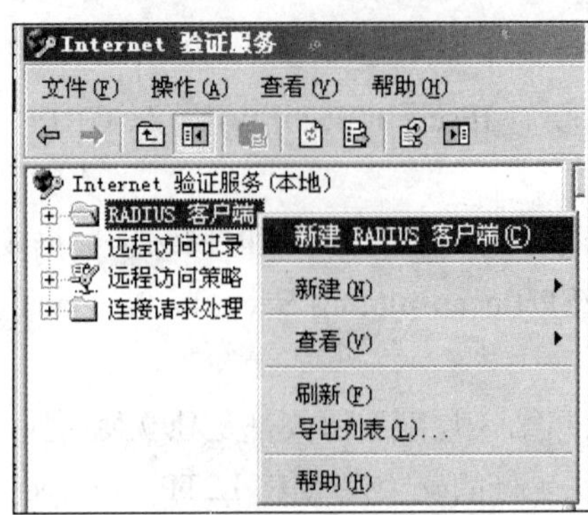

图 8-33　新建 RADIUS 客户端

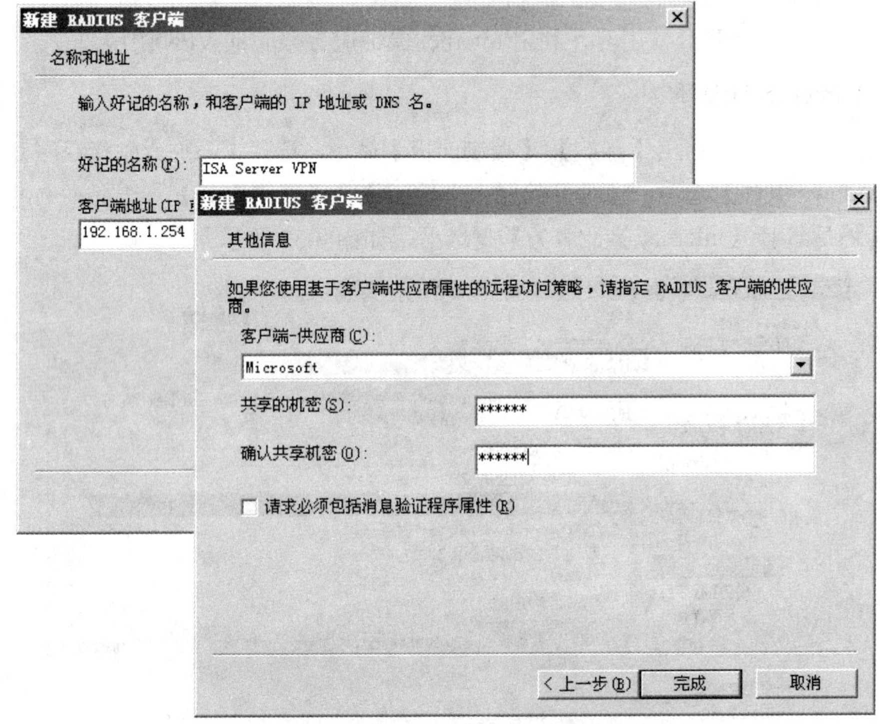

图 8-34　RADIUS 客户端配置

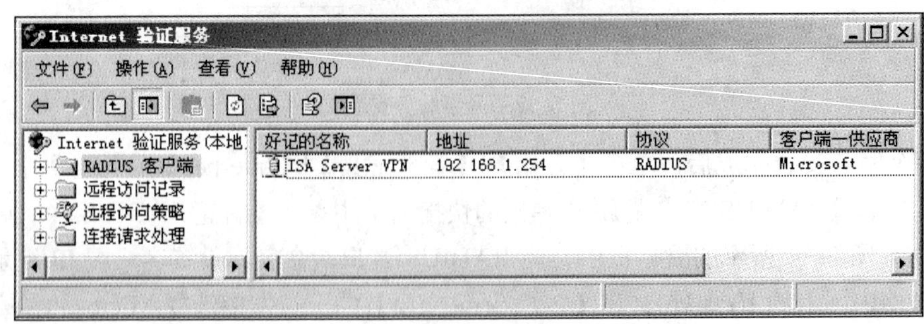

图 8-35　客户端配置结果

(3) 右击图 8-36 中所示的【远程访问策略】，在弹出的快捷菜单中单击【新建远程访问策略】命令。出现【新建远程访问策略向导】对话框时单击【下一步】按钮。在图 8-37 中，选择利用向导来设置策略，并为此策略命名，然后单击【下一步】按钮。

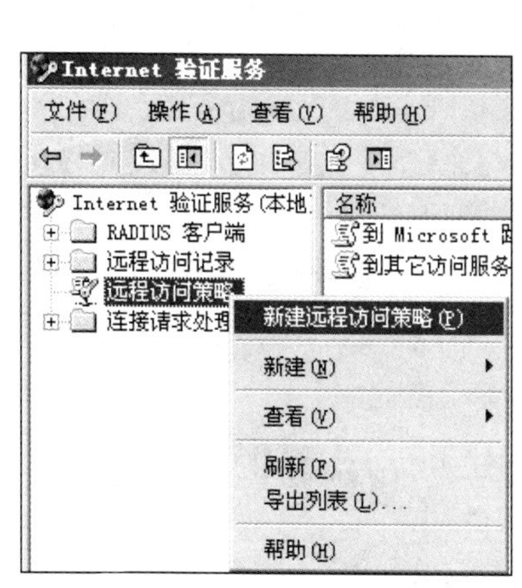

图 8-36　远程访问策略

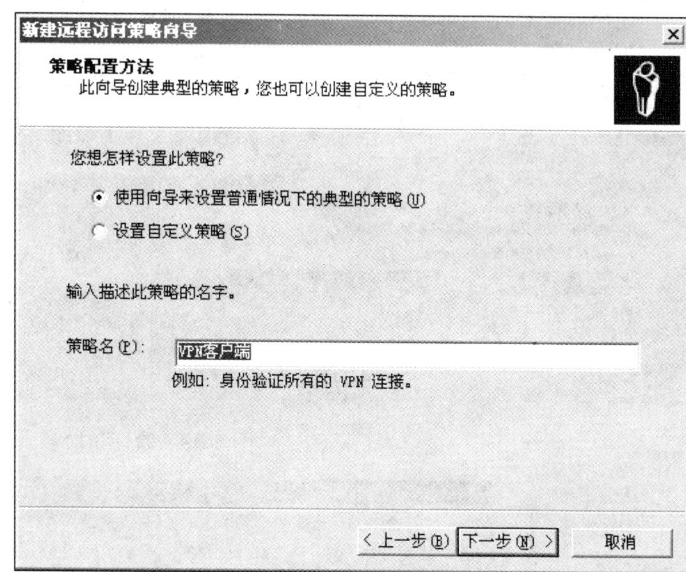

图 8-37　策略命名

(4) 在图 8-38 中，选择只要是利用 VPN 来连接且是 Domain Users 组的用户会受此策略约束，然后单击【下一步】按钮

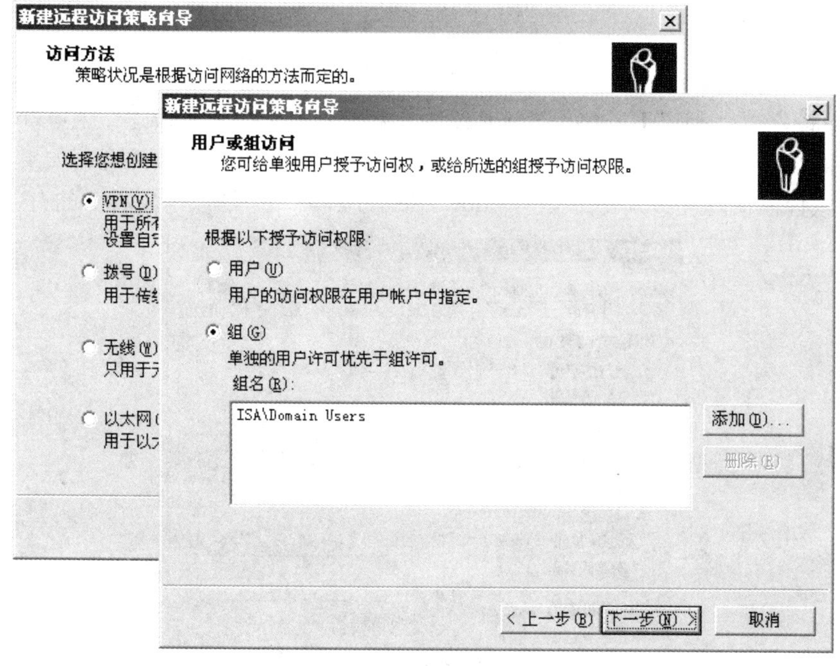

图 8-38　添加用户组

(5) 在接下来的【身份验证方法】对话框中和【策略加密级别】对话框中采用默认设置，如图 8-39 所示，然后单击【下一步】按钮。

(6) 根据提示完成配置过程，结果如图 8-40 所示。

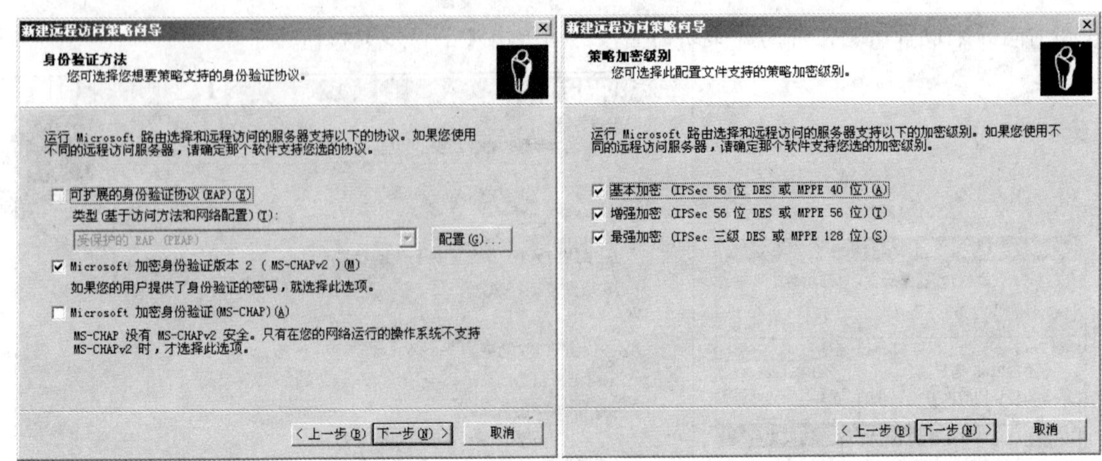

图 8-39　验证和加密

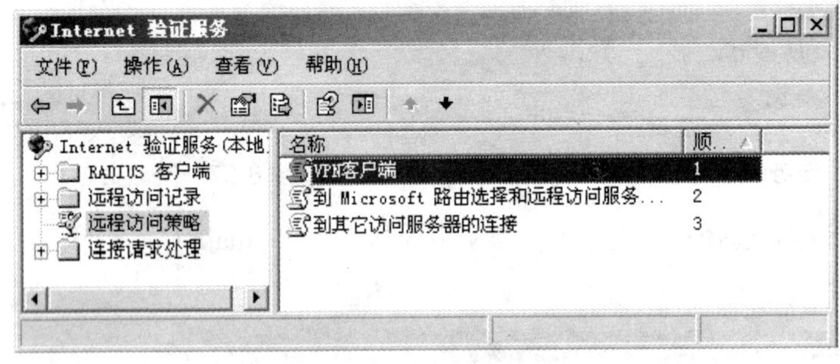

图 8-40　远程访问策略配置结果

(7) 在域控制器上利用【Active Directory 用户和计算机】控制台新建一个 VPN 登录账户，然后如图 8-41 所示，选择【通过远程访问策略控制访问】单选按钮。(注意：如果没有这个选项，需先将域控制器功能级别提升为 Windows Server 2003，方法参考项目 7 的有关内容。)

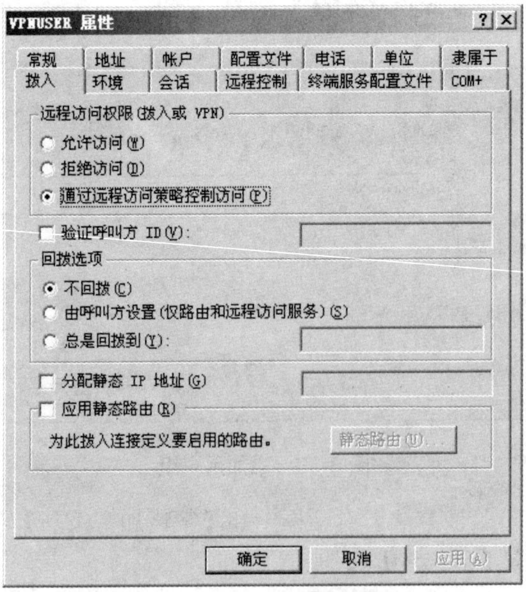

图 8-41　VPN 登录账户设置

2. ISA Server VPN 服务器配置

(1) 单击图 8-42 中的【虚拟专用网络(VPN)】选项，选择【VPN 客户端】选项卡和【任务】选项卡，并选择【定义地址分配】选项。

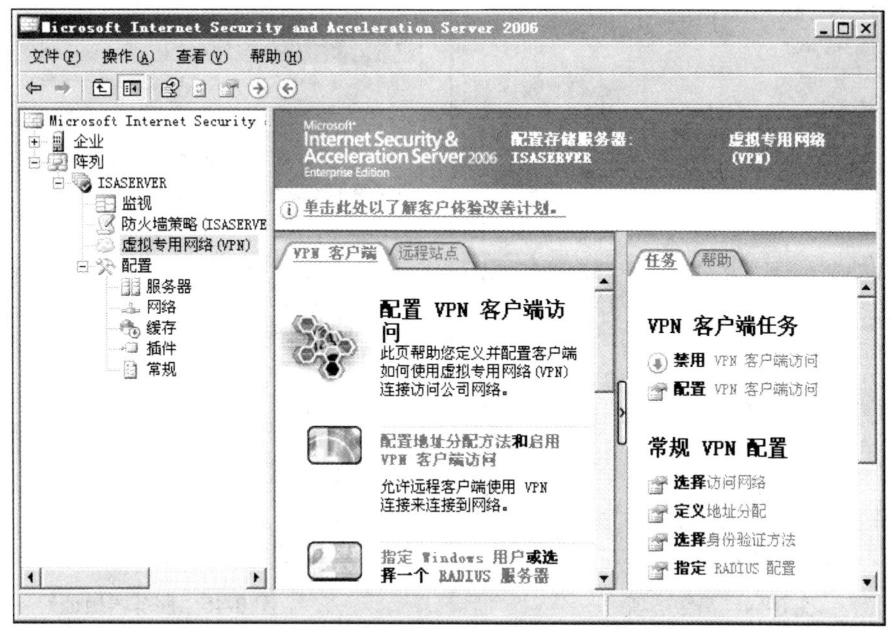

图 8-42　VPN 服务器管理界面

(2) 在图 8-43 所示的【地址分配】选项卡中，单击【添加】按钮，在打开的【服务器 IP 地址范围属性】对话框中，定义将来分配给 VPN 客户端的 IP 地址范围，然后单击【确定】按钮。

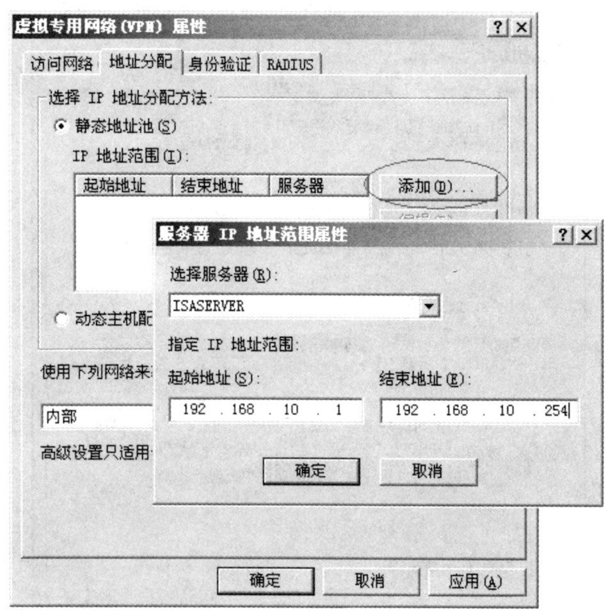

图 8-43　定义地址

(3) 在图 8-44 所示的【地址分配】选项卡中单击【高级】按钮，然后在图 8-45 所示的【名称解析】对话框中，指定 VPN 客户端的 DNS 服务器地址和 WINS 服务器地址，然后单击【确定】按钮。

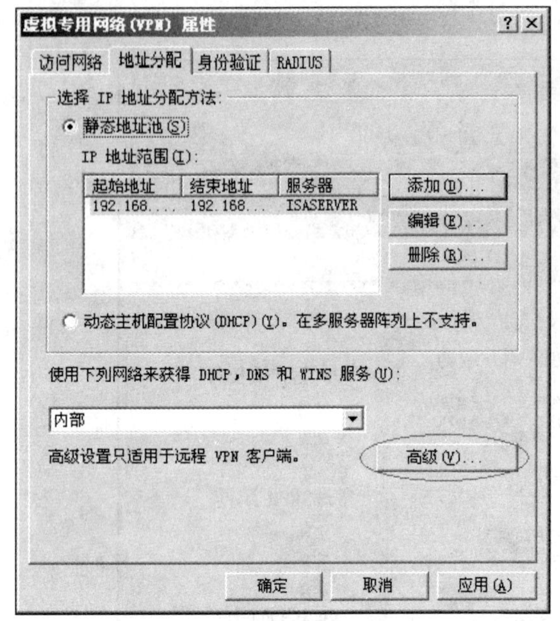

图 8-44　高级选项

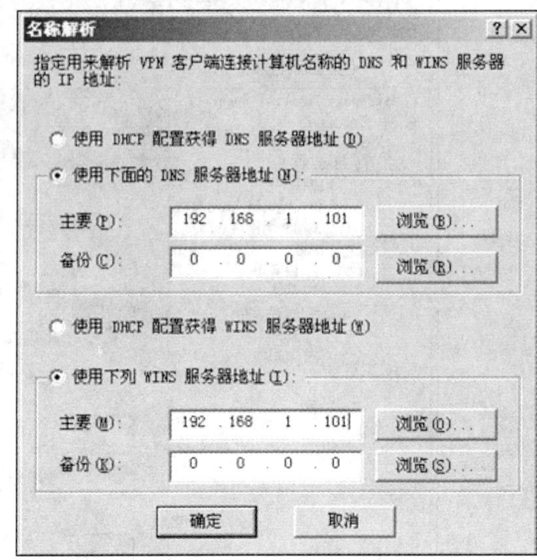

图 8-45　服务器地址

(4) 如图 8-46 所示，在 RADIUS 选项卡中，选择【使用 RADIUS 进行身份验证】复选框，然后单击【RADIUS 服务器】按钮。按照图 8-47 所示，在弹出的【RADIUS 服务器】对话框中，单击【添加】按钮，在弹出的【添加 RADIUS 服务器】对话框中输入服务器地址之后，单击【更改】按钮，输入两次密码，即完成了验证密钥的设置，然后单击【确定】按钮即可。

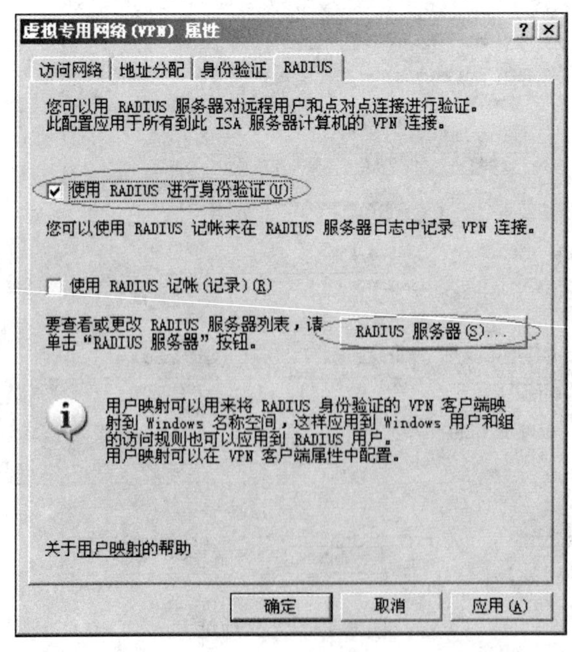

图 8-46　RADIUS 验证选择

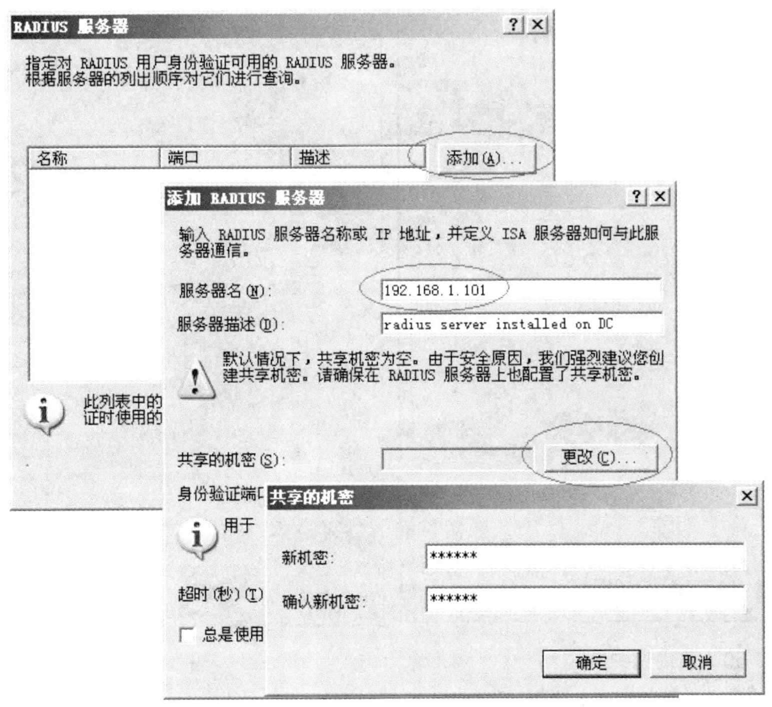

图 8-47　RADIUS 服务器地址设置

(5) 在图 8-48 所示的【访问网络】选项卡中确认选择【外部】复选框，在图 8-49 所示的【身份验证】选项卡中采用默认 MS-CHAPv2 验证方法。

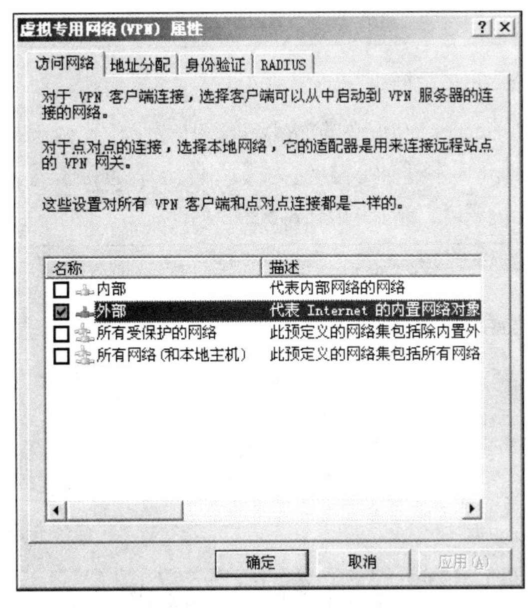

图 8-48　选择访问网络

图 8-49　选择验证方法

(6) 在图 8-42 所示的【VPN 客户端】选项卡中，选择【配置 VPN 客户端访问】选项，打开其属性对话框，如图 8-50 所示。在图 8-50 所示的【常规】选项卡中，选择【启用 VPN 客户端访问】复选框，默认最大客户端数目是 100。在图 8-51 所示的【协议】选项卡中同时启用 PPTP 和 L2TP/IPsec 协议，当启用 IPsec 协议时，会弹出如图 8-52 所示的提示框，单击【是】按钮。

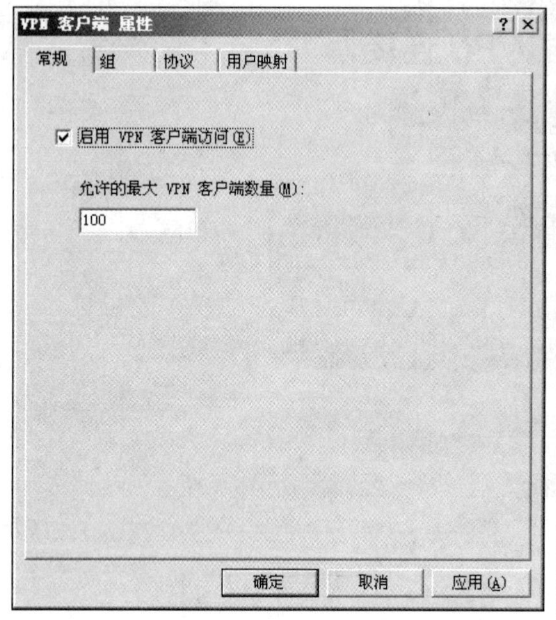

图 8-50　启用客户端访问

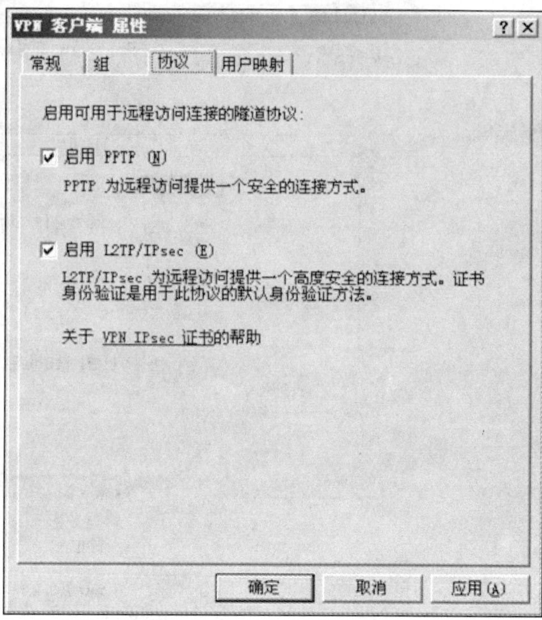

图 8-51　启用协议

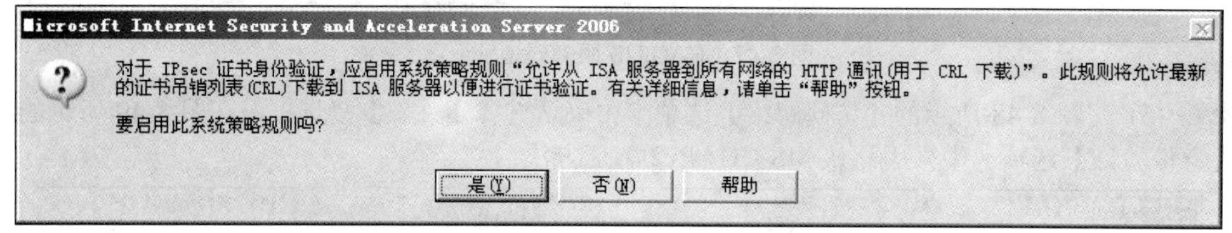

图 8-52　系统策略启用提示框

(7) 要运行 VPN 客户端访问内网，需要在 ISA Server 2006 的防火墙策略中为 VPN 建立访问规则。在【防火墙策略】选项卡中创建访问规则，其中【协议】处为【所有出站通信】，【从/侦听器】与【到】都包含为【VPN 客户端】与【内部】，结果如图 8-53 所示。

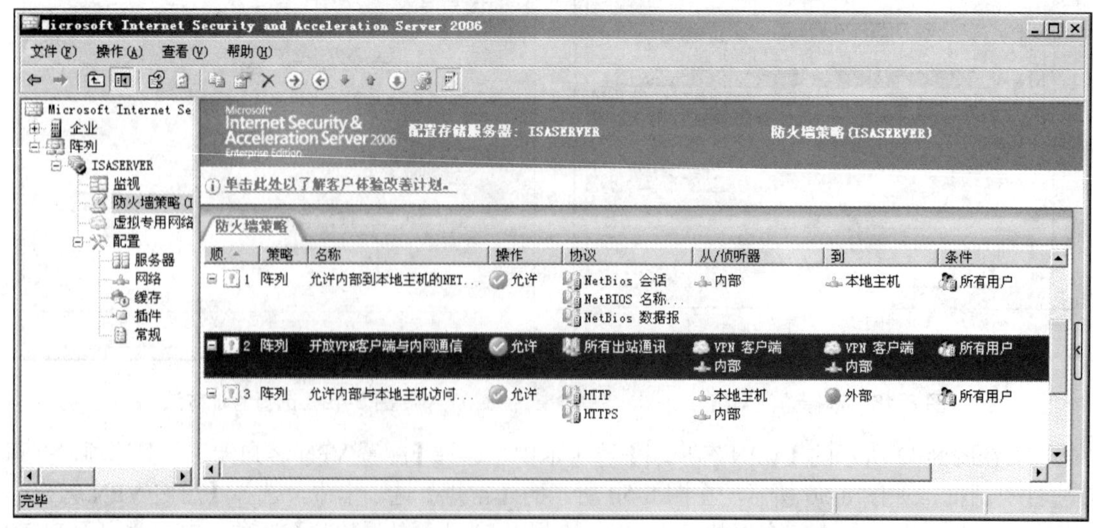

图 8-53　VPN 访问规则

任务 2　建立 VPN 连接

2.1　任务引入

在任务 1 中已经在 ISA Server 防火墙上成功配置了 VPN 服务，现在需要利用 Windows XP 客户端与 VPN 服务器建立连接，使得客户端可以访问企业内网服务器。

2.2　相关知识

ISA Sever 支持的 VPN 协议包括 PPTP、L2TP、IPsec 协议等。

1. PPTP VPN

PPTP 协议是 PPP 协议的扩展，它采用了 PPP 所提供的身份验证、压缩与加密机制。PPTP 能够随 TCP/IP 协议一道自动进行安装。PPTP 与 Microsoft 端对端加密(MPPE)技术提供了用以对保密数据进行封装与加密的 VPN 服务。MPPE 将通过由 MS-CHAP、MS-CHAP v2 身份验证过程所生成的加密密钥对 PPP 帧进行加密。为对 PPP 帧中所包含的有效数据进行加密，VPN 客户端必须使用 MS-CHAP、MS-CHAP v2 身份验证协议。

2. L2TP/IPsec VPN

采用 L2TP/IPsec 协议的 VPN 安全性更好，它可以利用 IPsec 的加密方法来保护 VPN 通信。

2.3　任务实施

1. 利用 PPTP 协议建立 VPN

(1) 在运行 Windows XP 的客户端上选择【开始】|【所有程序】|【附件】|【通讯】|【新建连接向导】，当出现【新建连接向导】对话框后，单击【下一步】按钮。

(2) 在接下来的【网络连接类型】对话框中选择【连接到我的工作场所的网络】单选按钮，单击【下一步】按钮，在【网络连接】对话框中选择【虚拟专用网络连接】单选按钮，单击【下一步】按钮。

(3) 在图 8-54 中输入该连接的名称，然后单击【下一步】按钮，在图 8-55 中输入 VPN 服务器的 IP 地址(ISA Server 防火墙的外网卡 IP 地址)，然后单击【下一步】按钮。

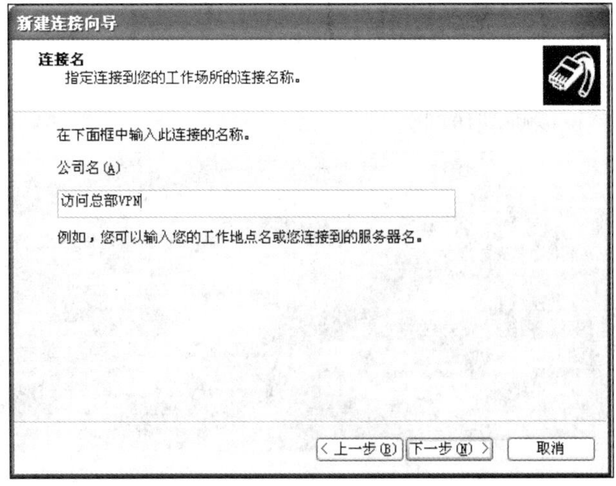

图 8-54　给连接命名

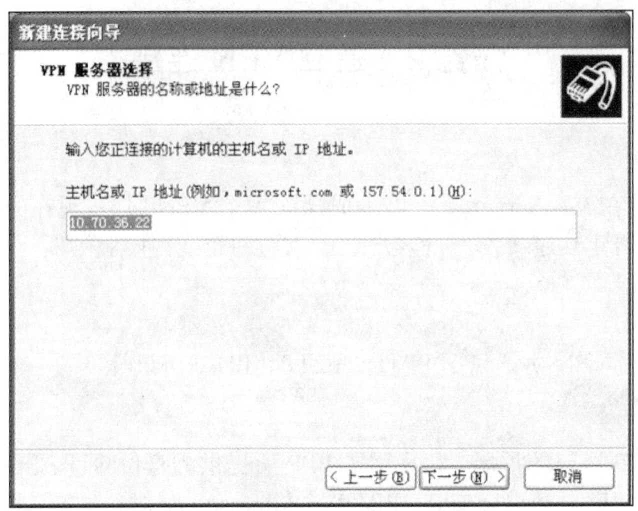

图 8-55　输入 VPN 服务器地址

(4) 完成连接的创建后，右击【网上邻居】，在弹出的快捷菜单中单击【属性】命令，双击【网络连接】中的【访问总部 VPN】选项，在弹出的对话框中，输入在域中建立的用于 VPN 登录的账户名和密码，单击【连接】按钮，如图 8-56 所示。

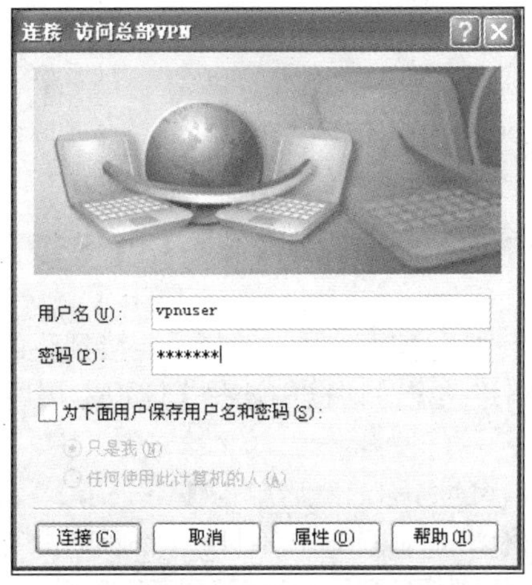

图 8-56　VPN 连接登录框

(5) VPN 连接成功后，Windows XP 客户端会获得一个专用于 VPN 客户端的 IP 地址(图 8-57)，这时出差员工就可以顺利访问公司内网服务器了。

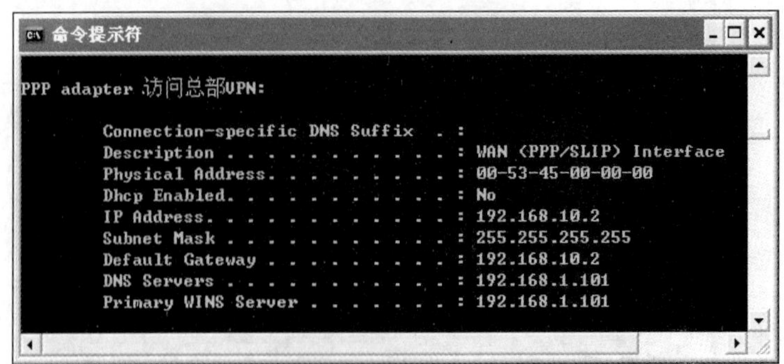

图 8-57　VPN 客户端 IP 地址

(6) 可以通过查看 VPN 连接的详细信息了解 VPN 使用的协议，如图 8-58 所示。

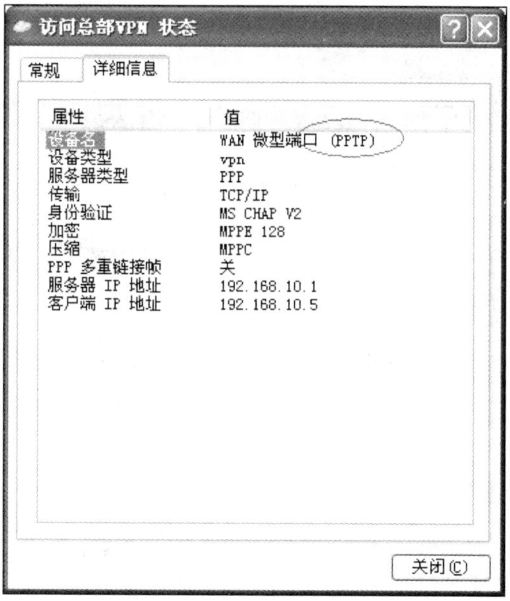

访问总部VPN 状态

常规 详细信息

属性	值
设备名	WAN 微型端口 (PPTP)
设备类型	vpn
服务器类型	PPP
传输	TCP/IP
身份验证	MS CHAP V2
加密	MPPE 128
压缩	MPPC
PPP 多重链接帧	关
服务器 IP 地址	192.168.10.1
客户端 IP 地址	192.168.10.5

关闭(C)

图 8-58 VPN 连接信息

2. 利用 L2TP/IPsec 协议建立 VPN

L2TP/IPsec 是采用 IPsec 的加密方法，它比 PPTP 的 MPPE 加密方法提供了更多的好处而且更安全。ISA Server 的 L2TP/IPSec 用来验证用户身份的方法分为证书与预共享密钥两种。预共享密钥方式安全性差，在实际中使用很少。下面利用证书来建立 L2TP/IPsec VPN，使得出差员工可以访问公司内网服务器。

要建立 L2TP/IPsec VPN 需要 VPN 服务器与 VPN 客户端申请证书，因此，首先需要搭建一个证书服务器。在上一个模块中，已经介绍了如何搭建企业根 CA，在本模块中，继续使用该企业根 CA。

(1) VPN 服务器向 CA 申请证书

① 在安装 ISA Server 防火墙的服务器中打开浏览器，在地址栏中输入网址：http://CA 服务器 IP 地址/certsrv/，在弹出的认证框中输入域管理员用户名和密码。

② 在图 8-59 所示的窗口中依次选择【申请一个证书】、【高级证书申请】、【创建并向此 CA 提交一个申请】选项。

③ 如图 8-60 所示，在【证书模板】下拉框中选择【系统管理员】选项，在【密钥选择】处选择【将证书保存在本地计算机存储中】复选框，其他字段采用默认值即可，完成后单击【提交】按钮。当弹出【潜在的脚本冲突】提示框时，单击【是】按钮。

④ 在图 8-61 所示的窗口中选择【安装此证书】选项，在弹出的【潜在的脚本冲突】提示框中单击【是】按钮。

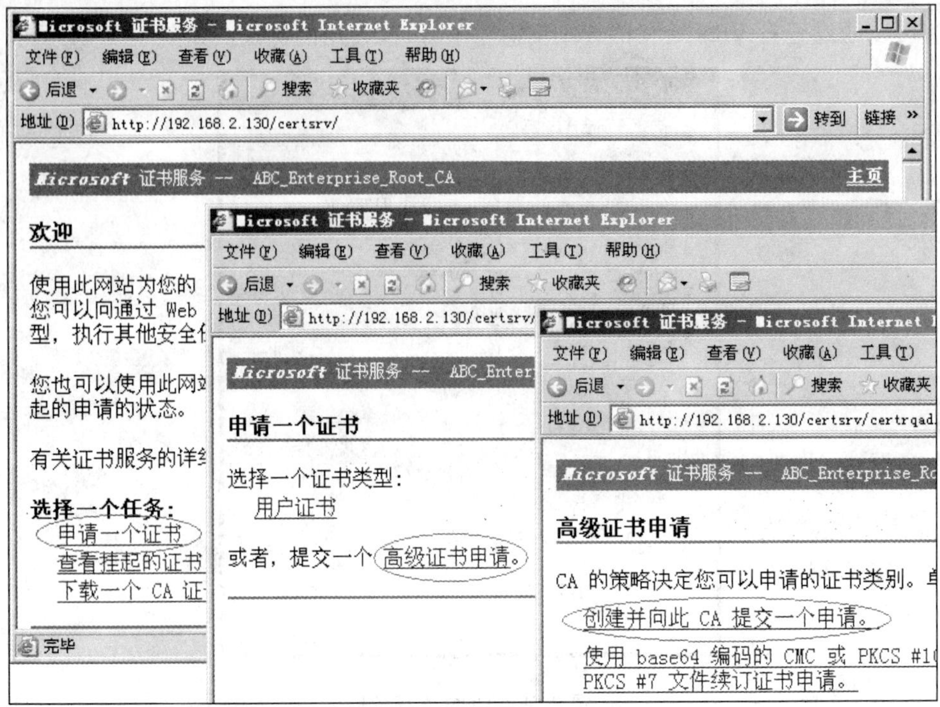

图 8-59 证书申请

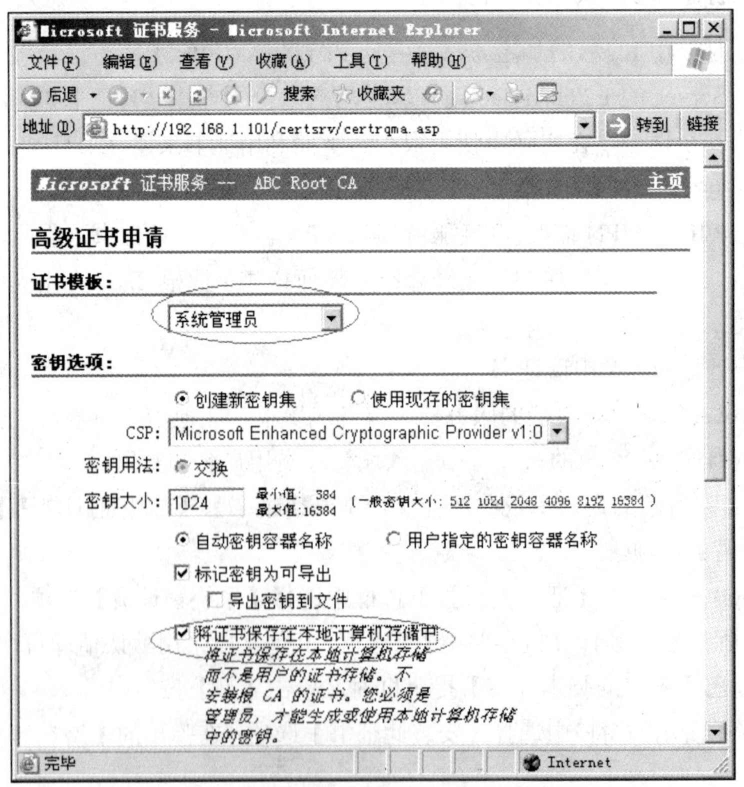

图 8-60 证书模板设置

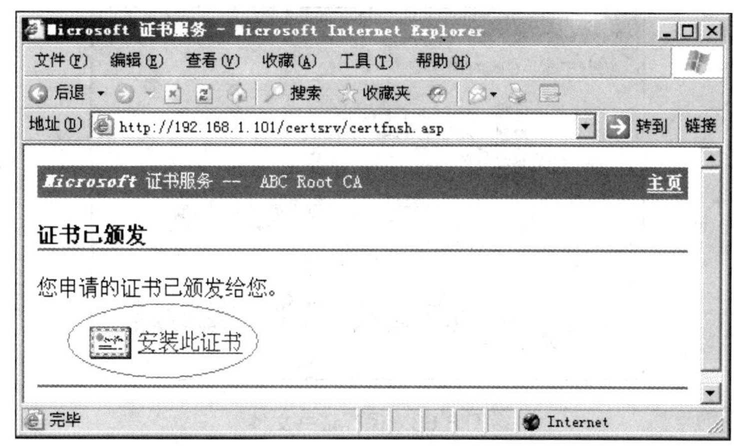

图 8-61　安装证书

(2) 配置 VPN 服务器信任 CA

因为 ISA Server 所在的服务器没有加入域 abc.com，所以不会自动信任域控制器上的企业根 CA，这样申请的证书还无法使用，必须让 ISA Server 服务器首先信任企业根 CA。

① 在安装 ISA Server 防火墙的服务器中打开浏览器，在地址栏中输入网址：http://CA 服务器 IP 地址/certsrv/。

在图 8-62 中，选择【下载一个 CA 证书，证书链或 CRL】选项，在弹出的窗口中选择【下载 CA 证书链】选项。

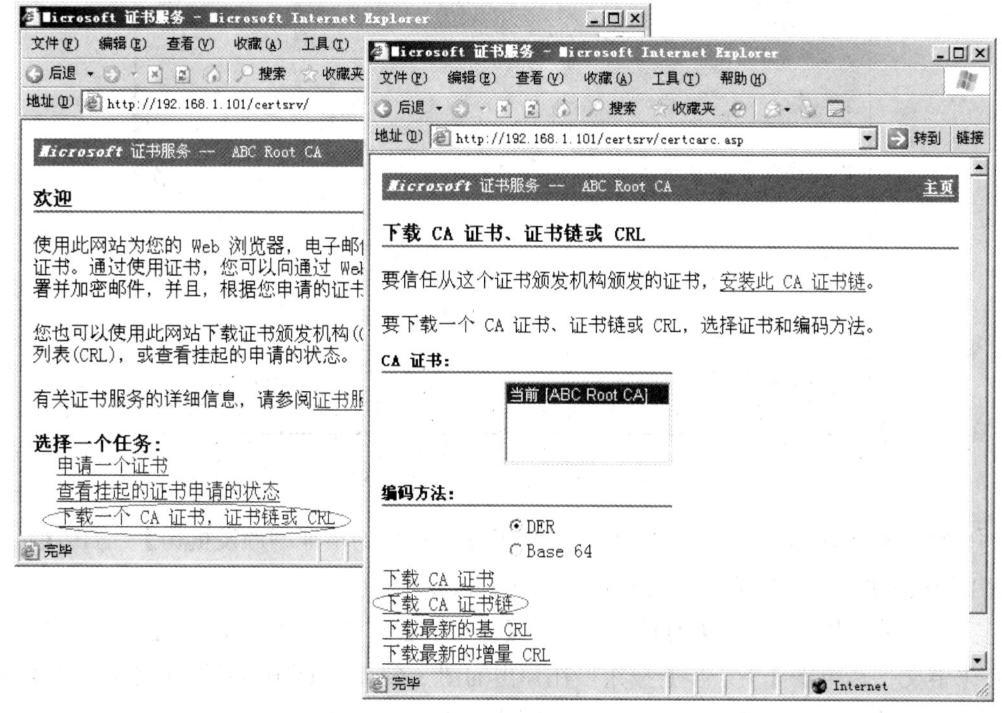

图 8-62　申请证书

② 如图 8-63 所示，在弹出的【文件下载】对话框中，单击【保存】按钮，选择保存地点和文件名，默认是 certnew.p7b。

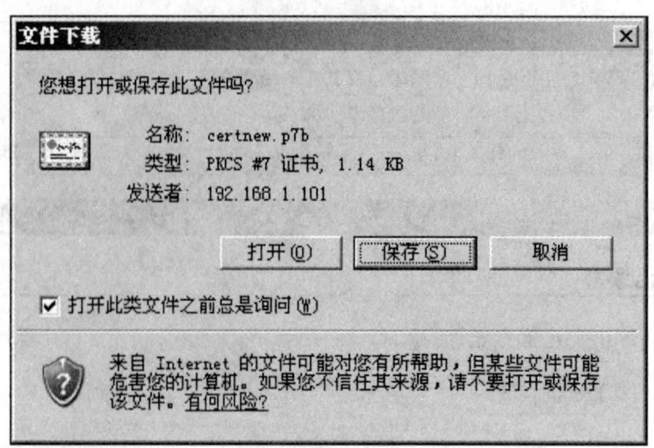

图 8-63 保存证书文件

③ 在 ISA 服务器上，单击【开始】|【运行】命令，在【运行】对话框中，输入 mmc，在出现的【控制台】窗口中，单击【文件】|【添加/删除管理单元】命令，单击【添加】按钮，从【可用的独立管理单元】列表中选择【证书】选项后单击【添加】按钮。在弹出的如图 8-64 所示的对话框中选择【计算机账户】单选按钮后单击【下一步】按钮，依次单击【完成】、【关闭】、【确定】按钮。

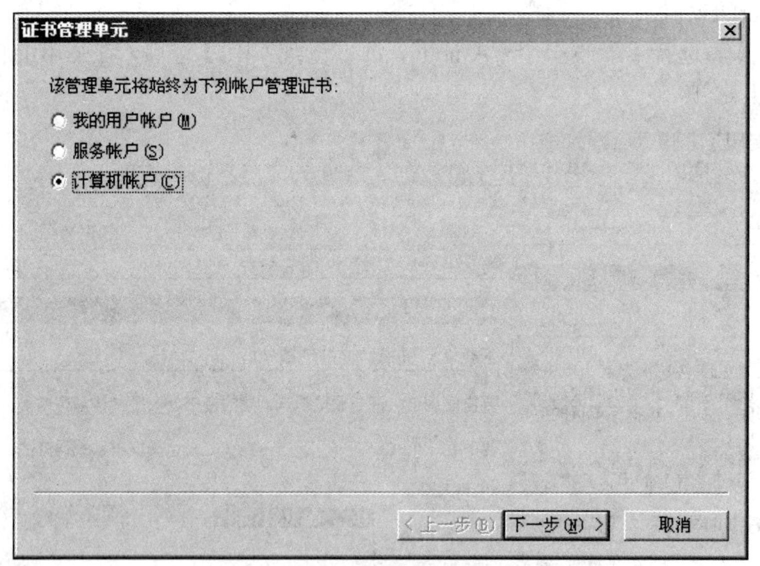

图 8-64 设置管理计算机账户证书

④ 如图 8-65 所示，在弹出的窗口中，展开【受信任的根证书颁发机构】，右击【证书】，在弹出的快捷菜单中单击【所有任务】|【导入】命令。

⑤ 出现【证书导入向导】对话框时单击【下一步】按钮，在图 8-66 中选择前面所下载的 CA 证书链文件后单击【下一步】按钮。在弹出的图 8-67 对话框中直接单击【下一步】按钮，在【完成证书导入向导】对话框中单击【完成】按钮。结果如图 8-68 所示。

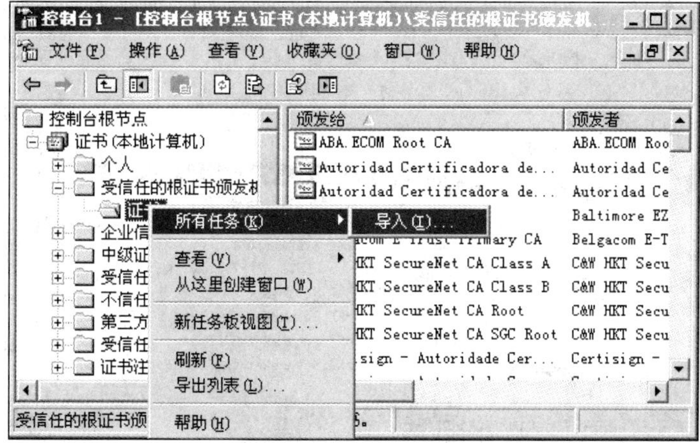

图 8-65　导入证书

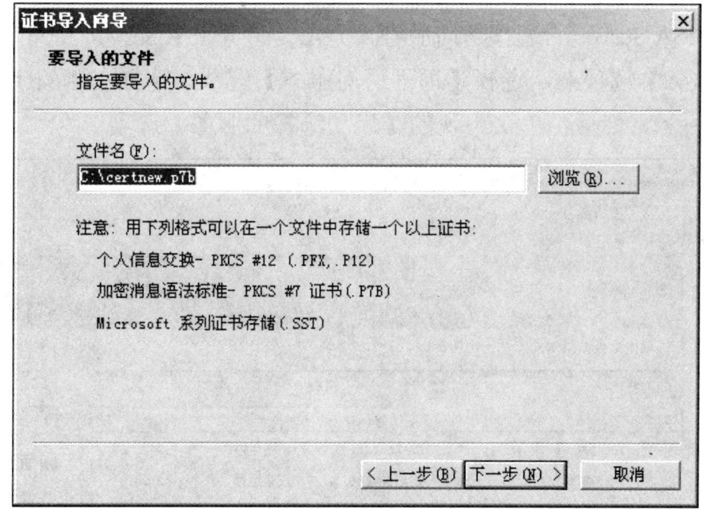

图 8-66　选择导入的证书

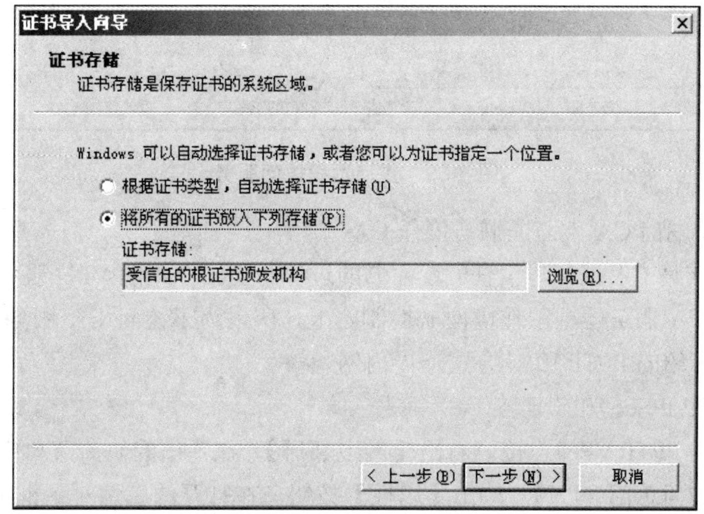

图 8-67　选择证书存放的位置

图 8-68　已信任企业根 CA

⑥ 重新启动 ISA Server 的远程访问服务，方法是打开 ISA Server 2006 管理控制台，单击【监视】，打开【服务】选项卡，选择【远程访问服务】选项，选择右侧的【停止选择的服务】选项，如图 8-69 所示，然后再单击出现的【启动选择的服务】选项。

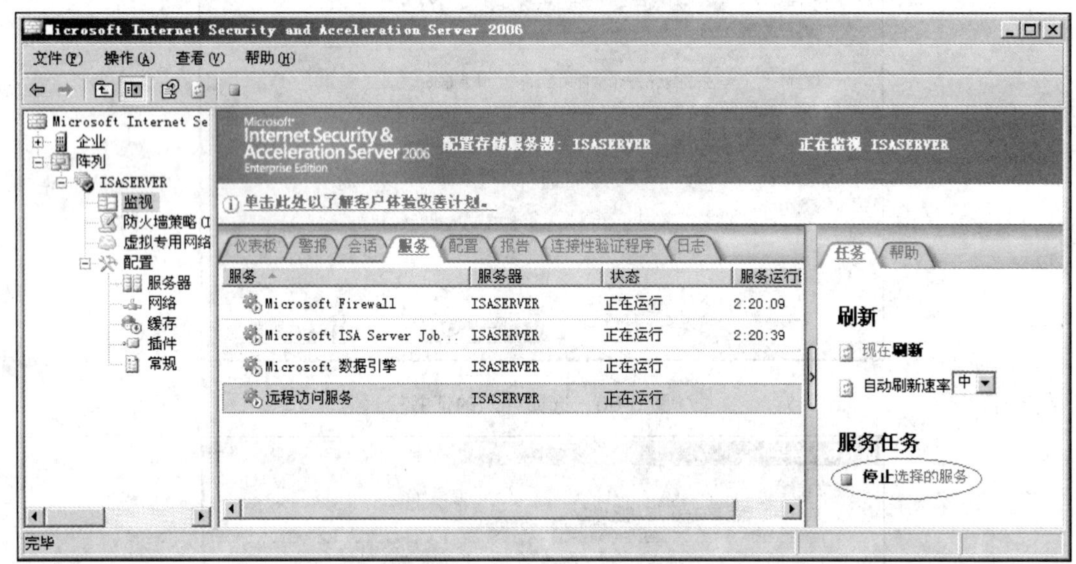

图 8-69　重启远程访问服务

(3) VPN 客户端向 CA 申请证书与信任 CA

VPN 客户端申请 CA 证书与信任 CA 证书的过程与上面介绍的 VPN 服务器申请和信任的过程一致。因为 CA 服务器驻留在内网域控制器上，所以为了访问 CA 服务器，VPN 客户端首先要利用前面介绍的 PPTP VPN 方式连接内网。

(4) 测试 L2TP/IPSec VPN 连接

先中断之前的 PPTP VPN 连接，右击【网上邻居】，在弹出的快捷菜单中单击【属性】命令，然后双击【访问总部 VPN】，单击【属性】按钮，在打开的属性对话框中，选择【网络】选项卡，修改【VPN 类型】为 L2TP IPSec VPN，如图 8-70 所示。

VPN 成功建立后，通过查看 VPN 连接的【详细信息】，显示该 VPN 是 L2TP 类型，如图 8-71 所示。

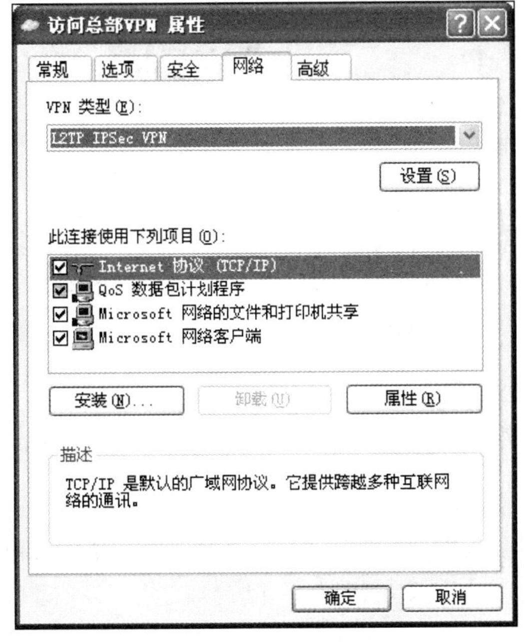

图 8-70　选择 L2TP 协议

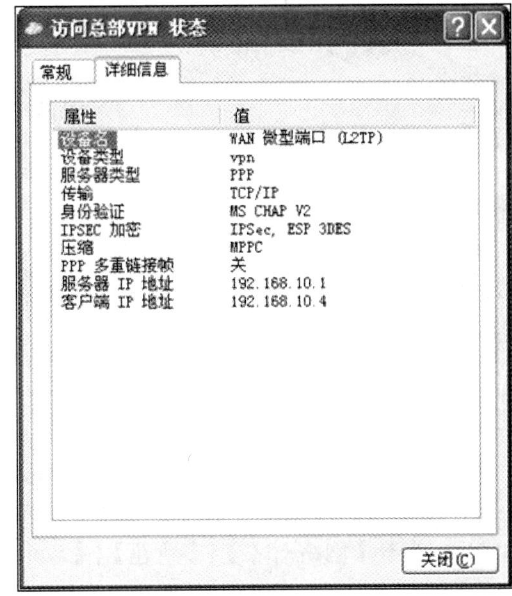

图 8-71　VPN 连接信息

模块 3　Web 站点安全访问

任务 1　发布企业内部 Web 站点

1.1　任务引入

公司的网站服务器为了安全，不允许直接与 Internet 连接，为了能够从 Internet 访问公司网站，必须对防火墙进行配置，以便发布公司内部网站。

1.2　相关知识

ISA 防火墙启用 NAT 功能允许内网访问外网，隐藏了启用内部网络结构，可以保护企业内部网络免遭外部攻击。但企业通常需要由网站发布到 Internet，供外部用户访问，而网站服务器因为在内网，所以只有内网的 IP 地址，Internet 用户无法直接访问。这个时候可以利用 ISA 防火墙的内网发布功能将内部网站发布到 Internet。

如图 8-72 所示，通过防火墙内网发布网站后，Internet 用户访问的防火墙的外网卡地址，对 Internet 用户来说，这个网站好像是安装在防火墙所在的服务器上。ISA 防火墙收到访问网站的请求后，会将其转给内部网站，然后再将收到的响应转送给 Internet 用户。

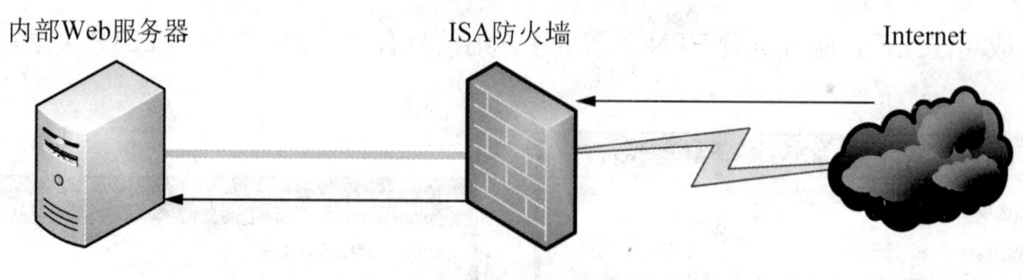

图 8-72　内网发布

对 Internet 用户来说，它们始终是在跟防火墙直接联系，不会与内网服务器直接联系，这样可以避免把企业的网站服务器直接暴露在 Internet 上，增加网站服务器的安全性。

但随着以 SQL 注入攻击为代表的 Web 攻击日渐流行，传统防火墙面临着巨大的挑战，专门的 Web 防火墙应运而生。但 Web 防火墙主要用来保护网站的安全，无法承担内网发布这些功能。

1.3　任务实施

1. 创建 Web 侦听器

(1) 打开【ISA 服务器管理】控制台，选择【防火墙策略】对话框，选择右边的【工具箱】选项卡，单击【网络对象】|【新建】|【Web 侦听器】命令，如图 8-73 所示。

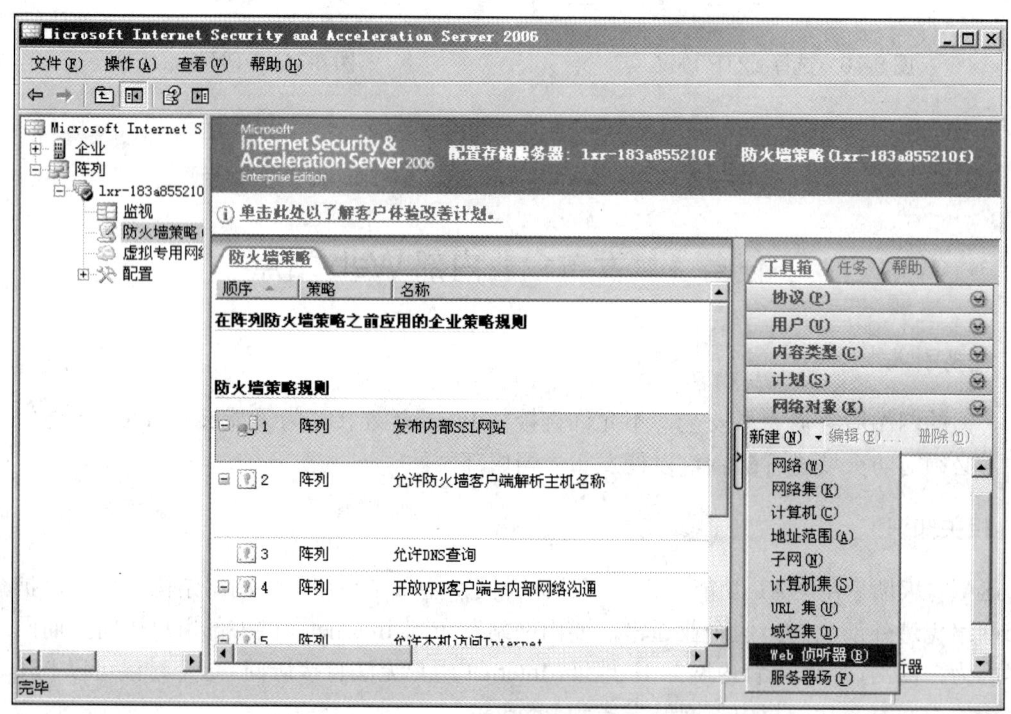

图 8-73　新建 Web 侦听器

(2) 在【新建 Web 侦听器定义向导】对话框中输入侦听器的名称，然后单击【下一步】按钮。

(3) 在弹出的如图 8-74 所示的对话框中，选择【不需要与客户端建立 SSL 安全连接】单选按钮后单击【下一步】按钮。

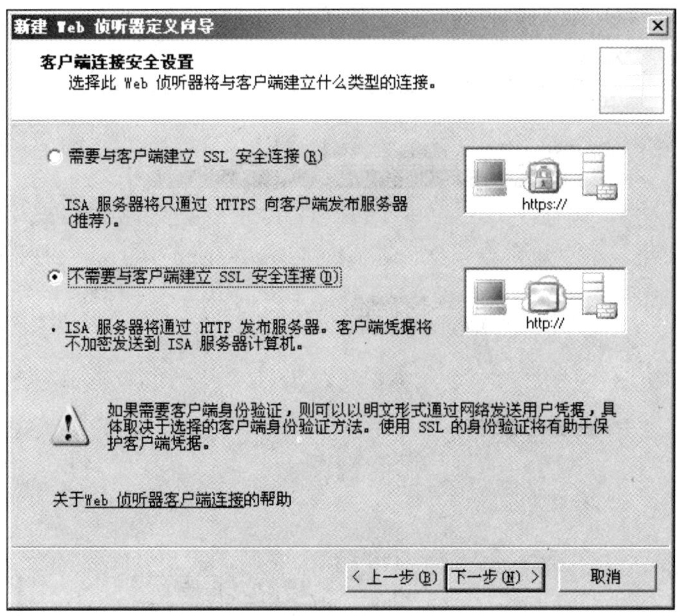

图 8-74　选择 HTTP 连接

(4) 在弹出的如图 8-75 所示的对话框中，选择【外部】复选框后单击【下一步】按钮。

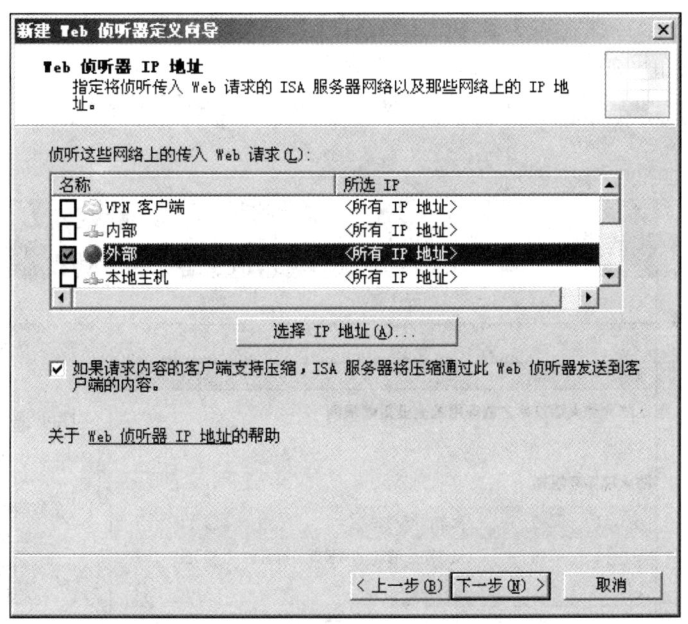

图 8-75　选择侦听外部网络

(5) 在弹出的如图 8-76 所示的对话框中，在【选择客户端将如何向 ISA 服务器提供凭证】处下拉列表框中选择【没有身份验证】选项，因为在这里不需要验证用户账户和密码，然后单击【下一步】按钮。

(6) 当出现【单一登录设置】对话框时直接单击【下一步】按钮，在出现的【正在完成新建 Web 侦听器向导】对话框中单击【完成】按钮即可。

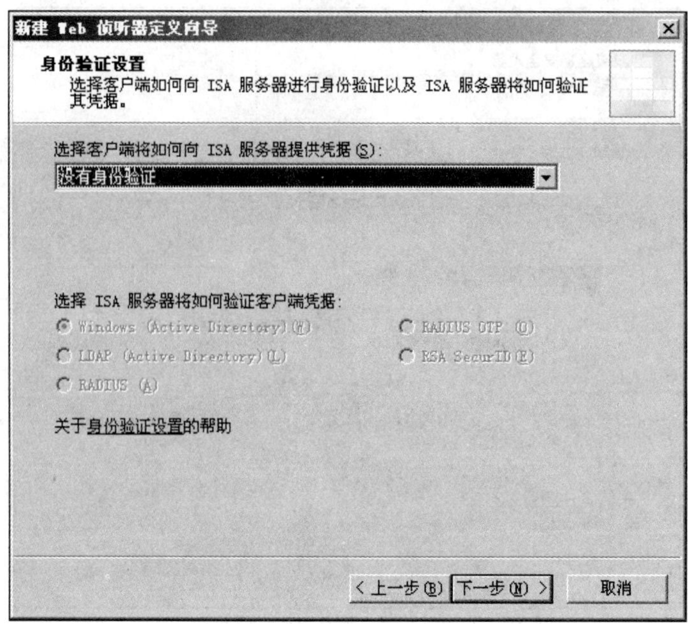

图 8-76　身份验证方式

2. 发布内部网站

(1) 打开【ISA 服务器管理】控制台，选择【防火墙策略】对话框，选择右边的【任务】选项卡，选择【发布网站】选项，如图 8-77 所示。

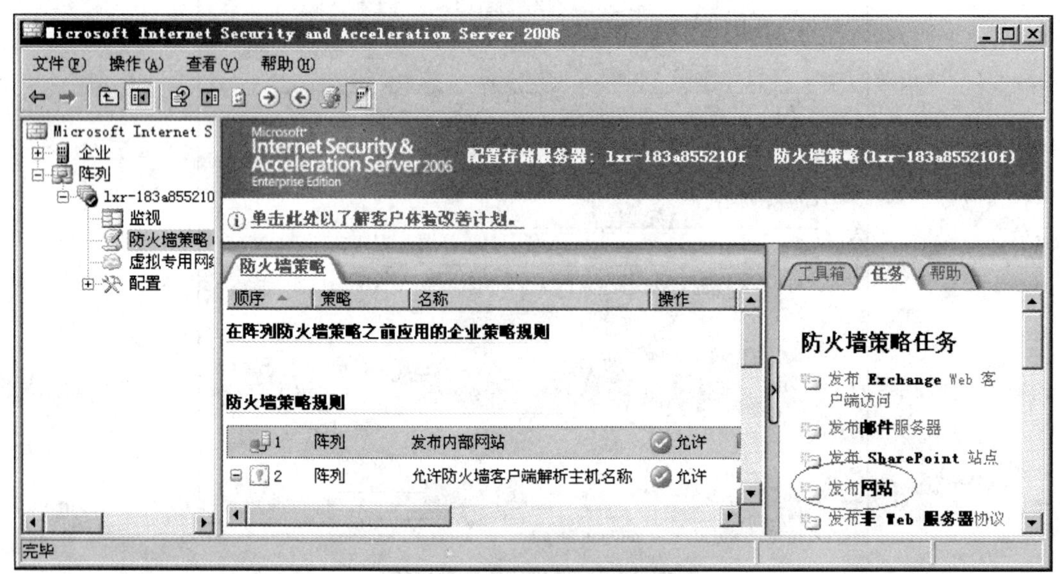

图 8-77　新建发布网站任务

(2) 在弹出的【新建 Web 发布规则向导】对话框中为该规则输入一个名称，完成后单击【下一步】按钮。

(3) 在弹出的【请选择规则操作】对话框(图 8-78)中选择【允许】单选按钮，单击【下一步】。按钮

(4) 在弹出的【发布类型】对话框(图 8-79)中选择【发布单个网站或负载平衡器】单选按钮，完成后单击【下一步】按钮。

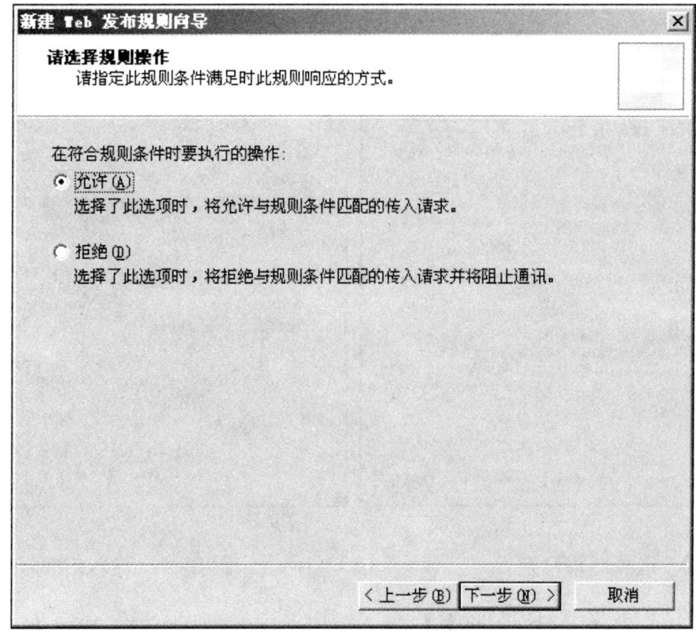

图 8-78　选择执行的操作

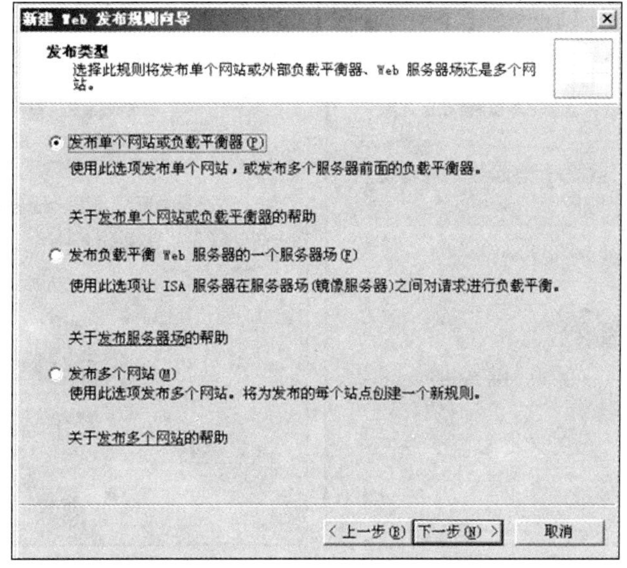

图 8-79　选择发布单个网站

(5) 在弹出的【服务器连接安全】对话框(图 8-80)中选择 HTTP 连接，单击【下一步】按钮。

(6) 在弹出的如图 8-81 所示的对话框中，输入内部站点名称(因为现在没有配置 DNS，网站没有域名，因此这里名称可以随便输入)。在下面的输入框中输入网站的 IP 地址，ISA 服务器将利用该 IP 地址访问网站，然后单击【下一步】按钮。

(7) 在接下来的【内部发布详细信息】对话框中直接单击【下一步】按钮。在出现的【公共名称细节】对话框(图 8-82)中，在【公共名称】文本框中输入 ISA 防火墙外网卡 IP 地址(外网用户将利用该 IP 地址访问网站)，完成后单击【下一步】按钮。

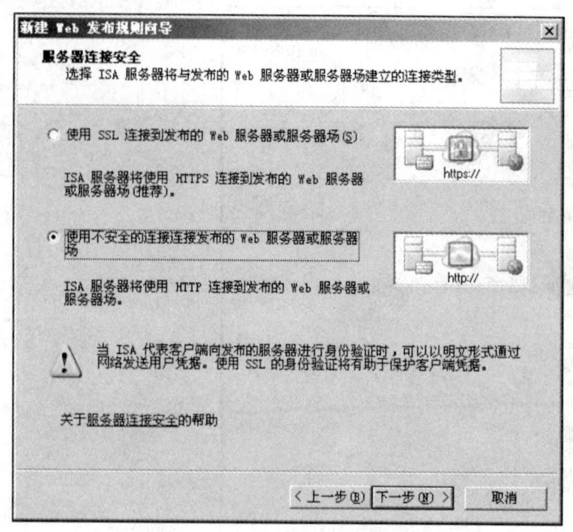

图 8-80　选择 HTTP 连接

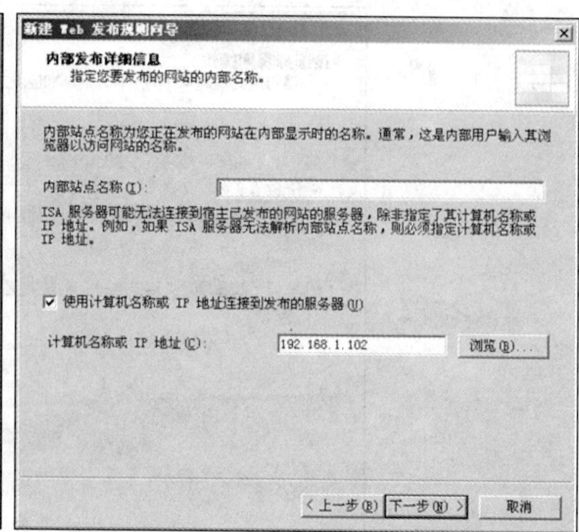

图 8-81　输入内部服务器地址

(8) 在接下来的【选择 Web 侦听器】对话框中选择刚刚新建的 Web 侦听器，完成后单击【下一步】按钮。在【身份验证委派】对话框(图 8-83)中，选择【无委派，客户端无法直接进行身份验证】选项，完成后单击【下一步】按钮。

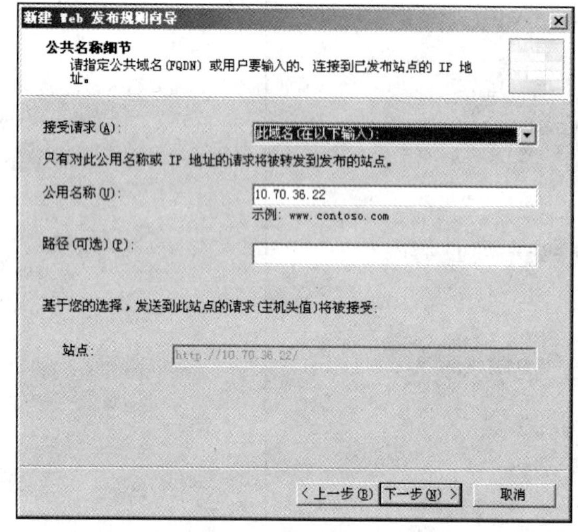

图 8-82　输入防火墙外网地址

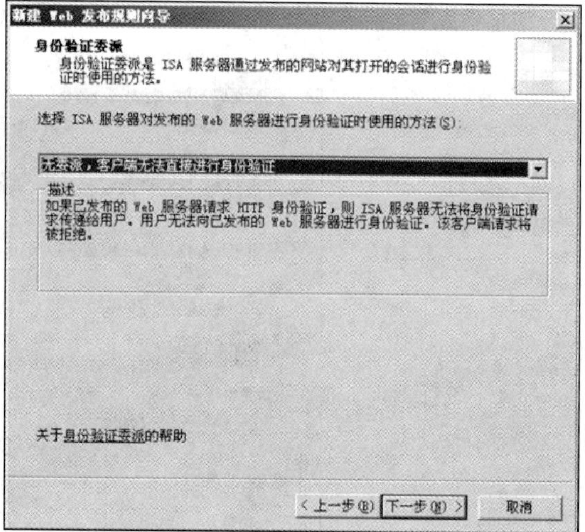

图 8-83　选择身份验证方式

(9) 在接下来的对话框中直接单击【下一步】按钮，然后单击【完成】按钮。完成规则配置后，在 ISA 服务器管理控制台中单击【应用】按钮，使新建的规则生效。

(10) 规则生效后，在连接 ISA Server 防火墙外网卡的计算机上利用浏览器访问企业网站，如图 8-84 所示。

图 8-84　访问企业网站

任务 2　安全访问企业 Web 站点

2.1　任务引入

公司的网站需要对 Internet 用户提供服务，在提供服务的过程中需要确保用户与网站之间信息传送的安全性。为了实现这个要求，需要公司的网站支持 SSL 协议。

2.2　相关知识

SSL(Secure Socket Layer，安全套接字层)协议是 Netscape 于 1994 开发的传输层安全协议，用于实现 Web 的安全通信。1996 年发布的 SSL 协议 3.0 草案事实上已经成为 Web 安全标准。1999 年，IETF 推出了传输层安全标准(Transport Layer Security，TLS)，对 SSL 进行了改进，希望成为正式标准。SSL/TLS 已经在浏览器中得到了广泛的应用。

SSL 对应用层是独立的，高层协议可以透明地运行在 SSL 协议之上。SSL 提供的安全连接具有以下特点。

(1) 连接是保密的。用握手协议定义了对称密钥之后，所有通信都被加密传送。

(2) 对等实体可以利用对称密钥算法相互认证。

(3) 连接是可靠的。报文传输期间利用 HASH 函数进行数据完整性校验。

SSL 在 Web 安全通信中被称为 HTTPS。此外，SSL 也可以应用在其他非 Web 场合(如 SMTP、LDAP、POP 等)。

现在 SSL VPN 也开始流行。SSL VPN 和 IPsec VPN 各有特点。SSL VPN 和 IPsec VPN 一样，都使用 RSA 或 D-H 握手协议来建立秘密隧道。SSL 和 IPsec 都使用了预加密、数据完整性和身份认证技术。两种协议的区别是，IPsec VPN 是在网络层建立安全隧道，适用于建立固定的 VPN，而 SSL VPN 的安全连接是通过 Web 应用层连接建立，更适合移动用户远程访问公司的 VPN。

2.3　任务实施

1. 为网站生成证书申请文件

(1) 在安装公司网站的服务器上单击【开始】|【管理工具】|【Internet 信息服务(IIS)管理器】命令，在打开的窗口中展开【本地计算机】列表，双击【网站】，右击【默认网站】，在弹出的快捷菜单中单击【属性】命令，选择【目录安全性】选项卡，单击【服务器证书】按钮，如图 8-85 所示。出现【Web 服务器证书向导】对话框时，单击【下一步】按钮。

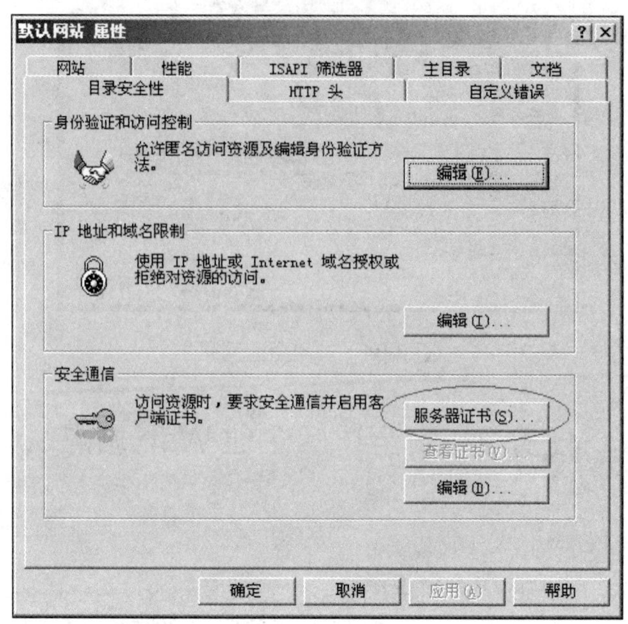

图 8-85 网站属性

(2) 在接下来的【服务器证书】、【延迟或立即请求】、【名称和安全性设置】3 个对话框中采用默认设置，直接单击【下一步】按钮。在【单位信息】对话框中，输入【单位】和【部门】信息后，单击【下一步】按钮。

(3) 在弹出的如图 8-86 所示的对话框中，输入站点公用名称，因为这里没有使用 DNS，所以可以输入网站服务器名称。

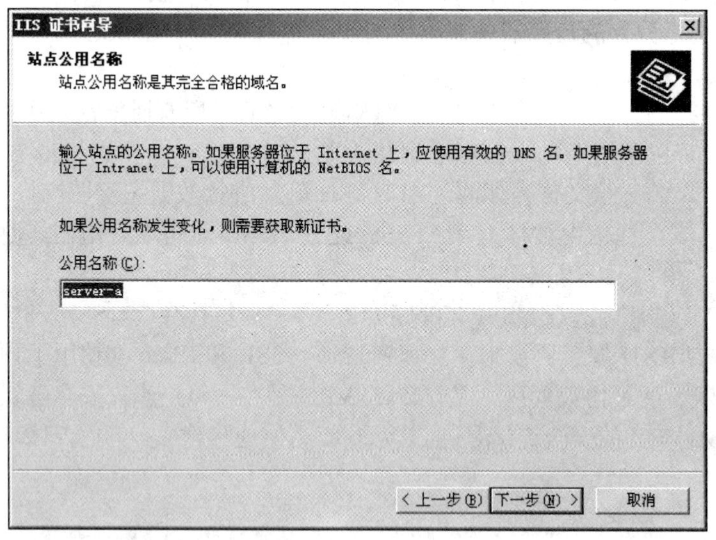

图 8-86 服务器名称

(4) 在接下来的【地理信息】对话框中，输入相应省份和城市信息，单击【下一步】按钮。在弹出的如图 8-87 所示的对话框中，输入要保存的证书请求文件的完整路径和名称，单击【下一步】按钮。

(5) 在之后弹出的【请求的文件摘要】对话框时，确认无误后单击【下一步】按钮，然后在接下来的对话框中单击【完成】按钮。

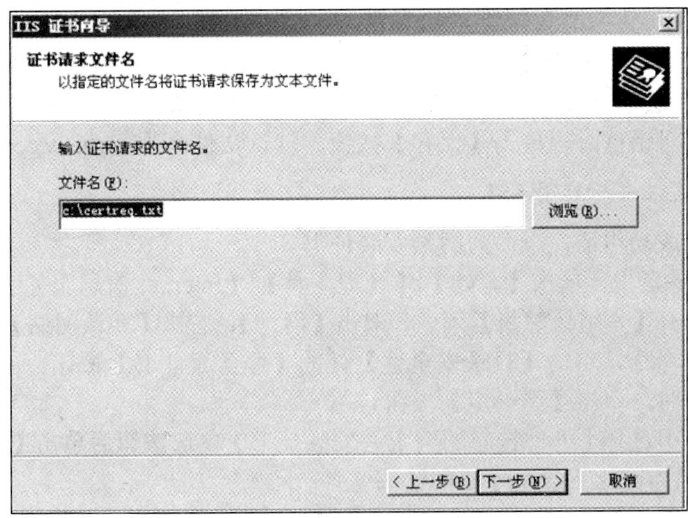

图 8-87　证书文件保存路径

2. 向企业根 CA 申请证书

(1) 在网站服务器上打开 IE 浏览器，输入以下网址：http://企业根 CA 的 IP 地址/certsrv，在弹出的对话框中输入域管理员账户和密码。

(2) 在图 8-88 中，依次选择【申请一个证书】、【高级证书申请】、【使用 base64 编码】选项。

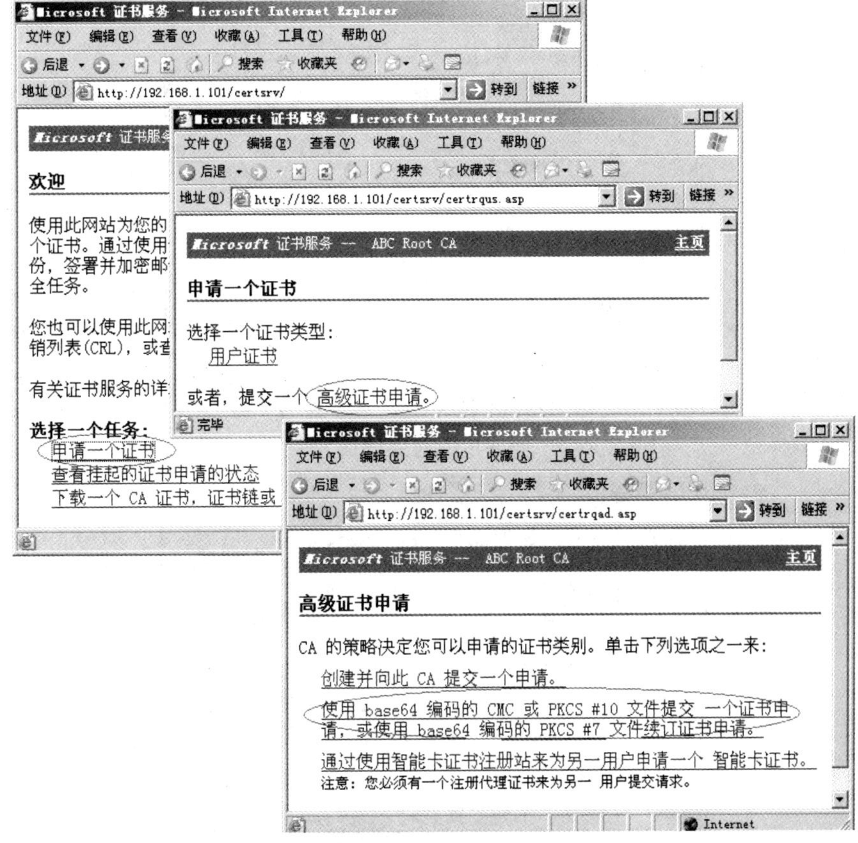

图 8-88　高级证书申请

(3) 在图 8-89 中，将先前获得的证书申请文件(默认是 c:\certreq.txt)全部内容复制到图中的【保存的申请】位置中，然后将【证书模板】选择为 Web 服务器。完成后，单击【提交】按钮。

(4) 企业根 CA 会自动发放证书，出现如图 8-90 所示的窗口时，选择【下载证书】选项。出现【文件下载】对话框时，单击【保存】按钮，默认文件名为 certnew.cer。

3. *为网站安装证书与启用 SSL*

网站证书已经成功申请，下面为网站安装证书。

(1) 在网站服务器上，单击【开始】|【管理工具】|【Internet 信息服务(IIS)管理器】命令，在打开的窗口中展开【本地计算机】列表，双击【网站】，右击【默认网站】，在弹出的快捷菜单中单击【属性】命令，单击【目录安全性】处的【服务器证书】按钮。出现【Web 服务器证书向导】对话框时，单击【下一步】按钮。

(2) 在图 8-91 中选择【处理挂起的请求并安装证书】单选按钮后单击【下一步】按钮。在图 8-92 中选择之前为网站下载所申请的证书文件。

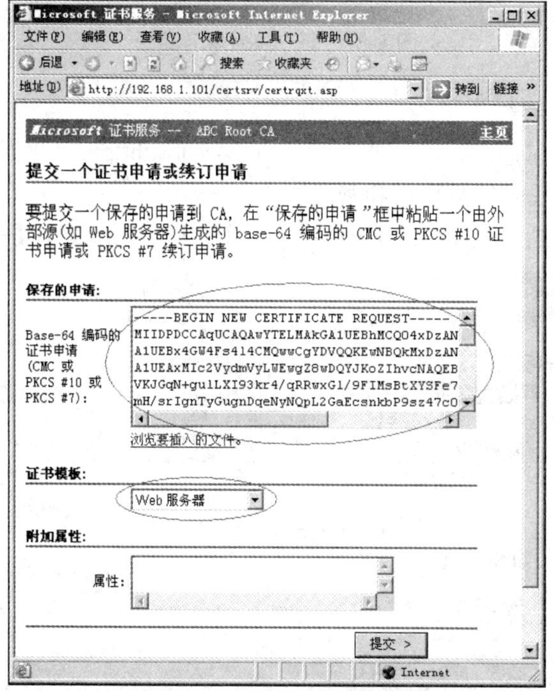

图 8-89 证书申请

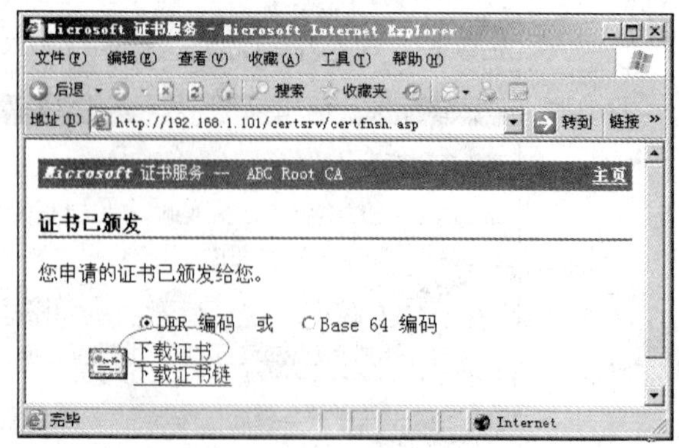

图 8-90 证书下载

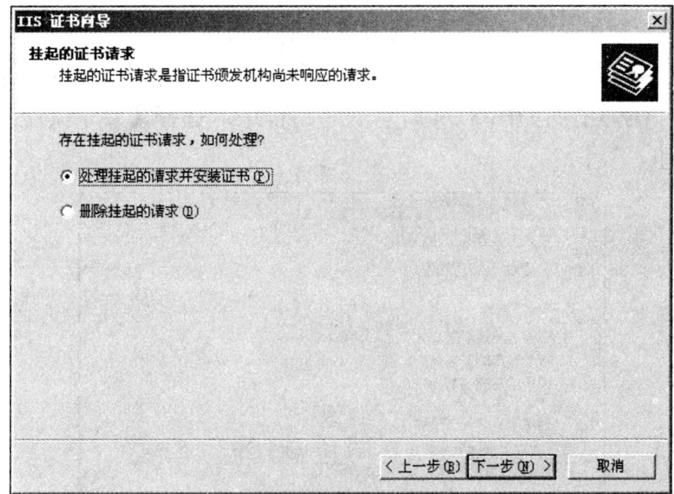

图 8-91　选择安装证书

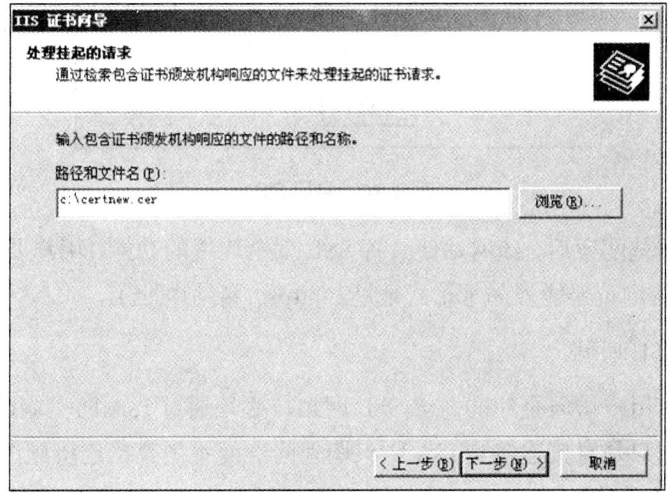

图 8-92　选择之前下载的证书

(3) 图 8-93 中显示的是 SSL 默认端口号 443，一般不需要修改，单击【下一步】按钮。

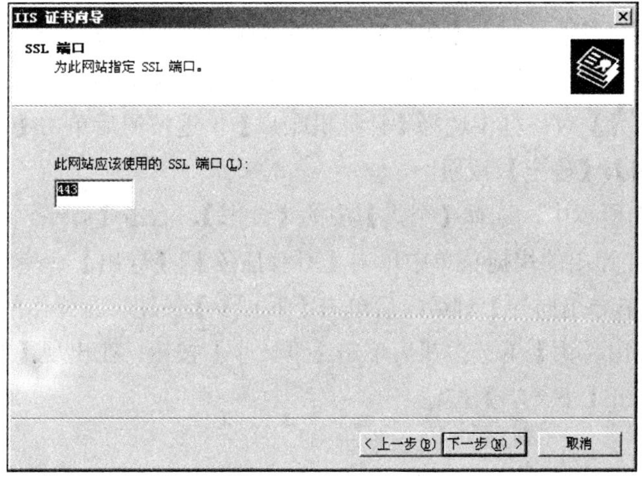

图 8-93　SSL 端口号

(4) 在接下来的对话框中，根据提示完成证书的安装。

(5) 在IIS管理界面中，选择【默认网站属性】对话框的【目录安全性】选项卡(图8-85)，单击【编辑】按钮，在弹出的如图8-94所示的对话框中，选择【要求安全通道(SSL)】复选框后单击【确定】按钮。

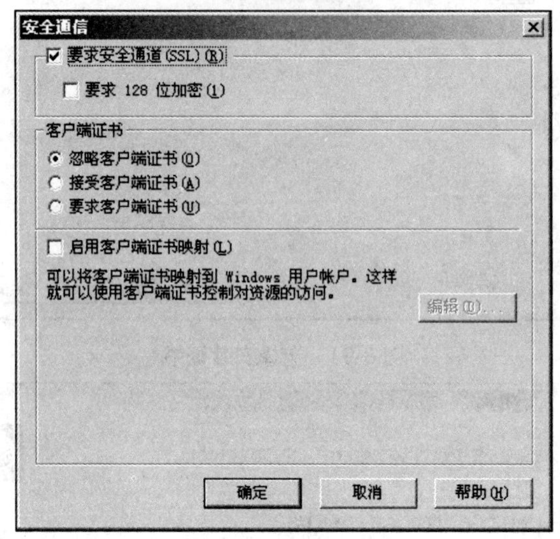

图8-94　启用SSL

(6) 经过以上这些配置后，该网站便具备SSL安全连接的功能，用户要访问该网站必须采用HTTPS协议(即在浏览器输入如下形式地址：https://网站地址/)。

4. 发布内部SSL网站

要想让Internet用户访问企业的内部SSL网站，必须通过ISA防火墙进行发布。

因为Internet用户是直接连接到ISA防火墙外网卡而不是直接连接到内部网站，这意味着外网计算机是与ISA防火墙建立SSL连接而不是与网站建立SSL连接，所以需要将网站的证书安装到ISA服务器上。

(1) 在网站服务器上，单击【开始】|【运行】命令，在【运行】对话框中，输入mmc，在出现的【控制台】窗口中，单击【文件】|【添加/删除管理单元】命令，在弹出的对话框中，单击【添加】按钮，从【可用的独立管理单元】列表中选择【证书】后单击【添加】按钮。在弹出的【证书管理单元】对话框中选择【计算机账户】单选按钮后单击【下一步】按钮，依次单击【完成】、【关闭】、【确定】按钮。

(2) 在如图8-95所示中，选择【个人】中的【证书】，右击【server-a证书】(这是前面申请证书取的名称)，在弹出的快捷菜单中单击【所有任务】|【导出】命令。

(3) 在出现【证书导出向导】对话框后单击【下一步】按钮。在弹出的如图8-96所示的对话框中选择【是，导出私钥】单选按钮后单击【下一步】按钮。在出现【导出文件格式】对话框(图8-97)时直接单击【下一步】按钮。

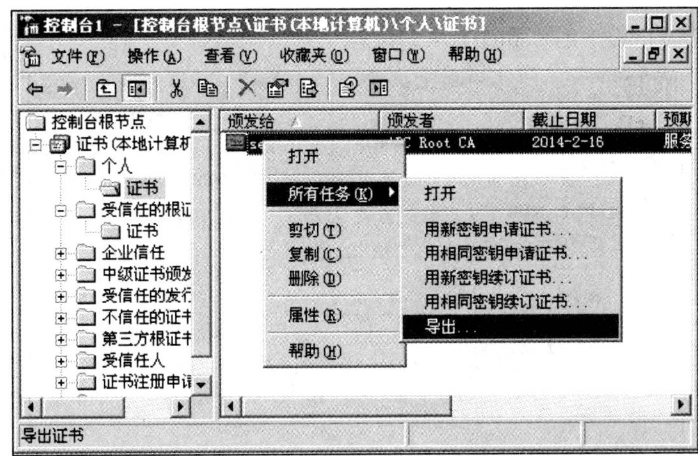

图 8-95　导出计算机账户证书

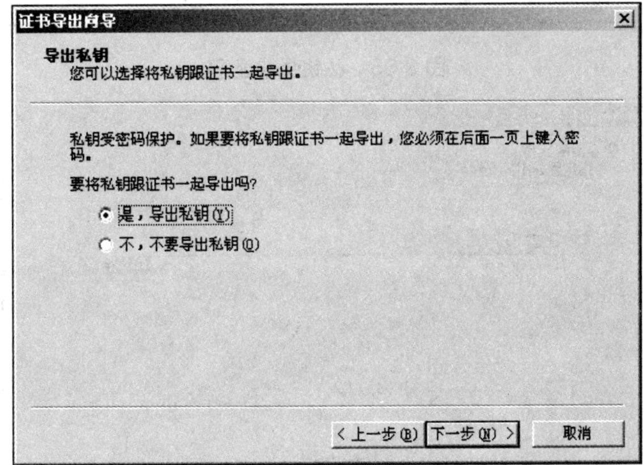

图 8-96　导出文件格式

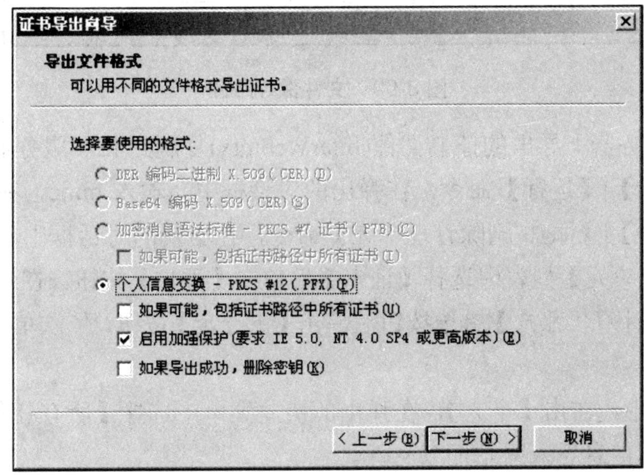

图 8-97　导出私钥

(4) 在图 8-98 中设置私钥的保护密码，这个在导入时必须正确输入该密码。在图 8-99 中设置要导出存盘的证书文件名称和路径。

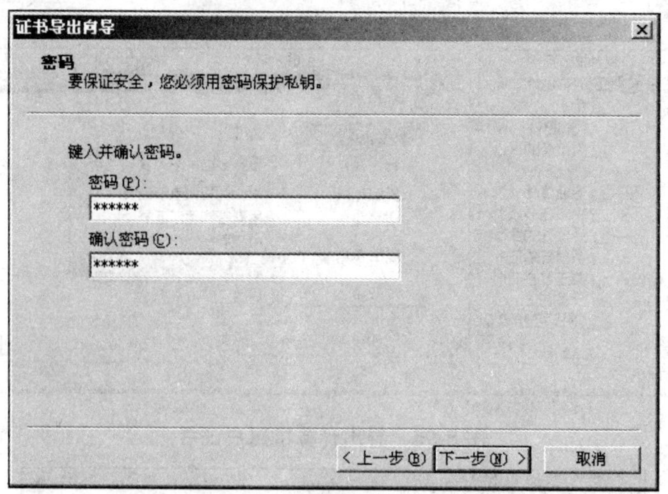

图 8-98 私钥保护密码

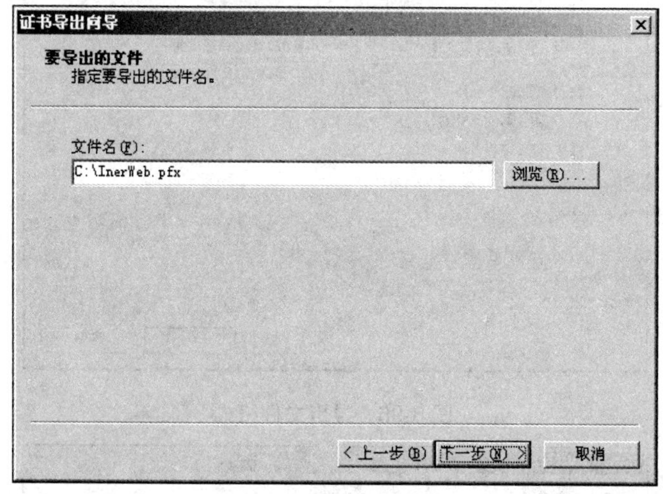

图 8-99 文件保存路径

(5) 将在网站服务器上导出的证书文件(InterWeb.pfx)复制到 ISA 服务器上。然后在 ISA 服务器上，单击【开始】|【运行】命令，在弹出的对话框中，输入 mmc，在出现的【控制台】窗口中，单击【文件】|【添加/删除管理单元】命令，在出现的对话框中单击【添加】按钮，从【可用的独立管理单元】列表中选择【证书】后单击【添加】按钮。在弹出的【证书管理单元】对话框中选择【计算机账户】单选按钮后单击【下一步】按钮，依次单击【完成】、【关闭】、【确定】按钮。

(6) 在图 8-100 中，右击【个人】，在弹出的快捷菜单中选择【所有任务】|【导入】命令，然后根据画面的提示信息导入网站证书文件。

(7) 在 ISA 防火墙上发布内部 SSL 网站的过程与发布普通网站的过程一致。但在创建侦听器时，要选择【需要与客户端建立 SSL 安全连接】单选按钮，如图 8-101 所示。同时要为该 SSL 侦听器选择刚刚导入的网站证书，如图 8-102 所示。

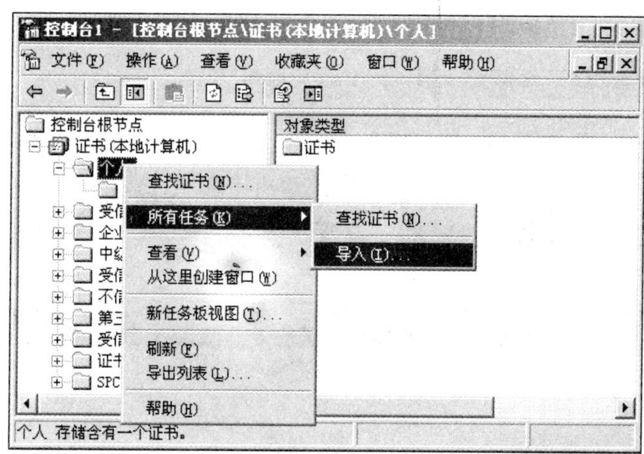

图 8-100　导入证书

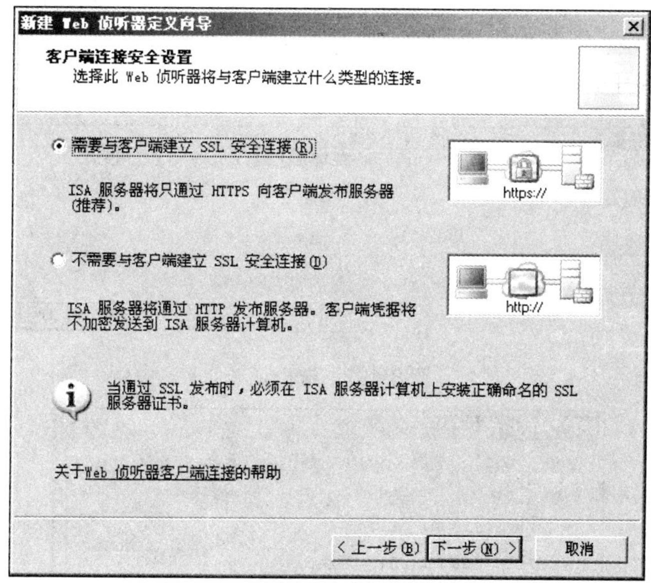

图 8-101　选择 HTTPS 连接

(8) 通常网站的首页不需要用户采用 SSL 安全连接，只要用户访问一些涉及秘密信息的页面时需要采用 SSL 安全连接。因此，需要修改侦听器以便可以侦听 HTTP 请求，打开侦听器的属性页面，如图 8-103 所示，选择【启用端口上的 HTTP 连接】复选框，然后单击【确定】按钮。

(9) 因为 ISA 服务器与内部网站之间是通过内部的局域网络来通信，没有安全上的顾虑，可以不必在它们之间采用 SSL 连接，减少 ISA 服务器与网站之间协调 SSL 安全措施与数据加、解密所消耗的时间。

在 ISA 服务器上，打开 ISA 服务器控制台，双击发布内部 SSL 网站的规则，选择【桥接】选项卡，选择【将请求重定向到 HTTP 端口】复选框、取消选择【将请求重定向到 SSL 端口】复选框，如图 8-104 所示。

在网站服务器上，打开 IIS 管理器，右击【默认网站】，在弹出的快捷菜单中选择【属性】，在弹出的对话框中选择【目录安全性】，然后选择【安全通信】中的【编辑】按钮，取消选择【要求安全通道(SSL)】复选框，如图 8-105 所示，然后单击【确定】按钮。

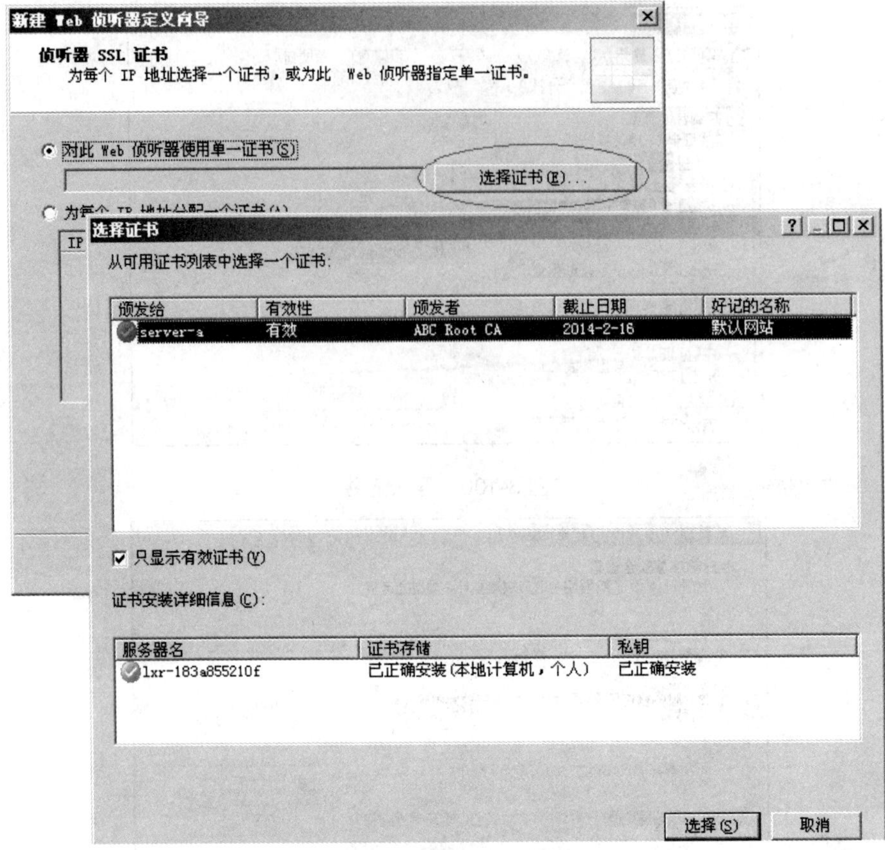

图 8-102　选择证书

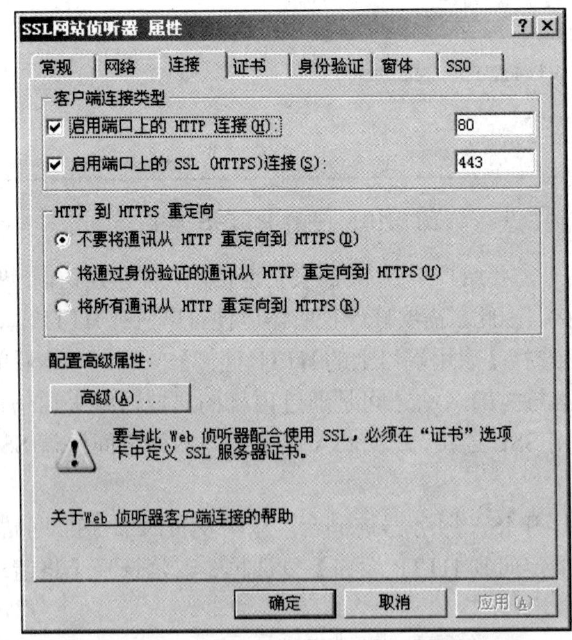

图 8-103　同时启用 HTTP 和 HTTPS 连接

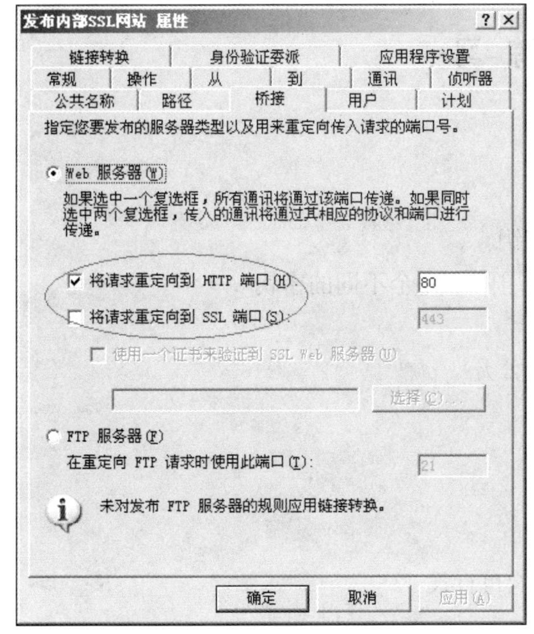

图 8-104　取消与网站 HTTPS 连接

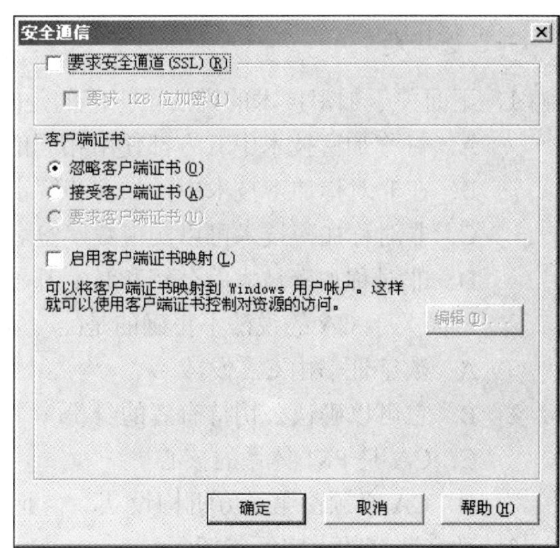

图 8-105　取消网站 HTTPS 连接

(10) 在外网计算机上，访问网站(在测试时需要自行制作)，如图 8-106 所示，当单击【SSL 连接】链接时，将自动采用 HTTPS 连接，如图 8-106 所示。

图 8-106　访问内部 SSL 网站

项 目 小 结

本项目的内容比较丰富，包括数字证书、安全电子邮件传输、VPN 服务配置、VPN 连接、企业 Web 站点发布和安全访问 Web 站点。这些技术的核心是数据加密技术和数字证书。通过这些实践操作，不仅可以掌握日常工作生活所需的信息交换安全技术，更可以理解数据加密技术在网络通信中的应用，为将来从事电子商务的安全管理工作打下良好基础。

思 考 练 习

一、选择题

1．下面关于加密技术的说法不正确的是(　　)。

A．对称加密技术中双方都使用相同的密钥

B．在非对称加密技术中，加密和解密采用两个完全不同的密钥

C．非对称加密技术可以实现数字签名

D．非对称加密技术的公钥和私钥都不能公开

2．下面关于 CA 的说法不正确的是(　　)。

A．数字证书由 CA 发放

B．它可以确认公钥持有者的身份

C．CA 是 PKI 体系的核心

D．CA 必须由第三方机构设立，企业不能自行设立

3．数字证书的内容不包括(　　)。

A．公开密钥　　B．证书授权中心的数字签名

C．所有人名称　　D．所有人地址

4．下面关于数字签名的说法不正确的是(　　)。

A．数字签名技术采用公钥加密技术实现

B．数字签名技术采用了 HASH 函数

C．数字签名技术可以加密用户数据

D．数字签名可以用于身份验证

5．在电子邮件加密中，用户采用(　　)进行加密。

A．公钥　　B．私钥　　C．证书　　D．会话密钥

6．下面(　　)协议不属于第 2 层隧道协议。

A．PPTP　　B．L2F　　C．L2TP　　D．GRE

7．利用 ISA Server 2006 搭建 VPN，需要使用(　　)进行身份验证。

A．DNS　　B．RADIUS

C．Active Directory　　D．IIS

8．在采用 IPsec/L2TP 建立 VPN 时，需要先申请(　　)。

A．数字证书　　B．密钥　　C．域账户　　D．安全策略

9．HTTPS 采用的是(　　)协议。

A．SSL　　B．IPsec　　C．L2TP　　D．PPTP

10．下面关于 SSL 协议的说法不正确的是(　　)。

A．SSL 属于应用层协议

B．SSL 对通信过程进行加密

C．SSL 协议可以用于 VPN 连接

D．SSL 协议可以适用于非 Web 场合

二、填空题

1. Windows Server 2003 可以担任两种 CA 角色：____________和____________。

2. ____________是由CA机构颁发的用于在Internet上通信时证明用户身份的电子文件。

3. 向 Windows Server 2003 企业根 CA 申请数字证书可以利用____________或者____________。

4. 用户可以同时将邮件加密与数字签名结合起来使用，即利用自己的____________对邮件进行签名，利用接收者的____________对邮件的____________进行加密。

5. IPsec 协议不是一个单独的协议，它给出了 IP 网络上数据安全的一整套体系结构，包括____________、____________、____________等协议。

6. 利用 ISA Server 发布内部服务器需要创建____________。

7. HTTPS 协议的默认端口号是____________。

三、思考题

1. 利用 PGP、MailCloak 等电子邮件加密软件对发给其他同学的电子邮件进行加密和签名。

2. ISA Server 2006 可以承担哪些种类的 VPN？并在虚拟机上搭建网络进行实践。

3. 利用 ISA Server 2006 发布内部 FTP 服务器。

4. 在虚拟机上搭建网络，架设一台 DNS 服务器，利用域名安全访问企业 Web 站点。

5. 利用 VPN 接入企业内网后，客户端可能会无法正常访问 Internet，撰写报告分析原因并提出解决办法。

参 考 文 献

[1] 李艇．网络安全基础教程[M]．北京：北京大学出版社，2006.

[2] 王其良，高敬瑜．计算机网络安全技术[M]．北京：北京大学出版社，2006.

[3] 尹少平．网络安全基础教程与实训[M]．2 版．北京：北京大学出版社，2010.

[4] 马国富．网络安全技术及应用[M]．北京：北京大学出版社，2010.

[5] 戴有炜．Windows Server 2003 安装与管理指南(R2 增强版)[M]．北京：清华大学出版社，2007.

[6] 戴有炜．Windows Server 2003 网络专业指南[M]．北京：清华大学出版社，2004.

[7] 戴有炜．Windows Server 2003 Active Directory 配置指南[M]．北京：清华大学出版社，2004.

[8] 戴有炜．ISA Server 2006 防火墙安装与管理指南(R2 增强版)[M]．北京：科学出版社，2008.

[9] 黄崇本．操作系统实用教程[M]．北京：高等教育出版社，2008.

[10] 诸葛建伟．网络攻防技术与实践[M]．北京：电子工业出版社，2011.

[11] 邓春红．网络安全原理与实务[M]．北京：北京理工大学出版社，2011.

[12] 马宜兴．网络安全与病毒防范[M]．4 版．上海：上海交通大学出版社，2010.

[13] Technet 中文网，http://technet.microsoft.com/zh-cn/default[EB/OL].

[14] 冯登国，徐静．网络安全原理与技术[M]．2 版．北京：科学出版社，2010.

全国高职高专计算机、电子商务系列教材推荐书目

【语言编程与算法类】

序号	书号	书名	作者	定价	出版日期	配套情况
1	978-7-301-13632-4	单片机 C 语言程序设计教程与实训	张秀国	25	2012	课件
2	978-7-301-15476-2	C 语言程序设计(第 2 版)(2010 年度高职高专计算机类专业优秀教材)	刘迎春	32	2013 年第 3 次印刷	课件、代码
3	978-7-301-14463-3	C 语言程序设计案例教程	徐翠霞	28	2008	课件、代码、答案
4	978-7-301-16878-3	C 语言程序设计上机指导与同步训练(第 2 版)	刘迎春	30	2010	课件、代码
5	978-7-301-17337-4	C 语言程序设计经典案例教程	韦良芬	28	2010	课件、代码、答案
6	978-7-301-20879-3	Java 程序设计教程与实训(第 2 版)	许文宪	28	2013	课件、代码、答案
7	978-7-301-13570-9	Java 程序设计案例教程	徐翠霞	33	2008	课件、代码、习题答案
8	978-7-301-13997-4	Java 程序设计与应用开发案例教程	汪志达	28	2008	课件、代码、答案
9	978-7-301-10440-8	Visual Basic 程序设计教程与实训	康丽军	28	2010	课件、代码、答案
10	978-7-301-15618-6	Visual Basic 2005 程序设计案例教程	靳广斌	33	2009	课件、代码、答案
11	978-7-301-17437-1	Visual Basic 程序设计案例教程	严学道	27	2010	课件、代码、答案
12	978-7-301-09698-7	Visual C++ 6.0 程序设计教程与实训(第 2 版)	王　丰	23	2009	课件、代码、答案
13	978-7-301-15669-8	Visual C++程序设计技能教程与实训——OOP、GUI 与 Web 开发	聂　明	36	2009	课件
14	978-7-301-13319-4	C#程序设计基础教程与实训	陈　广	36	2012 年第 7 次印刷	课件、代码、视频、答案
15	978-7-301-14672-9	C#面向对象程序设计案例教程	陈向东	28	2012 年第 3 次印刷	课件、代码、答案
16	978-7-301-16935-3	C#程序设计项目教程	宋桂岭	26	2010	课件
17	978-7-301-15519-6	软件工程与项目管理案例教程	刘新航	28	2011	课件、答案
18	978-7-301-12409-3	数据结构(C 语言版)	夏　燕	28	2011	课件、代码、答案
19	978-7-301-14475-6	数据结构(C#语言描述)	陈　广	28	2012 年第 3 次印刷	课件、代码、答案
20	978-7-301-14463-3	数据结构案例教程(C 语言版)	徐翠霞	28	2009	课件、代码、答案
21	978-7-301-18800-2	Java 面向对象项目化教程	张雪松	33	2011	课件、代码、答案
22	978-7-301-18947-4	JSP 应用开发项目化教程	王志勃	26	2011	课件、代码、答案
23	978-7-301-19821-6	运用 JSP 开发 Web 系统	涂　刚	34	2012	课件、代码、答案
24	978-7-301-19890-2	嵌入式 C 程序设计	冯　刚	29	2012	课件、代码、答案
25	978-7-301-19801-8	数据结构及应用	朱　珍	28	2012	课件、代码、答案
26	978-7-301-19940-4	C#项目开发教程	徐　超	34	2012	课件
27	978-7-301-15232-4	Java 基础案例教程	陈文兰	26	2009	课件、代码、答案
28	978-7-301-20542-6	基于项目开发的 C#程序设计	李　娟	32	2012	课件、代码、答案

【网络技术与硬件及操作系统类】

序号	书号	书名	作者	定价	出版日期	配套情况
1	978-7-301-14084-0	计算机网络安全案例教程	陈　昶	30	2008	课件
2	978-7-301-16877-6	网络安全基础教程与实训(第 2 版)	尹少平	30	2012 年第 4 次印刷	课件、素材、答案
3	978-7-301-13641-6	计算机网络技术案例教程	赵艳玲	28	2008	课件
4	978-7-301-18564-3	计算机网络技术案例教程	宁芳露	35	2011	课件、习题答案
5	978-7-301-10226-8	计算机网络技术基础	杨瑞良	28	2011	课件
6	978-7-301-10290-9	计算机网络技术基础教程与实训	桂海进	28	2010	课件、答案
7	978-7-301-10887-1	计算机网络安全技术	王其良	28	2011	课件、答案
8	978-7-301-21754-2	计算机系统安全与维护	吕新荣	30	2013	课件、素材、答案
9	978-7-301-12325-6	网络维护与安全技术教程与实训	韩最蛟	32	2010	课件、习题答案
10	978-7-301-09635-2	网络互联及路由器技术教程与实训(第 2 版)	宁芳露	27	2012	课件、答案
11	978-7-301-15466-3	综合布线技术教程与实训(第 2 版)	刘省贤	36	2012	课件、习题答案
12	978-7-301-15432-8	计算机组装与维护(第 2 版)	肖玉朝	26	2009	课件、习题答案
13	978-7-301-14673-6	计算机组装与维护案例教程	谭　宁	33	2012 年第 3 次印刷	课件、习题答案
14	978-7-301-13320-0	计算机硬件组装和评测及数码产品评测教程	周　奇	36	2008	课件
15	978-7-301-12345-4	微型计算机组成原理教程与实训	刘辉珞	22	2010	课件、习题答案
16	978-7-301-16736-6	Linux 系统管理与维护(江苏省省级精品课程)	王秀平	29	2013 年第 3 次印刷	课件、习题答案
17	978-7-301-10175-9	计算机操作系统原理教程与实训	周　峰	22	2010	课件、答案
18	978-7-301-16047-3	Windows 服务器维护与管理教程与实训(第 2 版)	鞠光明	33	2010	课件、答案
19	978-7-301-14476-3	Windows2003 维护与管理技能教程	王　伟	29	2009	课件、习题答案
20	978-7-301-18472-1	Windows Server 2003 服务器配置与管理情境教程	顾红燕	24	2012 年第 2 次印刷	课件、习题答案

【网页设计与网站建设类】

序号	书号	书名	作者	定价	出版日期	配套情况
1	978-7-301-15725-1	网页设计与制作案例教程	杨森香	34	2011	课件、素材、答案
2	978-7-301-15086-3	网页设计与制作教程与实训(第 2 版)	于巧娥	30	2011	课件、素材、答案

序号	书号	书名	作者	定价	出版日期	配套情况
3	978-7-301-13472-0	网页设计案例教程	张兴科	30	2009	课件
4	978-7-301-17091-5	网页设计与制作综合实例教程	姜春莲	38	2010	课件、素材、答案
5	978-7-301-16854-7	Dreamweaver 网页设计与制作案例教程(2010 年度高职高专计算机类专业优秀教材)	吴　鹏	41	2012	课件、素材、答案
6	978-7-301-11522-0	ASP .NET 程序设计教程与实训(C#版)	方明清	29	2009	课件、素材、答案
7	978-7-301-21777-1	ASP .NET 动态网页设计案例教程(C#版)(第 2 版)	冯　涛	35	2013	课件、素材、答案
8	978-7-301-10226-8	ASP 程序设计教程与实训	吴　鹏	27	2011	课件、素材、答案
9	978-7-301-13571-6	网站色彩与构图案例教程	唐一鹏	40	2008	课件、素材、答案
10	978-7-301-16706-9	网站规划建设与管理维护教程与实训(第 2 版)	王春红	32	2011	课件、答案
11	978-7-301-21776-4	网站建设与管理案例教程(第 2 版)	徐洪祥	31	2013	课件、素材、答案
12	978-7-301-17736-5	.NET 桌面应用程序开发教程	黄　河	30	2010	课件、素材、答案
13	978-7-301-19846-9	ASP .NET Web 应用案例教程	于　洋	26	2012	课件、素材
14	978-7-301-20565-5	ASP.NET 动态网站开发	崔　宁	30	2012	课件、素材、答案
15	978-7-301-20634-8	网页设计与制作基础	徐文平	28	2012	课件、素材、答案
16	978-7-301-20659-1	人机界面设计	张　丽	25	2012	课件、素材、答案

【图形图像与多媒体类】

序号	书号	书名	作者	定价	出版日期	配套情况
1	978-7-301-21778-8	图像处理技术教程与实训(Photoshop CS5 版)(第 2 版)	钱　民	40	2013	课件、素材、答案
2	978-7-301-14670-5	Photoshop CS3 图形图像处理案例教程	洪　光	32	2010	课件、素材、答案
3	978-7-301-12589-2	Flash 8.0 动画设计案例教程	伍福军	29	2009	课件
4	978-7-301-13119-0	Flash CS 3 平面动画案例教程与实训	田启明	36	2008	课件
5	978-7-301-13568-6	Flash CS3 动画制作案例教程	俞　欣	25	2012 年第 4 次印刷	课件、素材、答案
6	978-7-301-15368-0	3ds max 三维动画设计技能教程	王艳芳	28	2009	课件
7	978-7-301-18946-7	多媒体技术与应用教程与实训(第 2 版)	钱　民	33	2012	课件、素材、答案
8	978-7-301-17136-3	Photoshop 案例教程	沈道云	25	2011	课件、素材、视频
9	978-7-301-19304-4	多媒体技术与应用案例教程	刘辉珞	34	2011	课件、素材、答案
10	978-7-301-20685-0	Photoshop CS5 项目教程	高晓黎	36	2012	课件、素材

【数据库类】

序号	书号	书名	作者	定价	出版日期	配套情况
1	978-7-301-10289-3	数据库原理与应用教程(Visual FoxPro 版)	罗　毅	30	2010	课件
2	978-7-301-13321-7	数据库原理及应用 SQL Server 版	武洪萍	30	2010	课件、素材、答案
3	978-7-301-13663-8	数据库原理及应用案例教程(SQL Server 版)	胡锦丽	40	2010	课件、素材、答案
4	978-7-301-16900-1	数据库原理及应用(SQL Server 2008 版)	马桂婷	31	2011	课件、素材、答案
5	978-7-301-15533-2	SQL Server 数据库管理与开发教程与实训(第 2 版)	杜兆将	32	2012	课件、素材、答案
6	978-7-301-13315-6	SQL Server 2005 数据库基础及应用技术教程与实训	周　奇	34	2013 年第 7 次印刷	课件
7	978-7-301-15588-2	SQL Server 2005 数据库原理与应用案例教程	李　军	27	2009	课件
8	978-7-301-16901-8	SQL Server 2005 数据库系统应用开发技能教程	王　伟	28	2010	课件
9	978-7-301-17174-5	SQL Server 数据库实例教程	汤承林	38	2010	课件、习题答案
10	978-7-301-17196-7	SQL Server 数据库基础与应用	贾艳宇	39	2010	课件、习题答案
11	978-7-301-17605-4	SQL Server 2005 应用教程	梁庆枫	25	2012 年第 2 次印刷	课件、习题答案

【电子商务类】

序号	书号	书名	作者	定价	出版日期	配套情况
1	978-7-301-10880-2	电子商务网站设计与管理	沈凤池	32	2011	课件
2	978-7-301-12344-7	电子商务物流基础与实务	邓之宏	38	2010	课件、习题答案
3	978-7-301-12474-1	电子商务原理	王　震	34	2008	课件
4	978-7-301-12346-1	电子商务案例教程	龚　民	24	2010	课件、习题答案
5	978-7-301-12320-1	网络营销基础与应用	张冠凤	28	2008	课件、习题答案
6	978-7-301-18604-6	电子商务概论（第 2 版）	于巧娥	33	2012	课件、习题答案

【专业基础课与应用技术类】

序号	书号	书名	作者	定价	出版日期	配套情况
1	978-7-301-13569-3	新编计算机应用基础案例教程	郭丽春	30	2009	课件、习题答案
2	978-7-301-18511-7	计算机应用基础案例教程(第 2 版)	孙文力	32	2012 年第 2 次印刷	课件、习题答案
3	978-7-301-16046-6	计算机专业英语教程(第 2 版)	李　莉	26	2010	课件、答案
4	978-7-301-19803-2	计算机专业英语	徐　娜	30	2012	课件、素材、答案
5	978-7-301-21004-8	常用工具软件实例教程	石朝晖	37	2012	课件